"十三五"普通高等教育本科规划教材

MONI DIANZI JISHU JICHU

模拟电子技术基础

第二版

主　编　张凤凌

副主编　高　妙　张会莉

编　写　曲国明　岳永哲

主　审　高观望

U0300248

中国电力出版社
CHINA ELECTRIC POWER PRESS

内 容 提 要

本书为"十三五"普通高等教育规划教材,是针对应用技术型大学培养要求及学生认知规律编写的。主要内容包括:常用半导体器件、基本放大电路、放大电路的频率响应、集成运算放大电路及其应用、负反馈放大电路、信号发生电路、功率放大电路、直流稳压电源、Multisim 12 基本操作简介、模拟电子技术应用等。在模拟电子技术应用部分,列举了日常生活中模拟电子技术的应用实例,学以致用,提高学生的学习兴趣。章末附有习题,并在附录中给出部分习题的答案,可供学生练习与自我检验。

本书既可作为高等院校电类学生的专业基础课教材,也可作为从事电子技术工作的工程技术人员参考用书。

图书在版编目(CIP)数据

模拟电子技术基础/张凤凌主编 . —2 版 . —北京:中国电力出版社,2019.8
"十三五"普通高等教育本科规划教材
ISBN 978 - 7 - 5198 - 3616 - 0

Ⅰ.①模… Ⅱ.①张… Ⅲ.①模拟电路—电子技术—高等学校—教材 Ⅳ.①TN710.4

中国版本图书馆 CIP 数据核字(2019)第 183789 号

出版发行:中国电力出版社
地 址:北京市东城区北京站西街 19 号(邮政编码 100005)
网 址:http://www. cepp. sgcc. com. cn
责任编辑:罗晓莉(010 - 63412547)
责任校对:黄 蓓 王海南
装帧设计:赵姗姗
责任印制:钱兴根

印 刷:三河市航远印刷有限公司
版 次:2015 年 8 月第一版 2019 年 8 月第二版
印 次:2019 年 8 月北京第四次印刷
开 本:787 毫米×1092 毫米 16 开本
印 张:15.5
字 数:372 千字
定 价:42.00 元

电类基础课教材编写小组

组　长　王培峰

成　员　马献果　王冀超　吕文哲　曲国明

　　　　朱玉冉　任文霞　刘红伟　刘　佳

　　　　刘　磊　安兵菊　许　海　孙玉杰

　　　　李翠英　宋利军　张凤凌　张　帆

　　　　张会莉　张成怀　张　敏　岳永哲

　　　　孟　尚　周芬萍　赵玲玲　段辉娟

　　　　高观望　高　妙　焦　阳　蔡明伟

　　　　（以姓氏笔画为序）

序

电工、电子技术为计算机、电子、通信、电气、自动化、测控等众多应用技术的理论基础，同时涉及机械、材料、化工、环境工程、生物工程等众多相关学科。对于这样一个庞大的体系，不可能在学校将所有的知识都教给学生。以应用技术型本科学生为主体的大学教育，必须对学科体系进行必要的梳理。本系列教材就是试图搭建一个电类基础知识体系平台。

2013 年 1 月，教育部为加快发展现代职业教育，建设现代职业教育体系，部署了应用技术大学改革试点战略研究项目，成立了"应用技术大学（学院）联盟"，其目的是探索"产学研一体、教学做合一"的应用型人才培养模式，促进地方本科高校转型发展。河北科技大学作为河北省首批加入"应用技术大学（学院）联盟"的高校，对电类专业基础课进行了试点改革，并根据教育部高等学校教学指导委员会制定的"专业规划和基本要求、学科发展和人才培养目标"，编写了本套教材。本套教材特色如下：

（1）教材的编写以教育部高等学校教学指导委员会制定的"专业规划和基本要求"为依据，以培养服务于地方经济的应用型人才为目标，系统整合教学改革成果，使教材体系趋于完善，教材结构完整，内容准确，理论阐述严谨。

（2）教材的知识体系和内容结构具有较强的逻辑性，利于培养学生的科学思维能力；根据教学内容、学时、教学大纲的要求，优化知识结构，既加强理论基础，也强化实践内容；理论阐述、实验内容和习题的选取都紧密联系实际，培养学生分析问题和解决问题的能力。

（3）课程体系整体设计，各课程知识点合理划分，前后衔接，避免各课程内容之间交叉重复，使学生能够在规定的课时数内，掌握必要的知识和技术。

（4）以主教材为核心，配套学习指导、实验指导书、多媒体课件，提供全面的教学解决方案，实现多角度、多层面的人才培养模式。

本套教材由王培峰任编写小组组长。本套教材主要包括《电路》（上、下册，王培峰主编）、《模拟电子技术基础》（张凤凌主编）、《数字电子技术基础》（高观望主编）、《电路与电子技术基础》（马献果等编）、《电路学习指导书》（上册，朱玉冉主编；下册，孟尚主编）、《模拟电子技术学习指导书》（张会莉主编）、《数字电子技术学习指导书》（任文霞主编）、《电路与电子技术学习指导书》（马献果等编）、《电路实验教程》（李翠英主编）、《电子技术实验与课程设计》（安兵菊主编）、《电工与电子技术实验教程》（刘红伟等编）等。

提高教学质量，深化教学改革，始终是高等学校的工作重点，需要所有关心高等教育事业人士的热心支持。为此谨向所有参与本系列教材建设的同仁致以衷心的感谢！

本套教材可能会存在一些不当之处，欢迎广大读者提出批评和建议，以促进教材的进一步完善。

电类基础课教材编写小组

2014 年 10 月

前　言

　　为了适应当前教育改革的需要，培养具有坚实的电子技术理论功底，既懂电子技术理论分析又能强化动手实践的应用型人才，参照相关高等学校的教学大纲，结合多年的教学实践，组织编写了本书。在编写过程中，注重电子技术的基本概念和基本原理，合理控制教材的深度和广度，内容简明扼要，每章配有习题，书后附有习题答案以便于自学和复习。本书广泛参考国内外优秀教材，力求简明易懂、内容系统和实用，突出了应用性，大量利用例题分析，引导学生掌握各种分析方法；增加了利用仿真技术解决实际问题的内容，强化实践技能培养，提高适用性，增强学生解决、分析问题的能力。

　　从当前应用技术型大学教学的实际情况出发，本书在内容的组织上具有如下特点：

　　（1）知识的引入由浅入深，注重基本概念、基本理论和基本方法。

　　（2）内容简明扼要，尽量减少复杂的理论推导，主要从基本概念和实践应用方面入手，便于理解和掌握。

　　（3）保证基础，联系实际，使教材具有系统性、启发性和实用性。

　　全书共分 10 章：第 1 章常用半导体器件，主要介绍半导体的基本知识及其导电特性，PN 结的形成原理及特性，半导体二极管、晶体管的结构、工作原理和外部特性；第 2 章基本放大电路，主要介绍放大电路组成和工作原理、放大电路的分析方法；第 3 章放大电路的频率响应，主要介绍放大电路的电压放大倍数随信号频率变化的原因和规律；第 4 章集成运算放大电路及其应用，主要介绍集成运算放大电路的特点、差动放大电路的工作原理及分析、集成运算放大电路的应用；第 5 章负反馈放大电路，主要介绍反馈的基本概念及其判断、深度负反馈放大电路的分析及负反馈对放大电路性能的影响；第 6 章信号发生电路，主要介绍正弦波振荡电路组成及工作原理、电压比较器的组成及分析方法，简单介绍方波发生器和三角波发生器；第 7 章功率放大电路，主要介绍功率放大电路的特点及分类、互补推挽功率放大电路主要性能指标的分析、计算方法；第 8 章直流稳压电源，主要介绍直流电源的组成，分析整流电路、滤波电路、稳压电路组成及工作原理；第 9 章 Multisim 12 基本操作简介，主要介绍 Multisim 12 的基本界面、仿真分析方法及在模拟电路设计中的应用；第 10 章模拟电子技术应用，主要介绍一些简单实用的电路，便于学生分析、设计，加强动手及分析问题能力，提高学生对所学知识的综合应用能力。

　　为了便于学生自学、复习以及对理论知识的理解和掌握，各章精选了部分习题，题型多样、联系实际，还有部分故障诊断和设计性题目，提出的问题更具启发性、灵活性和实践性。

　　本书由河北科技大学高观望主审，张凤凌主编、统编并编写第 5、第 6 章，高妙编写第 1、第 2 章，张会莉编写第 3、第 4 章，曲国明编写第 7、第 8 章，岳永哲编写第 9、第 10 章及每章仿真电路，第 1、第 2 章的部分电路图等。在本书的编写过程中，还得到高观望、王计花、任文霞、吕文哲、张敏等老师的大力支持和帮助，并提出了许多宝贵的改进意见和建议。在此一并表示衷心的感谢。

限于编者水平，加之时间紧迫，书中难免会有些疏漏、不妥和错误之处，恳请广大读者和各位同行批评指正。

编　者

2019 年 6 月

目 录

1　常用半导体器件

电子技术是一门研究电子器件及其应用的科学技术。按其产生、传输和处理信号的不同，电子技术分为模拟电子技术和数字电子技术。模拟电子技术中的信号是数值随时间连续变化的信号，即模拟信号；与之相对应，数字电子技术中的信号则是时间和数值上都离散的信号，即数字信号。

无论是模拟电路还是数字电路，半导体器件都是电路的基础元件，它们所用的材料是经过特殊加工且性能可控的半导体材料。本章首先介绍半导体材料的基本结构和导电特性，然后阐述 PN 结的形成及其单向导电性，并在此基础上介绍二极管、晶体管和场效应晶体管的基本结构、工作原理、特性曲线和主要参数。

教学目标

1. 了解半导体材料的基本结构和导电特性。

2. 掌握 PN 结的形成及其单向导电性。

3. 了解二极管、晶体管和场效应晶体管的基本结构，掌握其工作原理、特性曲线和主要参数。

1.1　半导体基础知识

自然界中的各种物质根据其导电特性大致可分为导体、半导体和绝缘体三类。导体中有大量的自由电子，加上电场后自由电子定向移动形成电流。因此，导体的电阻率很小，导电能力很强，如铜、铁、铝等金属物质都是导体。绝缘体中的自由电子很少，加上电场后几乎没有电流形成。因此，绝缘体的电阻率很大，导电能力很差，如玻璃、橡胶、塑料、陶瓷等都是绝缘体。半导体是导电能力介于导体和绝缘体之间的物质，如硅（Si）、锗（Ge）、砷化镓（GaAs）等。半导体具有一些特殊的物理特性，如光敏特性、热敏特性及杂敏特性，正是这些特性使得半导体在电子技术中发挥了巨大的作用。

1.1.1　本征半导体

完全纯净并具有晶体结构的半导体称为本征半导体。

1. 本征半导体的晶体结构

常用的本征半导体有硅和锗晶体，它们都是 4 价元素，最外层轨道上有 4 个电子，称为价电子。价电子受原子核的束缚力最小，元素的许多物理性质和化学性质都由这些价电子决定，其中导电性能更是与价电子有关。为了强调价电子的作用，研究半导体特性时，常用图 1-1 所示的简化模型表示半导体材料。图中 4 个点表示最外层的 4 个价电子，标有"+4"的圆圈表示除价电子外的正离子。

本征半导体的原子排列有序，在空间形成排列整齐的点阵结构，称

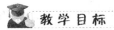

图 1-1　硅（锗）晶体的简化模型

为晶格。图 1-2 所示为本征半导体（硅或锗）的结构示意图。图中画出的是二维结构，实际上其晶体结构是三维的。在晶体结构中，相邻硅（或锗）原子之间的距离很小，每个原子的价电子不仅受自身原子核的吸引，而且还受到相邻原子核的吸引，使它们成为相邻两个原子所共有的共用电子对，称为共价键结构。每个硅原子的 4 个价电子都通过共价键与相邻 4 个原子发生作用，相互结合，形成整齐有序的晶体结构。

2. 本征半导体中的载流子

共价键中的电子相互束缚，在温度 $T=0K$（$-273.15℃$）时，价电子没有能力脱离共价键的束缚成为自由电子。但是，与绝缘体材料不同，半导体材料中的价电子受共价键的束缚力较小，只要得到较小的能量就可以摆脱共价键的束缚成为自由电子。因此，在室温下少量的价电子会受到热能的激发，成为自由电子。在外加电场的作用下，这些自由电子就会定向移动形成电子电流。像自由电子这种运载电荷的粒子，称为载流子。自由电子是本征半导体中带负电的载流子。

一个价电子成为自由电子后，就在其共价键的位置上留下了一个空位，这个空位称为空穴。由于空穴处失去一个电子，使得其所属原子带正电，或者说空穴带正电。当共价键中出现一个空穴时，如图 1-3 中的 A 处，与其相邻共价键中的价电子很容易受到正电荷的吸引来填补这个空穴，使该价电子原来的位置出现一个空穴，如图 1-3 中的 B 处。以此类推，空穴便可在整个晶体内自由移动。在外加电场作用下，价电子定向填补空穴，使空穴做相反方向的移动，形成空穴电流。因此，空穴是本征半导体材料中带正电的载流子。空穴的出现是半导体区别于导体导电的一个重要特点。

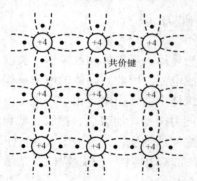

图 1-2　本征半导体结构示意图

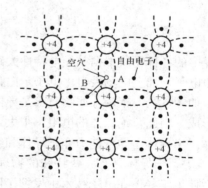

图 1-3　本征半导体中的自由电子和空穴

由以上分析可知，在本征半导体中存在着两种载流子：带负电的自由电子和带正电的空穴。

3. 本征半导体的导电性能

在本征半导体中，空穴与自由电子成对出现，称为电子空穴对。本征半导体受外界能量（热能、光能和电能等）激发，产生电子空穴对的过程称为本征激发。一方面，本征激发不断产生电子空穴对，使载流子浓度增加，导电能力增强；另一方面，正负电荷相互吸引，会使电子和空穴在运动过程中相遇，从而出现电子填充空穴，电子空穴成对消失，这个过程称为复合。显然，激发和复合是本征半导体材料中存在的一对相反的运动过程。在一定温度下，激发和复合速度最终相等，达到动态平衡使本征半导体材料中载流子的浓度一定。

应当指出，本征半导体的导电性能很差。在室温条件下，硅材料中只有约三万亿分之一的价电子受激发产生电子空穴对，载流子浓度很低。此外，半导体的导电性能又具有热敏性和光敏性。当温度升高或光照增强时，本征半导体内被共价键束缚的价电子会获得更多的能量，本征激发所产生的电子空穴对会大大增加，从而使半导体的导电性能大大增强。利用半导体的热敏性和光敏性可以制成热敏元件（如热敏电阻）和光敏元件（如光敏电阻和光电管）。

1.1.2 杂质半导体

本征半导体材料的载流子浓度很低，导电能力很差，但通过扩散工艺在本征半导体中掺入微量的杂质元素，会使其导电性能发生明显改善。掺入杂质的半导体称为杂质半导体。按照掺入杂质元素的类型不同，可以分为 N 型半导体和 P 型半导体。

1. N 型半导体

在本征半导体硅（或锗）中掺入少量 5 价元素，如磷、砷、锑等，就得到 N 型半导体。由于掺杂率很低，因此不会影响本征半导体原来的晶体结构，只是原来晶格中的有些硅（或锗）原子被杂质原子替代，如图 1-4 所示。杂质原子有 5 个价电子，它与周围的四个硅原子形成共价键时，就会多出一个电子，这个电子不受共价键束缚，在室温下受热运动即可成为自由电子。因此，室温下几乎每个杂质原子都能提供一个自由电子，N 型半导体材料中的电子数量明显增加，这样就大大提高了半导体的导电性能。因为这种杂质原子能"施舍"出一个电子，所以称为施主原子。施主原子失去一个价电子后，便成为正离子，称为施主离子或杂质正离子。

在 N 型半导体材料中，不但有杂质原子提供的自由电子，而且有本征激发产生的电子空穴对，由于掺杂浓度远大于本征激发的载流子浓度，因此自由电子的浓度远远高于空穴的浓度，成为 N 型半导体中的多数载流子（简称多子）；空穴则称为少数载流子（简称少子）。

N 型半导体主要依靠自由电子导电，也称为电子型半导体，并且掺入的杂质数量越多，自由电子的浓度越高，导电能力就越强。

2. P 型半导体

在本征半导体硅（或锗）中掺入少量 3 价元素，如硼、铝、铟等，就得到 P 型半导体，如图 1-5 所示。杂质原子替代了晶格中的某些硅（或锗）原子，其三个价电子和相邻四个硅（或锗）原子形成共价键时，因缺少一个电子而在共价键中出现了一个空位，空位为电中性。由于空位的存在，相邻共价键中的价电子只需很小的热激发即可填补这个空位，使杂质

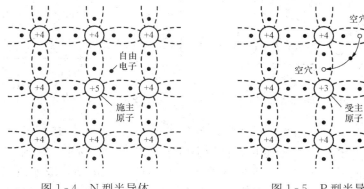

图 1-4　N 型半导体　　　　　　　　　图 1-5　P 型半导体

原子因多出一个价电子而成为负离子，同时在失去价电子的共价键处出现一个空穴。因此，室温下，P型半导体中的几乎所有杂质原子都会提供一个空穴。3价杂质原子可以产生空穴，起到接受电子的作用，所以称为受主原子。杂质原子接受自由电子后带负电，也称为受主离子或杂质负离子。

在P型半导体材料中，空穴的浓度远高于自由电子的浓度，因此P型半导体材料中空穴为多数载流子，自由电子为少数载流子，正好与N型半导体相反。需要注意的是，不论是N型半导体还是P型半导体，虽然都是一种载流子占多数，但整个晶体中正负电荷数量相等，呈现电中性。

由以上分析可知，本征半导体通过掺杂，可以改变半导体内部的载流子浓度，并且使两种载流子的浓度不同。多子浓度主要由掺杂浓度决定，温度变化对其影响很小，大大提高了杂质半导体的导电性能；少子浓度与本征激发和复合有关，受温度影响很大，因此可对半导体器件的温度特性产生较大影响。

1.1.3　PN 结

通过掺杂工艺，将本征半导体材料硅（或锗）片的一边制作成P型半导体，另一边制作成N型半导体，在两种杂质半导体的交界面形成一个很薄的特殊物理层，称为PN结。PN结是构造半导体器件的基本结构单元。

1.PN结的形成

（1）多子的扩散运动。当P型半导体和N型半导体制作在一起时，在它们交界面的两边，两种载流子的浓度差很大，N区自由电子的浓度高，P区空穴的浓度高。由于浓度差，P区的空穴会向N区运动，N区的电子会向P区运动。这种由于浓度差而引起的载流子运动称为扩散运动，扩散运动形成的电流称为扩散电流，如图1-6所示。P区的空穴扩散到N区，在原来的位置留下了带负电的受主离子；N区的自由电子扩散到P区，留下了带正电的施主离子。扩散到对方区域中的载流子变成少数载流子，在两个区域的交界面附近，它们将会与该区域中的多子复合。从而，在交界面两侧形成了具有等量正负离子的薄层，称为空间电荷区，如图1-7所示。由于这个区域的自由电子和空穴成对复合而消失，载流子已经耗尽，所以也称其为耗尽层。

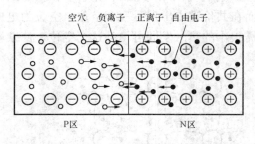

图1-6　空穴和电子的扩散

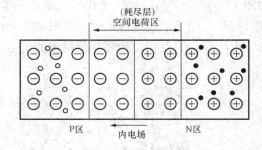

图1-7　平衡状态下的PN结

（2）少子的漂移运动。在空间电荷区内，靠N区的一侧带正电，靠P区的一侧带负电，因此产生了一个由N区指向P区的电场，称为内电场，如图1-7所示。在内电场的作用下，N区的少子（空穴）向P区运动，P区的少子（电子）向N区运动，这种载流子在内电场作用下的运动，称为漂移运动，所产生的电流称为漂移电流。漂移运动与扩散运动的方向相反，其作用也相反。扩散运动的作用是使空间电荷区变宽，内电场增强；漂移运动的作用则是使空间电荷区变窄，内电场减弱。

由以上分析可知，在 PN 结的形成过程中，刚开始时以扩散运动为主，扩散运动形成了空间电荷区。随着扩散运动的进行，交界面两侧的正负离子逐渐增多，使得空间电荷区加宽，内电场加强。于是少子在内电场作用下的漂移运动逐渐增强，而扩散运动相对减弱。当扩散运动的速度和漂移运动的速度相等时，通过交界面的净载流子数为零，即流过 PN 结的总电流为零，PN 结达到平衡状态。此时，空间电荷区的宽度保持不变，内电场的电势差也保持不变，该电势差决定了 PN 结的开启电压。

2. PN 结的单向导电性

上述处于平衡状态的 PN 结，称为平衡 PN 结。如果在 PN 结两端加上电压，就会破坏原来的平衡状态，使扩散电流和漂移电流不再相等，PN 结将有电流流过。当 PN 结外加电压极性不同时，PN 结将表现出不同的导电性能，呈现出单向导电性。单向导电性是 PN 结非常重要的一个特性。

（1）PN 结加正向电压时处于导通状态。若将 PN 结的 P 区接电源正极，N 区接电源负极，则称为 PN 结的正向接法或 PN 结正向偏置，简称 PN 结正偏，如图 1-8（a）所示。其中，R 为限流电阻。PN 结正偏时，外电场与内电场方向相反，从而起到削弱内电场、使耗尽层变窄的作用，或者说外电场破坏了 PN 结原本的平衡状态，减弱了漂移运动，促进了扩散运动。因此 PN 结正偏时，扩散电流占主导地位，形成 PN 结正向电流，PN 结正向导通。

（2）PN 结加反向电压时处于截止状态。若将 PN 结的 N 区接电源正极，P 区接电源负极，则称为 PN 结的反向接法或 PN 结反向偏置，简称 PN 结反偏，如图 1-8（b）所示。PN 结反偏时，外电场与内电场的方向相同。也就是说，外电场会增强内电场，使耗尽层变宽，增强了漂移运动，减弱了扩散运动。因此 PN 结反偏时，漂移电流形成了流过 PN 结的反向电流。由于漂移电流是少子电流，少子的数量极少，即使所有的少子都参与漂移运动，漂移电流也非常小，所以在近似分析中常将它忽略不计，认为 PN 结加反向电压时处于截止状态。

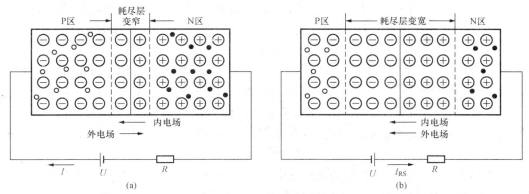

图 1-8 PN 结的单向导电性

（a）PN 结外加正向电压；（b）PN 结外加反向电压

PN 结反向偏置时，反向电流是少子电流，而少子由热激发产生，与反向电压的大小基本无关，但受温度影响较大。因此，在一定温度下，PN 结的反向电流基本不变，被称为反

向饱和电流 I_{RS}。

3. PN 结的伏安特性

（1）PN 结的伏安特性方程。PN 结两端的外加电压与流过 PN 结的电流之间的关系称为 PN 结的伏安特性。通过理论分析，PN 结的伏安特性方程可表示为

$$i = I_{RS}(e^{u/U_T} - 1) \qquad (1-1)$$

$$U_T = \frac{kT}{q} \qquad (1-2)$$

式中　I_{RS}——反向饱和电流，其大小与 PN 结的材料、制作工艺、温度等因素有关；

　　　　U_T——温度电压当量；

　　　　k——玻尔兹曼常数；

　　　　q——单位电子电荷量；

　　　　T——热力学温度。

在常温（$T=300K$）下，$U_T \approx 26mV$。

（2）PN 结的伏安特性曲线。

1）PN 结的正向特性。由 PN 结的伏安特性方程可知：PN 结正偏时（$u>0$），一般很容易满足 $u \gg U_T$，此时 $e^{u/U_T} \gg 1$，则有

$$i = I_{RS}e^{u/U_T}$$

即 PN 结正偏时，流过 PN 结的电流 i 随其两端的电压 u 基本上以指数规律变化。

2）PN 结的反向特性。由 PN 结的伏安特性方程可知：PN 结反偏时（$u<0$），一般很容易满足 $|u| \gg |U_T|$，此时 $e^{u/U_T} \ll 1$，则有

$$i = -I_{RS}$$

即 PN 结反偏时，流过 PN 结的电流是它的反向饱和电流 I_{RS}，其大小基本不变，与反向电压 u 无关。

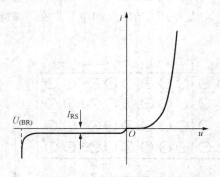

图 1-9　PN 结的伏安特性曲线

由以上分析可以画出 PN 结电流 i 与电压 u 之间的关系曲线，即伏安特性曲线，如图 1-9 所示。当 PN 结加正向电压时，i 随 u 按指数规律变化，称为正向特性；当 PN 结加反向电压时，$i=-I_{RS}$，称为反向特性。

（3）PN 结的反向击穿特性。由图 1-9 可知，当 PN 结外加反向电压超过一定数值 $U_{(BR)}$ 后，反向电流急剧增加，称为反向击穿，$U_{(BR)}$ 为反向击穿电压。PN 结的反向击穿按其机理可分为齐纳击穿和雪崩击穿两种。

1）齐纳击穿。在高掺杂浓度的 PN 结中，耗尽层宽度很窄，不大的反向电压就可以在耗尽层形成很强的电场，从而直接破坏共价键，拉出价电子产生电子空穴对，致使电流急剧增大，这种击穿称为齐纳击穿，其击穿电压比较低。

2）雪崩击穿。在掺杂浓度较低时，PN 结中的耗尽层宽度较宽，在低反向电压下不会产生齐纳击穿。但当反向电压的数值增大时，耗尽层电场（内电场）会使少子加快漂移速度，从而与共价键中的价电子相碰撞，将价电子撞出共价键，产生电子空穴对。新产生的电

子空穴对又会在电场作用下撞出新的价电子，使载流子雪崩似地倍增，致使电流急剧增加，这种击穿称为雪崩击穿。

一般对于硅材料来说，$U_{(BR)} < 5V$ 时为齐纳击穿；$U_{(BR)} = 5 \sim 7V$ 时，两种击穿都有；$U_{(BR)} > 7V$ 时为雪崩击穿。需要说明的是，齐纳击穿和雪崩击穿都是电击穿，只要对其电流加以限制，不使其因过热产生热击穿，PN 结就可以恢复到击穿前的状态。

4. PN 结的电容效应

在物理学中，电容表示了一个器件电荷量与电压之间的关系。当 PN 结的外加电压变化时，PN 结耗尽层内的空间电荷量和耗尽层外载流子的数量都会发生变化。这种 PN 结内电荷随外加电压变化的现象，称为 PN 结的电容效应。根据产生原因不同分为势垒电容和扩散电容。

（1）势垒电容。PN 结的耗尽层内分布着不能移动的正负离子，当 PN 结外加电压（尤其是反向电压）发生变化时，空间电荷区的宽度会发生变化，即耗尽层内的电荷量发生变化，这种现象与电容器的充放电过程相同，如图 1-10 所示。这种耗尽层内电荷随外加电压变化所等效的电容称为势垒电容 C_b。势垒电容主要是 PN 结反偏时起作用。

（2）扩散电容。当 PN 结加正向电压时，P 区的多数载流子空穴和 N 区的多数载流子自由电子都要向对方区域扩散。从 P 区扩散到 N 区的空穴和从 N 区扩散到 P 区的自由电子均称为非平衡少子。由于扩散过程中这些非平衡少子不断与对方区域中的多数载流子复合，于是在 PN 结交界面处载流子的浓度最高，距边界越远，浓度越低，呈一定浓度梯度分布。如图 1-11 所示，曲线①为扩散到 P 区的电子浓度曲线。若 PN 结的正向电压增大，则多数载流子扩散增强，扩散到 P 区的自由电子数量增加，使得浓度分布曲线梯度增大，如图 1-11 中曲线②所示。图中曲线与 $n_P = n_{P0}$ 所对应的水平线之间的面积代表了非平衡少子在扩散区域的数目，两条曲线之间的面积即为扩散区域内存储电荷的改变量 ΔQ。这种由外加电压改变引起扩散区内存储电荷量变化的电容效应，称为扩散电容 C_d。扩散电容主要是 PN 结正偏时起作用。

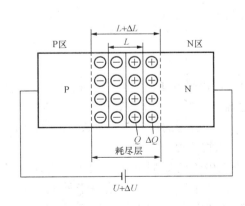

图 1-10 耗尽层电荷随外加电压变化

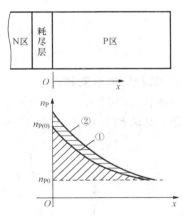

图 1-11 P 区少子浓度分布曲线

势垒电容和扩散电容都是随外加电压变化而变化的非线性电容，两者是并联关系。势垒电容和扩散电容之和为 PN 结的结电容。

1.2　半 导 体 二 极 管

　　将 PN 结用外壳封装起来，并从 P 端和 N 端各引出一个电极，就构成了半导体二极管，又称为晶体二极管，通常简称二极管。二极管的种类很多，根据制造材料的不同主要有硅二极管和锗二极管两类。

1.2.1　二极管的常见结构与符号

　　二极管的常见结构如图 1 - 12 所示，根据结构不同二极管又分为点接触型二极管、面接触型二极管和平面型二极管。点接触型二极管的特点是 PN 结的面积小，二极管允许通过的电流较小，同时其结电容较小（1pF 以下），工作频率较高（100MHz 以上），适用于高频检波和小功率整流电路。面接触型和平面型二极管的 PN 结面积大，可承受较大电流，其结电容也大，因而工作频率低，可用于大电流整流电路。图 1 - 12 （d）所示为二极管的符号。其中，由 P 区引出的电极为阳极，由 N 区引出的电极为阴极。

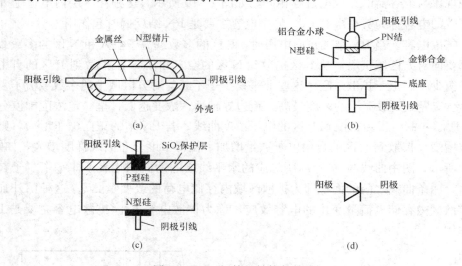

图 1 - 12　二极管的结构与符号

（a）点接触型；（b）面接触型；（c）平面型；（d）二极管符号

1.2.2　二极管的伏安特性

　　二极管的伏安特性与 PN 结的伏安特性相似，也呈现单向导电性。只是二极管由于引线的接触电阻、P 区和 N 区体电阻以及表面漏电流等影响，其伏安特性与 PN 结的伏安特性略有差异。二极管的伏安特性如图 1 - 13 所示。

1. 正向特性

　　当二极管两端加上较小的正向电压时，正向电流很小，几乎等于零。这是由于外电场还不足以克服 PN 结的内电场造成的，该区域称为死区。只有当外加正向电压超过一定数值时，才有电流出现。该电压称为二极管的阈值电压或死区电压，用 U_{on} 表示。一般硅二极管的阈值电压为 0.5V，锗二极管

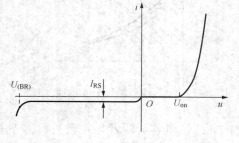

图 1 - 13　二极管的伏安特性曲线

的阈值电压为 0.1V。

当二极管外加正向电压值超过阈值电压时，正向电流迅速增加，该区域为正向导通区。此时外加电压足够大，可以克服内电场，使内电场的影响大为减弱。二极管正向导通后，随着电压的升高，正向电流将迅速增大。电流与电压的关系基本上是一条指数曲线，正向电压变化范围很小。一般地，硅二极管的正向导通电压为 0.6～0.8V，典型值可取 0.7V；锗二极管的正向导通电压为 0.1～0.3V，典型值可取 0.2V。

2. 反向特性

当二极管外加反向电压小于反向击穿电压 $U_{(BR)}$ 时，将产生很小的反向饱和电流 I_{RS}（见图 1-13）。对于小功率二极管，硅二极管的反向饱和电流一般小于 $0.1\mu A$，锗二极管的反向饱和电流一般小于几十微安。忽略该反向饱和电流，二极管在电路中相当于一个断开的开关，呈截止状态，该区域称为反向截止区。

当二极管外加反向电压大于反向击穿电压 $U_{(BR)}$ 时，反向电流急剧增大，与 PN 结一样，二极管被击穿，失去单向导电性。此时二极管进入反向击穿区。对于不同型号的二极管，反向击穿电压 $U_{(BR)}$ 差别很大，范围从几十伏到几千伏。

1.2.3　二极管的主要参数

器件参数是定量描述器件性能和安全工作范围的重要数据，是设计电路、选择器件的主要依据。二极管的主要参数具体如下。

（1）最大整流电流 I_F。I_F 是二极管长期运行时，允许通过的最大正向平均电流。实际应用时，流过二极管的平均电流不能超过该值，否则二极管将会过热烧毁。I_F 由 PN 结的结面积和散热条件决定。一般二极管的最大整流电流 I_F 为毫安数量级，整流二极管的电流可达几百安培甚至更高。

（2）最高反向工作电压 U_R。U_R 是二极管在使用时允许外加的最高反向电压，超过此值二极管可能发生反向击穿。一般 U_R 定义为反向击穿电压 $U_{(BR)}$ 的 1/2。通常最高反向工作电压 U_R 在十几伏到几十伏之间。

（3）反向电流 I_R。I_R 是指在常温下，二极管外加反向电压而未被反向击穿时的电流。I_R 越小表明二极管的单向导电性越好。由于 I_R 由少数载流子形成，所以受温度影响较大。

（4）最高工作频率 f_M。f_M 是二极管工作的上限频率。f_M 的值主要取决于 PN 结结电容的大小，结电容越大，二极管允许的最高工作频率越低。二极管工作频率超过 f_M，其单向导电性能将变差。

1.2.4　二极管的电路模型

由二极管的伏安特性曲线可知，二极管是一种非线性器件，这为二极管应用电路的分析和计算带来不便。为简便起见，在近似分析时，可将二极管的伏安特性曲线折线化，用一些等效的线性器件模型来代替二极管，从而得到二极管的电路模型。根据二极管在实际工作中的不同要求，可以建立不同的电路模型。

1. 理想模型

理想模型是最简单的二极管等效电路。它将二极管的单向导电性进行理想化处理，即二极管外加正向电压导通时，其导通压降为零；加反向电压截止时，其反向电流为零。可以将理想二极管想象成一个开关，二极管导通相当于开关闭合，二极管截止相当于开关打开。理想二极管的符号和伏安特性曲线如图 1-14（a）所示，适用于二极管电路信号幅度较大的情况。

2. 恒压模型

在很多情况下，二极管本身的导通压降不能被忽略。这时可以采用二极管的恒压模型。由二极管的伏安特性可知，二极管导通之后电压变化很小，可近似认为其端电压恒定。二极管恒压等效电路及其伏安特性曲线如图 1-14（b）所示。恒压等效电路由理想二极管串联电压源得到，这表明二极管正向导通时正向压降为一个常量 U_{on}，反向截止时电流为零。

3. 折线模型

为了更准确地计算二极管电路，可以采用折线模型来近似代替二极管的伏安特性曲线。二极管折线模型及其伏安特性曲线如图 1-14（c）所示。二极管正向导通后的特性曲线可用一条斜线近似，即电压和电流呈线性关系，即 $u = U_{on} + i_D r_D$。其中，$r_D = \Delta U / \Delta I$ 为二极管的直流电阻，表示直流电压变化量和直流电流变化量的比值，也称为静态电阻。二极管反向截止时反向电流为零。因此，折线模型由理想二极管串联电压源 U_{on} 和电阻 r_D 得到。

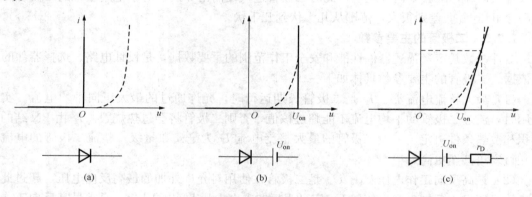

图 1-14 二极管的电路模型
（a）理想模型；（b）恒压模型；（c）折线模型

4. 交流小信号模型

在模拟电子电路中，二极管的电压和电流经常在某一固定点 Q 附近做小范围变化。此时，需要使用二极管的交流电阻 r_d 来等效，对其变化量进行分析，如图 1-15 所示。其中，$r_d = \Delta u_D / \Delta i_D \approx U_T / I_{DQ}$，因此 r_d 与其静态工作电流 I_{DQ} 有关。

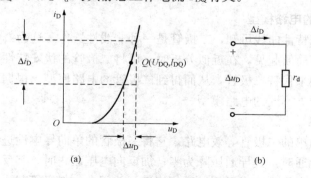

图 1-15 二极管的交流小信号模型
（a）伏安特性曲线；（b）等效电路

1.2.5 二极管的应用

二极管是电子电路中常用的半导体器件，利用二极管的单向导电性，可以实现整流、限幅、开关等功能。

1. 二极管整流电路

将交流电变成单方向脉动的直流电，称为整流。例 1 - 1 为一个简单的二极管整流电路的例子。

【例 1 - 1】 二极管整流电路如图 1 - 16 (a) 所示。已知 $u_i = 10\sin\omega t$ V 为正弦波，试利用二极管的理想模型画出 u_o 的波形。

解 当 u_i 为正半周时，二极管导通，$u_o = u_i$；当 u_i 为负半周时，二极管截止，$u_o = 0$。电路的输入、输出波形如图 1 - 16 (b) 所示。

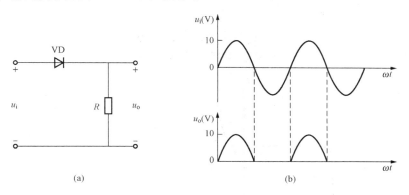

图 1 - 16 二极管整流电路

(a) 电路图；(b) 波形图

2. 二极管限幅电路

二极管限幅电路是将输入电压的变化范围加以限制，常用于波形变换和整形。例 1 - 2 为一个二极管限幅电路的例子。

【例 1 - 2】 二极管限幅电路如图 1 - 17 (a) 所示，其中二极管为硅管。设输入信号 $u_i = 5\sin\omega t$ V，试利用二极管的恒压模型画出 u_o 的波形。

解 二极管为硅管，利用恒压模型，设其正向导通压降为 0.7V。当 $-3.7\text{V} < u_i < 3.7\text{V}$ 时，$u_o = u_i$；当 $u_i \geqslant 3.7\text{V}$ 时，$u_o = 3.7\text{V}$；当 $u_i \leqslant -3.7\text{V}$ 时，$u_o = -3.7\text{V}$。与 u_i 对应的 u_o 波形如图 1 - 17 (b) 所示，u_o 的变化范围被限定在 $-3.7 \sim 3.7\text{V}$。

1.2.6 稳压二极管

1. 稳压二极管的伏安特性曲线和符号

稳压二极管是一种特殊的面接触型硅二极管，简称稳压管，其伏安特性曲线和符号如图 1 - 18 所示。稳压二极管的正向特性和反向特性与普通二极管基本相同。区别在于普通二极管只允许工作在正向导通和反向截止两个区域，不允许反向击穿，而稳压二极管专门工作在反向击穿状态。稳压二极管外加反向电压数值达到一定程度时则被反向击穿，反向击穿区的曲线很陡，几乎平行于纵轴，具有稳压特性。只要控制反向电流不超过一定值，稳压二极管就不会因过热而损坏。

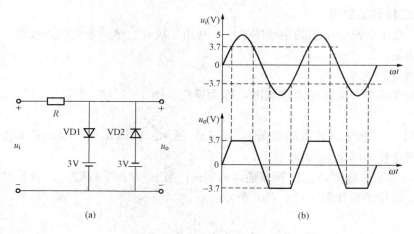

图 1-17　二极管限幅电路
(a) 电路图；(b) 波形图

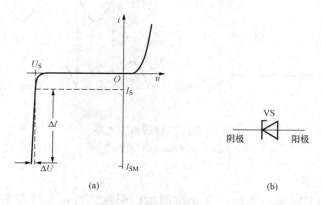

图 1-18　稳压二极管的伏安特性曲线与符号
(a) 伏安特性曲线；(b) 图形符号

2. 稳压二极管的主要参数

(1) 稳定电压 U_S。U_S 是指在规定电流下稳压二极管的反向击穿电压值。U_S 是挑选稳压二极管的主要依据之一。不同型号的稳压二极管有不同的稳定电压。由于半导体器件参数的分散性，即使是同一型号的稳压二极管 U_S 也有一定的差别。因此产品手册上给出的稳定电压 U_S 并不是一个值，而是一个电压范围。如稳压二极管 2CW7C，在测试电流 $I_S = 10\mathrm{mA}$ 时，稳定电压 U_S 为 6.1～6.5V。

(2) 稳定电流 I_S。I_S 是稳压二极管工作在稳压状态时的参考电流值。若工作电流低于 I_S，稳压性能将变差，甚至失去稳压作用。所以也常将 I_S 记作 I_{Smin}，即稳压二极管的最小稳定电流（见图 1-18）。

(3) 额定功耗 P_{SM}。P_{SM} 是稳压二极管的稳定电压 U_S 与最大稳定电流 I_{SM} 的乘积值，即 $P_{SM} = U_S I_{SM}$。由于功耗会转化成热量使二极管发热，因此稳压二极管的功耗超过 P_{SM} 时，就会因 PN 结温度升高而损坏。一般由 P_{SM} 的值可以确定 I_{SM} 的值，即稳压二极管正常稳压时其反向电流应大于 I_S 且小于 I_{SM}（见图 1-18）。当稳压二极管功耗不超过额定功耗时，电流越大，则稳压效果越好。

（4）动态电阻 r_s。r_s 是稳压二极管工作在稳压状态时，其两端电压变化量 ΔU 与电流变化量 ΔI 的比值（见图 1-18），即 $r_s = \Delta U / \Delta I$。$r_s$ 越小，稳压二极管电压随电流的变化越小，稳压效果越好。不同型号的稳压二极管，r_s 不同，一般从几欧姆到几十欧姆。

1.2.7　其他类型的二极管

1. 发光二极管

发光二极管（Light-Emitting Diode，LED）是一种能将电能转化为光能的半导体电子元件。由含镓（Ga）、砷（As）、磷（P）、氮（N）等的化合物制成。当电子与空穴复合时能辐射出可见光，因而可以用来制作发光二极管。在电路及仪器中作为指示灯，或者组成文字或数字显示。砷化镓二极管发红光，磷化镓二极管发绿光，碳化硅二极管发黄光，氮化镓二极管发蓝光。因化学性质又分有机发光二极管 OLED 和无机发光二极管 LED。如图 1-19 所示为发光二极管的外形图和符号。

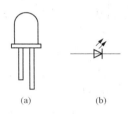

图 1-19　发光二极管
(a) 外形图；(b) 符号

（1）工作原理。它是半导体二极管的一种，可以把电能转化成光能。发光二极管与普通二极管结构一样是由一个 PN 结组成，也具有单向导电性。当给发光二极管加上正向电压后，从 P 区注入 N 区的空穴和由 N 区注入 P 区的电子，在 PN 结附近数微米内分别与 N 区的电子和 P 区的空穴复合，产生自发辐射的荧光。不同的半导体材料中电子和空穴所处的能量状态不同，当电子和空穴复合时释放出的能量多少不同，释放出的能量越多，则发出的光的波长越短。常用的是发红光、绿光或黄光的二极管。

（2）应用。发光二极管早在 1962 年出现，早期只能发出低光度的红光，之后发展出其他单色光的版本，时至今日不仅是发光效率超过了白炽灯，光强达到了烛光级，而且颜色也从红色到蓝色覆盖了整个可见光谱范围，能发出的光已遍及可见光、红外线及紫外线。随着技术的不断进步，发光二极管用途也由初时作为指示灯、显示板等，已被广泛地应用于显示器、采光装饰和照明，汽车信号灯、交通信号灯、室外全色大型显示屏以及特殊的照明光源。

LED 被称为第四代光源，具有节能、环保、安全、寿命长、低功耗、低热、高亮度、防水、微型、防震、易调光、光束集中、维护简便等特点，可以广泛应用于各种指示、显示、装饰、背光源、普通照明等领域。

（3）分类。发光二极管还可分为普通单色发光二极管、高亮度发光二极管、变色发光二极管和红外发光二极管等。

普通单色发光二极管具有体积小、工作电压低、工作电流小、发光均匀稳定、响应速度快、寿命长等优点，可用各种直流、交流、脉冲等电源驱动点亮。它属于电流控制型半导体器件，使用时需串接合适的限流电阻。

高亮度单色发光二极管和超高亮度单色发光二极管使用的半导体材料与普通单色发光二极管不同，所以发光的强度也不同。通常，高亮度单色发光二极管使用砷铝化镓（GaAlAs）等材料，超高亮度单色发光二极管使用磷铟砷化镓（GaAsInP）等材料，而普通单色发光二极管使用磷化镓（GaP）或磷砷化镓（GaAsP）等材料。

变色发光二极管是能变换发光颜色的发光二极管。变色发光二极管发光颜色种类可分为双色发光二极管、三色发光二极管和多色（有红、蓝、绿、白四种颜色）发光二极管。

红外发光二极管也称红外线发射二极管，它是可以将电能直接转换成红外光（不可见光）并能辐射出去的发光器件，主要应用于各种光控及遥控发射电路中。

2．光电二极管

光电二极管（Photo - Diode）和普通二极管一样具有一个 PN 结的半导体器件，也具有单方向导电特性，但在电路中它不是作整流元件。光电二极管和普通二极管不同之处是在光电二极管的外壳上有一个透明的窗口以接收光线照射，实现光电转换，把光信号转换成电信号的光电传感器件。

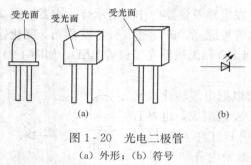

图 1-20　光电二极管

(a) 外形；(b) 符号

（1）工作原理。普通二极管在反向电压作用时处于截止状态，只能流过微弱的反向电流，光电二极管在设计和制作时尽量使 PN 结的面积相对较大，以便接收入射光。光电二极管是在反向电压作用下工作的，没有光照时，反向电流极其微弱，叫暗电流；有光照时，反向电流迅速增大到几十微安，称为光电流。光的强度越大，反向电流也越大。光的变化引起光电二极管电流变化，这就可以把光信号转换成电信号，成为光电传感器件。

（2）应用。PN 结型光电二极管与其他类型的光探测器一样，在诸如光敏电阻、感光耦合元件（Charge - coupled Device，CCD）以及光电倍增管等设备中有着广泛应用。它们能够根据所受光的强度来输出相应的模拟电信号（例如测量仪器）或者在数字电路的不同状态间切换（例如控制开关、数字信号处理）。

光电二极管在电子产品中的应用，例如 CD 播放器、烟雾探测器以及控制电视机、空调和电视等的红外线遥控设备，也可以使用光电二极管或者其他光导材料，工作在照相机的测光器、路灯亮度自动调节等。在科学研究和工业中，光电二极管常常被用来精确测量光强，因为它比其他光导材料具有更良好的线性。在医疗应用设备中，光电二极管也有着广泛的应用，例如 X 射线计算机断层成像（computed tomography，CT）以及脉搏探测器。

1.3　晶　体　管

双极型晶体管（BJT）、晶体三极管、半导体三极管、三极管等统一简称为晶体管。晶体管的种类很多，按功率分有小、中、大功率晶体管，图 1-21 所示是常见的几种晶体管的外形；按工作频率分有低频管和高频管；按半导体材料分有硅管和锗管等。虽然有不同种类的划分，但晶体管的基本结构相同。

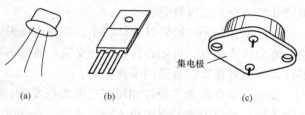

图 1-21　常用晶体管的外形

(a) 小功率晶体管；(b) 中功率晶体管；(c) 大功率晶体管

1.3.1　晶体管的结构与符号

晶体管按其结构可分为 NPN 型和 PNP 型两类，其结构示意图及符号如图 1-22 所示。

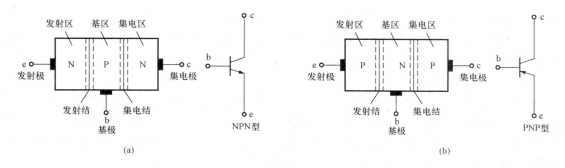

图 1-22 晶体管的结构与符号

（a）NPN 型晶体管的结构示意图与符号；（b）PNP 型晶体管的结构示意图与符号

在一块半导体上，掺入不同的杂质，制作成三个不同的掺杂区域，并形成两个 PN 结就构成了晶体管。位于中间的掺杂区域为基区，引出的电极为基极（b）；位于两侧的区域分别为集电区和发射区，引出的电极为集电极（c）和发射极（e）。在三个区域的交界处形成两个 PN 结：基区和发射区形成发射结；基区和集电区形成集电结。

NPN 型晶体管的三个掺杂区域按 N-P-N 结构排列；而 PNP 型晶体管的三个掺杂区域按 P-N-P 结构排列。这两种结构的晶体管其图形符号的区别在于发射极箭头的方向不同，箭头的方向是发射结正向偏置时电流的流向。

从结构上看，晶体管由两个背靠背的 PN 结组成，但晶体管绝不是两个 PN 结的简单连接。晶体管的制造工艺具有以下特点：基区很薄且掺杂浓度很低；发射区的掺杂浓度高，几何尺寸比基区大；集电区的掺杂浓度低于发射区，几何尺寸比发射区大，因而集电结的结面积大。上述制造工艺保证了晶体管的电流放大作用。

1.3.2 晶体管的电流放大作用

晶体管正常工作时，需外加合适的电源电压。晶体管要实现电流放大作用，发射结必须加正向电压，集电结必须加反向电压，即发射结正偏，集电结反偏。以 NPN 型晶体管为例来说明电流放大状态下晶体管内载流子的运动情况，如图 1-23 所示。按传输顺序分为以下几个过程。

1. 发射区向基区注入自由电子

由于发射结正向偏置，多子的扩散运动占优势。发射区是高掺杂区，自由电子浓度高，于是大量自由电子源源不断地越过发射结注入基区，形成电子电流 I_{EN}。与此同时，基区的多数载流子空穴也向发射区扩散，形成空穴电流 I_{EP}。两股电流相加，形成晶体管发射极电流，即

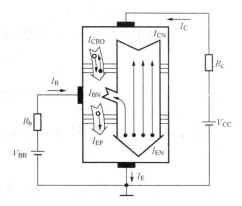

图 1-23 放大状态下晶体管内载流子的运动情况

$$I_E = I_{EN} + I_{EP} \tag{1-3}$$

由于发射区自由电子的浓度远高于基区空穴的浓度，所以电子电流远大于空穴电流，后者一般可以忽略不计，因此，I_E 主要由发射区的电子电流 I_{EN} 组成。

2. 自由电子在基区中边扩散边复合

发射区的自由电子注入基区后，继续从发射结向集电结方向扩散，在扩散过程中少量自

由电子与基区的空穴复合。由于基区很薄且空穴浓度又低，所以从发射区注入基区的自由电子只有少部分与空穴复合形成基极电流主要部分 I_{BN}，绝大部分自由电子在惯性力作用下到达了集电结。

3. 集电区收集自由电子

由于集电结反偏，在反向电压的作用下，扩散到集电结边缘的自由电子做漂移运动，穿过集电结，被集电区收集，形成集电极电流主要部分 I_{CN}。另外，集电区和基区的少子在集电结反向电压作用下，向对方漂移形成集电结反向饱和电流 I_{CBO}。I_{CBO} 流过集电结到达基区，构成 I_C 和 I_B 电流的另一部分。由图 1-21 可以看出

$$I_B = I_{BN} + I_{EP} - I_{CBO} \tag{1-4}$$

$$I_C = I_{CN} + I_{CBO} \tag{1-5}$$

将晶体管看作一个节点，从外部电极看，晶体管三个电流之间的电流关系满足

$$I_E = I_B + I_C \tag{1-6}$$

忽略微小量 I_B 时，有

$$I_E \approx I_C$$

由以上分析可知，晶体管内部有两种载流子参与导电，因此称为双极型晶体管。

1.3.3　晶体管的电流放大系数

由上述载流子运动情况可知，集电极电流中 I_{CN} 是发射极电流 I_{EN} 通过注入、扩散和复合、集电区的收集转化而来，是晶体管内部的正向控制电流。晶体管的外加电压确定后，即可确定基区与空穴复合掉的自由电子数与进入集电区的自由电子数之间的比例。晶体管的放大原理正是基于这两种电流的分配关系，因此该比例反映了晶体管的放大能力。该比例关系主要由基区宽度、掺杂浓度等因素决定，晶体管制作完成后该比例关系就基本确定了。

1. 共射直流电流放大系数 $\bar{\beta}$

共射直流电流放大系数 $\bar{\beta}$ 为受控集电极电流 I_{CN} 和基极复合电流 I_{BN} 之比，即

$$\bar{\beta} = \frac{I_{CN}}{I_{BN}} \approx \frac{I_C}{I_B} \tag{1-7}$$

$\bar{\beta}$ 一般为 $10 \sim 200$。若 $\bar{\beta}$ 太小，则晶体管的放大能力差；若 $\bar{\beta}$ 过大，则晶体管不够稳定。

2. 共射交流电流放大系数 β

共射交流电流放大系数 β 为集电极电流变化量 Δi_C 和基极电流变化量 Δi_B 之比，即

$$\beta = \frac{\Delta i_C}{\Delta i_B} \tag{1-8}$$

显然，$\bar{\beta}$ 和 β 是两个不同的参数，物理意义不同，但在一定的集电极电流变化范围内，$\beta \approx \bar{\beta}$。在后续分析中，两者不再加以区分。

1.3.4　晶体管的共发射极特性曲线

晶体管的特性曲线描述了晶体管各极之间的电压、电流关系，反映了晶体管的外部性能，是分析晶体管电路的重要依据。在工程中，经常使用晶体管共发射极接法时的输入特性曲线和输出特性曲线。

1. 共发射极输入特性曲线

将一个硅 NPN 型晶体管接成共发射极接法，其输入量是基极电流 i_B 和发射结电压 u_{BE}，输出量是集电极电流 i_C 和管压降 u_{CE}，如图 1-24 所示。输入特性曲线是描述晶体管压降

U_{CE}一定时，基极电流 i_B 和发射结电压 u_{BE} 之间的关系曲线，可表示为

$$i_B = f(u_{BE})\,|_{U_{CE}=常数} \tag{1-9}$$

硅 NPN 型晶体管的共发射极输入特性曲线如图 1-25 所示。

由图 1-25 可知，输入特性具有以下特点：

(1) 当 $U_{CE}=0V$ 时，相当于集电极和发射极短路，输入回路相当于两个 PN 结并联。晶体管的输入特性与 PN 结的正向伏安特性类似，呈指数关系。

(2) 当 $U_{CE}>0V$ 时，随着 U_{CE} 的增大，曲线右移。这是因为 U_{CE} 的增加使集电结变宽，减少了基区的有效宽度，不利于自由电子和空穴的复合。因此，u_{BE} 相同的情况下，i_B 减小，曲线右移。

(3) 当 $U_{CE}>1V$ 时，对于确定的 U_{BE}，当 U_{CE} 增大到一定值以后，集电结的电场已足够强，可以将发射区注入基区的绝大部分自由电子收集到集电区。即使再增大 U_{CE}，i_C 也不可能明显增大，即 i_B 已基本不变。因此，U_{CE} 超过一定数值以后，曲线不再明显右移而是基本重合。对于小功率晶体管，可以近似认为 $U_{CE}>1V$ 以后曲线基本重合。

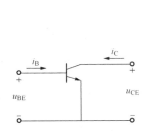

图 1-24 晶体管共发射极接法

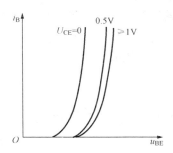

图 1-25 共发射极输入特性曲线

2. 共发射极输出特性曲线

输出特性曲线描述的是基极电流 I_B 一定时，集电极电流 i_C 与晶体管压降 u_{CE} 之间的关系曲线，用函数关系表示为

$$i_C = f(u_{CE})\,|_{I_B=常数} \tag{1-10}$$

对于每一个确定的 I_B 都有一条输出特性曲线，所以输出特性曲线是形状大体相同的一组曲线，如图 1-26 所示。输出特性曲线可以划分为三个区域：

(1) 截止区。一般将 $I_B \leqslant 0$ 所对应的区域称为截止区。图 1-26 中，截止区为 $I_B=0$ 所对应的输出特性曲线与横轴包围的区域。截止区晶体管的内部特征为：发射结电压小于开启电压 U_{on}，集电结反向偏置。对 NPN 型晶体管，其外加电压条件为：$u_{BE} < U_{on}$，$u_{CE}>u_{BE}$。此时 $i_B=0$，$i_C \leqslant I_{CEO}$（穿透电流），晶体管处于截止状态。

(2) 放大区。将 $I_B \geqslant 0$ 所对应的平行线区域称为放大区。图 1-26 中，虚线与 $I_B=0$ 所对应的输出特性曲线所包围的平行线区域即为放大区。放大区晶体管的内部特征为：发射结正向偏置，集电结反

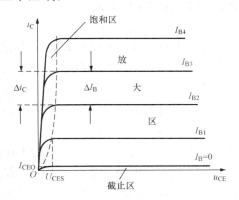

图 1-26 共发射极输出特性曲线

向偏置。对 NPN 型晶体管，其外加电压条件为：$u_{BE} > U_{on}$，$u_{CE} > u_{BE}$。此时 i_C 几乎仅决定于 i_B，而与 u_{CE} 无关，表现出 i_B 对 i_C 的控制作用，$I_C = \bar{\beta} I_B$，$\Delta i_C = \beta \Delta i_B$，晶体管处于放大状态。

（3）饱和区。一般将各输出曲线上升的区域称为饱和区。图 1-26 中，纵轴与虚线包围的区域即为饱和区。饱和区晶体管的内部特征为：发射结和集电结都处于正向偏置，集电结已经失去了收集自由电子的能力。对于 NPN 型晶体管，其外加电压条件为：$u_{BE} > U_{on}$，$u_{CE} < u_{BE}$。此时 i_C 不仅与 i_B 有关，而且明显随 u_{CE} 的增大而增大，且 $i_C < \beta i_B$。对于小功率晶体管，可以认为当 $u_{CE} = u_{BE}$ 时，晶体管处于临界状态，即临界饱和状态，如图 1-26 中虚线所示。U_{CES} 为饱和压降。

在模拟电子电路中，绝大多数情况下应该保证晶体管处于放大状态。

1.3.5　晶体管的主要参数

晶体管的参数很多，主要介绍以下几类。

1. 电流放大系数

电流放大系数是表征晶体管放大能力的参数。从工作状态来看，有直流工作状态和交流工作状态两种。

（1）共射直流电流放大系数 $\bar{\beta}$，计算公式为

$$\bar{\beta} \approx \frac{I_C}{I_B}$$

（2）共射交流电流放大系数 β，计算公式为

$$\beta = \frac{\Delta i_C}{\Delta i_B}$$

2. 极间反向电流

（1）集—基极反向饱和电流 I_{CBO}，指发射极开路时，集电极和基极之间的反向电流。

（2）集—射极反向饱和电流 I_{CEO}，指基极开路时，集电极和发射极之间的反向电流，也称为穿透电流，如图 1-26 所示，其计算公式为

$$I_{CEO} = (1 + \bar{\beta}) I_{CBO} \tag{1-11}$$

极间反向电流受温度影响很大，同一型号的晶体管反向电流越小，性能越稳定。通常将 I_{CEO} 作为衡量晶体管性能好坏的重要参数。一般小功率锗晶体管的 I_{CEO} 小于几十微安；硅晶体管的 I_{CEO} 在 $1\mu A$ 以下。

3. 特征频率 f_T

由于晶体管中 PN 结结电容的存在，晶体管的交流电流放大系数是所加信号频率的函数。f_T 是指晶体管的共射交流电流放大系数随信号频率升高而下降到 1 时的工作频率。信号频率升高到一定程度时，不但该电流放大系数的数值会下降，而且会产生相移。因此，在实际选用晶体管时应使 $f_T \gg f$（工作频率）。

4. 极限参数

极限参数是为保证晶体管安全工作而对其电压、电流和功率损耗所加的限制。

（1）最大集电极耗散功率 P_{CM}。晶体管功率损耗 $P_C = u_{CE} i_C$。晶体管处于放大状态时，集电结承受着较高的反向电压，同时流过较大的电流，在集电结上要消耗一定的功率，从而导致集电结发热，结温升高。为保证晶体管可靠工作，最高结温所对应的 P_C 即为集电极最

大耗散功率 P_{CM}。对于确定型号的晶体管，$P_{CM}=u_{CE}i_C=$ 常数，P_{CM} 在输出特性坐标平面内为双曲线中的一条，如图 1-27 所示。

需要指出的是，晶体管的最大集电极耗散功率 P_{CM} 与散热条件有关。大功率晶体管的 P_{CM} 是在一定散热条件下测得的。

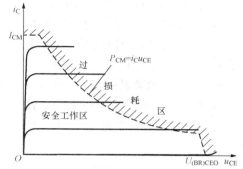

图 1-27　晶体管的极限参数

（2）最大集电极电流 I_{CM}。集电极电流 i_C 在相当大的范围内 β 值基本不变，但当 i_C 增大到一定程度后，β 值则会减小。I_{CM} 一般是指 β 下降到正常值的 2/3 时所对应的集电极电流。当 $i_C > I_{CM}$ 时，虽然晶体管不至于损坏，但晶体管的 β 值已明显减小。因此，晶体管线性应用时，i_C 不应超过 I_{CM}。

（3）极间反向击穿电压 $U_{(BR)CEO}$。$U_{(BR)CEO}$ 是基极开路时集电极与发射极间的反向击穿电压，此时集电结承受反向电压。当 $u_{CE} > U_{(BR)CEO}$ 时，i_C 突然大幅上升，表明晶体管已经被击穿。

由以上分析可知，为保证晶体管的正常工作，必须使其工作在如图 1-25 所示的虚线划定的安全工作区。

5. 温度对晶体管特性的影响

由于半导体材料的热敏性，晶体管的参数几乎都与温度有关。实际应用中着重考虑温度对 I_{CBO}、u_{BE} 和 β 三个参数的影响。

（1）温度对 I_{CBO} 的影响。I_{CBO} 是由集电结外加反向电压时少子漂移运动形成的。当温度升高时，少数载流子增加，所以 I_{CBO} 增大。其变化规律是：温度每上升 10℃，I_{CBO} 约上升 1 倍。表现在输出特性曲线上，温度上升，曲线上移。

（2）温度对 u_{BE} 的影响。u_{BE} 随温度的变化规律与 PN 结相同，即随温度升高而减小。其变化规律是：温度每升高 1℃，u_{BE} 减小 2~2.5mV。表现在输入特性曲线上，温度升高时曲线左移。

（3）温度对 β 的影响。温度升高加快了基区中注入载流子的扩散速度，增加了集电极收集电流的比例，因此 β 随温度升高而增大。其变化规律是：温度每升高 1℃，β 值增大 0.5%~1%。表现在输出特性曲线上，随着温度的升高输出特性曲线间的距离增大。

由以上分析可知，温度对 I_{CBO}、u_{BE}、β 的影响，均使温度升高时 i_C 增大，这将严重影响晶体管的工作状态，应采取相关措施进行抑制。

1.4　绝缘栅型场效应晶体管

半导体晶体管又称为双极型晶体管，是因为晶体管中参与导电的有两种极性的载流子，既有多数载流子又有少数载流子。而场效应晶体管又称为单极型晶体管，是因为其参与导电的载流子只有一种极性的多数载流子。又因为这种晶体管是利用电场效应来控制电流，所以也称为场效应晶体管。

场效应晶体管分为两大类：一类为结型场效应晶体管，另一类为绝缘栅型场效应晶体管。本节将主要介绍绝缘栅型场效应晶体管。

绝缘栅型场效应晶体管是由金属、氧化物和半导体制成，所以称为金属—氧化物—半导体场效应晶体管，或简称 MOS 场效应晶体管。从导电沟道来分，绝缘栅型场效应晶体管可以分为 N 沟道和 P 沟道两类。无论是 N 沟道还是 P 沟道又可分为增强型和耗尽型两种。以下将以 N 沟道增强型场效应晶体管为主，介绍其结构、工作原理和特性曲线。

1.4.1 N 沟道增强型场效应晶体管的结构与符号

N 沟道增强型场效应晶体管的结构示意图如图 1 - 28（a）所示。用一块掺杂浓度较低的 P 型硅片作为衬底，在其上利用扩散工艺制作出两个高掺杂浓度的 N^+ 区，分别引出两个电极，作为源极（s）和漏极（d）。在其余表面覆盖一层 SiO_2 绝缘层，并在漏极和源极之间的绝缘层上制作一层金属铝作为栅极（g），从而形成了 N 沟道增强型场效应晶体管。因为栅极与其他电极以及硅片之间是绝缘的，所以称为绝缘栅型场效应晶体管，其输入电阻可达 $10^{10}\Omega$ 以上。通常衬底（B）与源极（S）连接在一起使用。N 沟道绝缘栅型场效应晶体管的符号如图 1 - 28（b）所示，其中箭头方向表示在衬底与沟道之间由 P 区指向 N 区。

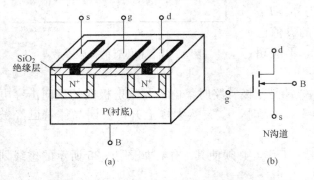

图 1 - 28　N 沟道增强型场效应晶体管的结构与符号
（a）结构示意图；（b）符号

1.4.2 N 沟道增强型场效应晶体管的工作原理

如图 1 - 28（a）所示，当栅源之间不外加电压时，漏极与源极被 P 型衬底隔开，漏—源之间形成两个反向的 PN 结。因此，即使漏—源之间加上电压，也不会有漏极电流，即当 $u_{GS}=0$ 时，漏—源之间不存在导电沟道，称为增强型场效应晶体管；相反，若 $u_{GS}=0$ 时已经存在导电沟道，则称为耗尽型场效应晶体管。

1. $u_{DS}=0$ 时，u_{GS} 对导电沟道的控制作用

当 $u_{DS}=0$，同时 $u_{GS}>0$ 时，由于源极和衬底连接在一起使用，于是在栅极与衬底之间产生了一个垂直于半导体表面、由栅极指向衬底的电场。该电场的作用是排斥 P 型衬底中的空穴，并且将 P 型衬底中的自由电子吸引到衬底靠近 SiO_2 绝缘层的一侧。当 u_{GS} 较小时，只有少量的自由电子漂移到表面与 P 型半导体中的空穴复合，结果是在 P 型半导体表面形成新的耗尽层，此时漏极与源极之间没有导电沟道，如图 1 - 29（a）所示。当 u_{GS} 增大到一定程度时，绝缘层和 P 型衬底的交界面附近就会积累足够多的自由电子，形成 N 型薄层，称为 N 型反型层。反型层使漏极与源极之间存在一条由电子构成的 N 型导电沟道，如图 1 - 29（b）所示。通常将开始形成导电沟道时所对应的栅—源电压称为开启电压，用 $U_{GS(th)}$ 表示。u_{GS} 越大，导电沟道越宽，导电沟道电阻越小。

2. $u_{GS}>U_{GS(th)}$ 时，u_{DS} 对导电沟道的影响

当 $u_{GS}>U_{GS(th)}$，并在漏—源之间外加一个正向电压，即 $u_{DS}>0$ 时，将在漏—源之间产生漏极电流 i_D。当 u_{DS} 较小时（$u_{DS}<u_{GS}-u_{GS(th)}$），漏极电流 i_D 流过导电沟道产生压降，使栅极与沟道中各点的压降不再相等，形成一个电位梯度。栅—源之间的压降最大，导电沟道

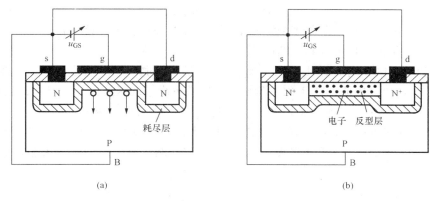

图 1-29　u_{GS} 对导电沟道的控制作用

(a) u_{GS} 很小时形成耗尽层；(b) u_{GS} 较大时形成导电沟道

最厚；栅—漏之间的压降最小（$u_{GD}=u_{GS}-u_{DS}>u_{GS(th)}$），导电沟道最薄。整个导电沟道呈现一个楔形，如图 1-30（a）所示。

如果增大 u_{DS}，使 $u_{DS}=u_{GS}-u_{GS(th)}$（$u_{GD}=u_{GS(th)}$），则导电沟道会在漏极一侧出现夹断点，称为预夹断，如图 1-30（b）所示。

在此基础上如果继续增大 u_{DS}，使 $u_{DS}>u_{GS}-u_{GS(th)}$（$u_{GD}<U_{GS(th)}$），则夹断点会向源极方向延伸，在漏极附近形成夹断区，如图 1-30（c）所示。在此过程中，由于夹断区的沟道电阻很大，所以当 u_{DS} 逐渐增大时，增加的 u_{DS} 几乎都降落在夹断区，用于克服夹断区对漏极电流的阻力。从外部看，i_D 几乎不因 u_{DS} 增大而变化，几乎仅取决于 u_{GS}。此时可将 i_D 看作电压 u_{GS} 控制的电流源，晶体管进入恒流区。

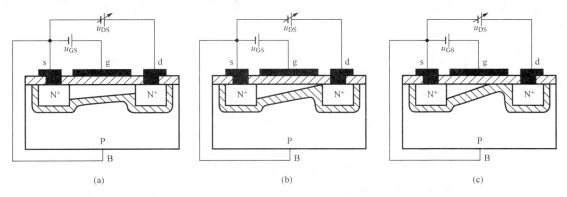

图 1-30　u_{DS} 对导电沟道的影响

(a) $u_{GD}>U_{GS(th)}$；(b) $u_{GD}=U_{GS(th)}$；(c) $u_{GD}<U_{GS(th)}$

1.4.3　N 沟道增强型场效应晶体管的特性曲线

场效应晶体管的特性曲线主要有两条：输出特性曲线和转移特性曲线。

1. 输出特性曲线

输出特性曲线也称漏极特性曲线，描述的是以 U_{GS} 为参变量，漏极电流 i_D 与漏源电压 u_{DS} 之间的关系。其表达式为

$$i_D = f(u_{DS})|_{U_{GS=常数}} \tag{1-12}$$

N 沟道增强型 MOS 管的输出特性曲线如图 1-29（a）所示，整个特性曲线可分为三个区域，即可变电阻区、恒流区和夹断区。

（1）可变电阻区。当 $u_{GS} > U_{GS(th)}$，$u_{DS} < u_{GS} - U_{GS(th)}$ 时，MOS 管进入可变电阻区。漏—源电压 u_{DS} 较小，可变电阻区位于预夹断轨迹左边靠近纵轴的区域，此时导电沟道没有夹断，MOS 管漏—源之间的电压电流关系可以看成是一个受栅—源电压 u_{GS} 控制的可变电阻。当 u_{GS} 较小时，导电沟道较薄，漏—源之间的电阻较大；当 u_{GS} 增大时，导电沟道变厚，漏—源之间的电阻变小。因此可以通过改变 u_{GS} 的大小来改变漏—源之间的等效电阻，故称之为可变电阻区。

（2）恒流区。当 $u_{GS} > U_{GS(th)}$，$u_{DS} > u_{GS} - U_{GS(th)}$ 时，MOS 管进入恒流区［见图 1-31（a）中预夹断轨迹右面区域］。此时，靠近漏极处的导电沟道已经夹断，i_D 只受 u_{GS} 控制，几乎与 u_{DS} 无关，在图中表现为一组几乎与横轴平行的直线。i_D 可近似看作 u_{GS} 控制的电流源，故称该区域为恒流区。

（3）夹断区。当 $u_{GS} < U_{GS(th)}$ 时，MOS 管进入夹断区［见图 1-31（a）中靠近横轴的区域］。此时 MOS 管的导电沟道被夹断，$i_D \approx 0$，称为夹断区。

2. 转移特性曲线

转移特性曲线描述的是以 U_{DS} 电压为参变量，漏极电流 i_D 与栅—源电压 u_{GS} 之间的关系。其表达式为

$$i_D = f(u_{GS})|_{U_{DS=常数}} \tag{1-13}$$

当场效应晶体管工作在恒流区时，由于漏极电流 i_D 几乎与 U_{DS} 电压无关，所以可以用一条转移特性曲线代替恒流区所有曲线。在输出特性曲线的恒流区中作横轴的垂线，读出垂线与各曲线交点的坐标值，建立 u_{GS}、i_D 坐标系，连接各点所得的曲线就是转移特性曲线，如图 1-31（b）所示。

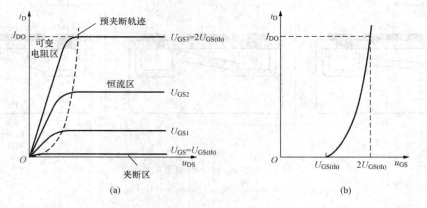

图 1-31 N 沟道增强型场效应晶体管的特性
（a）输出特性曲线；（b）转移特性曲线

在恒流区内，N 沟道增强型 MOS 管的漏极电流可近似表示为

$$i_D = I_{DO}\left(\frac{u_{GS}}{U_{GS(th)}} - 1\right)^2 \tag{1-14}$$

式中　I_{DO}——$u_{GS}=2U_{GS(th)}$ 时的 i_D，见图 1-31（b）。

由图 1-31（b）可知，当 $u_{GS}<U_{GS(th)}$ 时，导电沟道还没有形成，$i_D=0$；当 $u_{GS}\geqslant U_{GS(th)}$ 时，开始形成导电沟道，随着 u_{GS} 的增大，导电沟道变宽，沟道电阻变小，i_D 增大。

1.4.4　P沟道增强型场效应晶体管

P沟道增强型 MOS 管与 N 沟道增强型 MOS 管相比，区别在于它以 N 型硅片为衬底，源极和漏极对应的为 P 型区，其结构示意图与符号如图 1-32 所示。P沟道增强型 MOS 管的开启电压 $U_{GS(th)}<0$，当 $u_{GS}<U_{GS(th)}$ 时，MOS 管才能导通，漏—源之间应外加负电压。图 1-33 所示为 P 沟道增强型场效应晶体管的输出特性曲线和转移特性曲线。

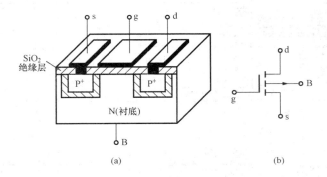

图 1-32　P沟道增强型场效应晶体管的结构示意图与符号

（a）结构示意图；（b）符号

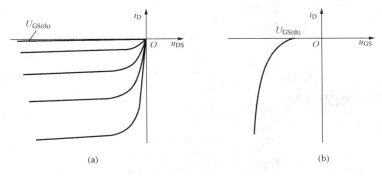

图 1-33　P沟道增强型场效应晶体管的特性曲线

（a）输出特性曲线；（b）转移特性曲线

1.5　Multisim 应 用 举 例

1. 题目

二极管正向导通后伏安特性的仿真。

2. 仿真电路

仿真电路如图 1-34 所示。考虑到二极管只有在低频小信号作用下才能等效为一个电阻，故选用频率为 1kHz、有效值为 10mV 的正弦波信号。二极管选用 1N916，其最高反向工作电压为 50V，额定工作电流为 0.2A。

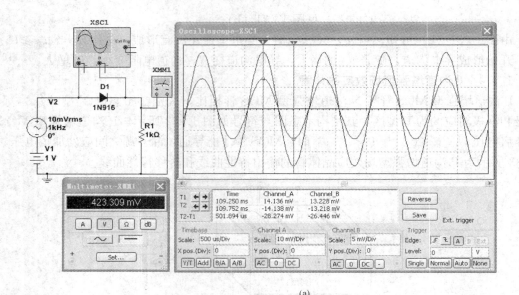

(a)

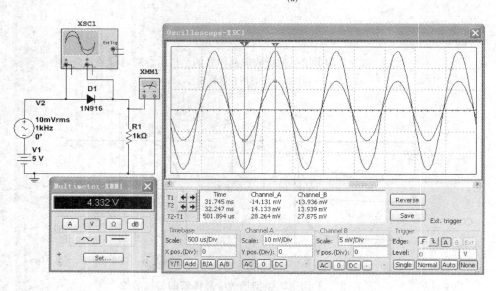

(b)

图 1-34　二极管测试电路

(a) 直流电压为 1V 时；(b) 直流电压为 5V 时

3. 仿真内容

（1）利用数字万用表可以测得不同直流电压作用下电阻 R_1 的直流电压，进而得到二极管 VD1（对应图中 D1）的直流管压降。

（2）利用示波器可以测得不同直流电压作用下电阻 R_1 的峰值电压，进而得到二极管 VD1（对应图中 D1）的交流管压降。

4. 仿真结果

仿真结果见表 1-1。

表 1-1   仿 真 结 果

直流电源 V_1 （V）	交流信号 V_2 （mV）	R_1 直流电压 （mV）	R_1 峰值电压 （mV）	VD1 直流电压 （mV）	VD1 交流电压 （mV）
1	10	423.309	13.228	576.691	0.645
5	10	4332	13.939	668	0.142

5. 结论

（1）比较 1V 和 5V 直流电压作用下二极管的直流管压降可知，二极管的直流电流越大，其直流管压降越大，故二极管的直流管压降不是一个常量。

（2）比较 1V 和 5V 直流电压作用下二极管的交流管压降可知，二极管的直流电流越大，其交流管压降越小。直流电流越大，伏安特性曲线就越陡，其交流等效电阻就越小；两种情况下二极管的交流管压降都很小，说明二极管的动态电阻很小。

习   题

1-1 选择题

（1）在半导体材料中，N 型半导体的自由电子浓度（   ）空穴浓度。

（A）大于   （B）小于   （C）等于

（2）在本征半导体加入（   ）价元素可形成 P 型半导体，加入（   ）元素可形成 N 型半导体。

（A）3 价   （B）4 价   （C）5 价

（3）P 型半导体的多数载流子是带正电的空穴，因此它（   ）。

（A）带正电   （B）带负电   （C）呈中性

（4）PN 结加正向电压时，空间电荷区将（   ）。

（A）变宽   （B）变窄   （C）不变

（5）当温度升高时，二极管的反向饱和电流将（   ）。

（A）减小   （B）增大   （C）不变

（6）稳压二极管的稳压工作区是工作在（   ）。

（A）正向导通   （B）反向截止   （C）反向击穿

（7）工作在放大区的晶体管，如果当 I_B 从 $12\mu A$ 增大到 $22\mu A$ 时，I_C 从 1mA 变化为 2mA，那么其 β 值约为（   ）。

（A）83   （B）91   （C）100

（8）当晶体管工作在放大区时，发射结电压和集电结电压应为（   ）。

（A）发射结反偏，集电结反偏

（B）发射结正偏，集电结反偏

（C）发射结正偏，集电结正偏

1-2 判断题

（1）温度升高，晶体管电流放大倍数增大。   （   ）

（2）通常锗管的反向漏电流比硅管小。   （   ）

（3）本征半导体温度升高后两种载流子浓度仍相等。　　　　　　　　　（　　）

（4）空间电荷区内的漂移电流是少数载流子在内电场的作用下形成的。　（　　）

（5）晶体管工作在放大状态时，集电极电位最高，发射极电位最低。　　（　　）

（6）场效应晶体管仅靠一种载流子导电。　　　　　　　　　　　　　　（　　）

（7）增强型 MOS 管工作在恒流区时，其 $u_{GS}>0$。　　　　　　　　　（　　）

1-3　写出图 1-35 所示电路的输出电压值，设二极管的正向导通电压 $U_D=0.7V$。

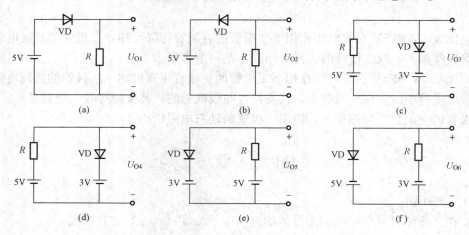

图 1-35　题 1-3 图

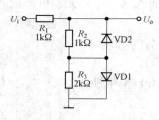

图 1-36　题 1-4 题

1-4　电路如图 1-36 所示，二极管视为理想二极管，$U_i=10V$，求输出电压 U_o。

1-5　电路如图 1-37 所示。

（1）二极管视为理想二极管，求 $U_{O1}=?$ $U_{O2}=?$

（2）如果二极管的导通压降为 0.7V，求 $U_{O1}=?$ $U_{O2}=?$

1-6　二极管电路如图 1-38 所示，试判断图中二极管是导通还是截止并求出输出电压 U_{O1}、U_{O2}。（设图中二极管为理想二极管）

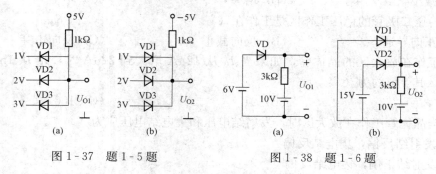

图 1-37　题 1-5 题　　　　　图 1-38　题 1-6 题

1-7　二极管电路如图 1-39 所示。已知 $u_i=3\sin\omega t$（V），试完成：

（1）忽略二极管的正向压降和反向电流，请写出输出电压 u_{o1}、u_{o2} 的表达式，并画出与 u_i 对应的 u_{o1}、u_{o2} 的波形。

（2）若二极管的正向导通压降为 0.7V，写出输出电压 u_{o1}、u_{o2} 的表达式，并画出与 u_i

对应的 u_{o1}、u_{o2} 的波形。

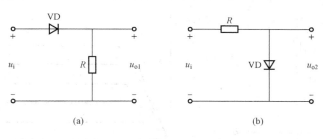

图 1-39 题 1-7 图

1-8 图 1-40 所示电路，已知稳压二极管的稳定电压 $U_S=6V$，最小稳定电流 $I_S=5mA$，最大稳定电流 $I_{SM}=25mA$。试完成：

(1) 分别计算 U_I 为 10V、15V、35V 三种情况下输出电压 U_O 的值。

(2) 若 $U_I=35V$ 时负载开路，会出现什么现象？为什么？

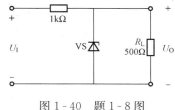

图 1-40 题 1-8 图

1-9 两个硅稳压二极管，$U_{S1}=6V$，$U_{S2}=9V$，它们的正向导通压降均为 0.7V。试问：

(1) 若将这两个稳压二极管串联连接，可以得到几种稳压值？分别是多少？

(2) 若将这两个稳压二极管并联连接，可以得到几种稳压值？分别是多少？

1-10 已测得晶体管各极电位如图 1-41 所示，试判断晶体管的工作状态（放大状态，截止状态、饱和状态），并说明该晶体管是 NPN 型还是 PNP 型晶体管。

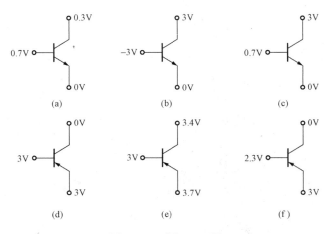

图 1-41 题 1-10 图

1-11 已知两个晶体管均工作在放大状态，并测得三个引脚对地电位分别为：A 晶体管：$U_1=10V$，$U_2=3V$，$U_3=3.7V$；B 晶体管：$U_1=0V$，$U_2=6V$，$U_3=5.7V$。试说明两个晶体管的结构类型、材料及电极名称。

1-12 N 沟道 MOS 管电路如图 1-42（a）所示，输出特性曲线如图 1-42（b）所示，

试问输入电压 u_i 为 1、5V 和 7V 时管子的状态以及输出电压 u_o 值。

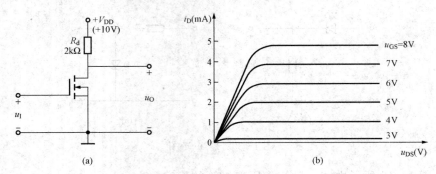

图 1-42　题 1-12 图

(a) 电路图；(b) 输出特性曲线

2 基 本 放 大 电 路

放大电路是构成其他电子电路的基本单元电路，其作用是将微弱的（小的）电信号加以放大，在自动控制、自动检测、各种电子仪器、家用电器、通信等领域都有着广泛应用。利用晶体管的电流放大作用或者场效应晶体管的压控电流作用，可以组成放大电路。

 教 学 目 标

1. 了解放大的概念和放大电路的主要性能指标。
2. 掌握基本共射放大电路的工作原理和组成原则。
3. 掌握放大电路的分析方法：利用图解法分析放大电路的非线性失真和最大不失真输出电压；利用等效电路法估算放大电路的静态工作点和动态参数。
4. 掌握晶体管基本放大电路的三种基本组态。
5. 掌握多级放大电路的耦合方式及其分析方法。

本章所涉及的基本电路、基本概念和基本分析方法是电子电路分析的基础知识，是学习的重点。

2.1 放 大 电 路 概 述

2.1.1 放大的概念

放大是一个在许多领域都广泛使用的概念。在电子学中，放大有其特定的含义，如，从传感器得到的信号非常小，必须经过放大才能带动负载（如扬声器或仪表）。放大电路的原理框图如图 2-1 所示。放大电路要放大的对象是变化量。经放大电路放大后的信号随时间的变化规律要与放大前的信号完全一致，但是其电压、电流的幅度得到了较大提高。在电子学中，所谓放大，表面上看是将信号的幅度由小变大，其本质是能量的控制和转换。由于输入信号的能量过于微弱，因此需要放大电路另外提供一个电源，由能量较小的输入信号控制

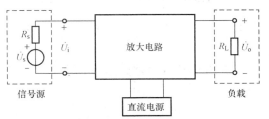

图 2-1 放大电路的原理框图

该电源，使放大电路输出较大的能量，以驱动负载。因此，放大电路放大的基本特征是功率放大。

晶体管工作在放大区时，基极电流对集电极电流有控制作用；场效应晶体管工作在恒流区时，栅—源电压对漏极电流有控制作用。因此，这两种器件都可以组成放大电路实现放大作用。这种能够控制能量的元件称为有源元件，放大电路中必须有有源元件。

需要明确的是，放大的前提是不失真，即只有在不失真的情况下放大才有意义。只有放大电路的核心元件——晶体管或场效应晶体管工作在合适的区域才能保证输出信号和输入信

号始终保持线性关系，即放大电路不会产生失真。

2.1.2 放大电路的主要性能指标

放大电路的性能指标可以衡量一个放大电路性能的优劣和特点。性能指标主要包括放大倍数、输入电阻、输出电阻和通频带等。

放大电路的具体构成形式多种多样，但就放大的功能而言都可以用一个统一的框图表示，如图 2-2 所示为放大电路的结构示意图。对信号而言，任何放大电路都可以看作一个

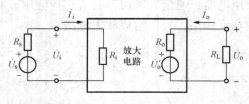

图 2-2 放大电路结构示意图

二端口网络。左边为输入端口，其中 $\dot{U}_s$ 为信号源电压，R_s 为信号源内阻，$\dot{U}_i$ 和 $\dot{I}_i$ 分别为放大电路的输入电压和输入电流；右边为输出端口，$\dot{U}_o$ 和 $\dot{I}_o$ 分别为放大电路的输出电压和输出电流，R_L 为负载电阻。对于信号源而言，放大电路为负载；对于负载而言，放大电路为信号源。

在分析和测试放大电路时经常采用正弦波作为测试信号，如图 2-2 中的电压、电流均为正弦信号，用相量符号表示。

1. 放大倍数

放大倍数是描述一个放大电路放大能力的性能指标。放大倍数 $\dot{A}$ 是放大电路输出量 $\dot{X}_o$（包括输出电压 $\dot{U}_o$ 和输出电流 $\dot{I}_o$）与输入量 $\dot{X}_i$（包括输入电压 $\dot{U}_i$ 和输入电流 $\dot{I}_i$）的比值。根据输出量和输入量的不同，可以有以下四种定义方法。

（1）电压放大倍数 $\dot{A}_{uu}$。定义为放大电路输出电压 $\dot{U}_o$ 与输入电压 $\dot{U}_i$ 之比。其表达式为

$$\dot{A}_{uu} = \dot{A}_u = \frac{\dot{U}_o}{\dot{U}_i} \qquad\qquad (2-1)$$

（2）电流放大倍数 $\dot{A}_{ii}$。定义为放大电路输出电流 $\dot{I}_o$ 与输入电流 $\dot{I}_i$ 之比。其表达式为

$$\dot{A}_{ii} = \dot{A}_i = \frac{\dot{I}_o}{\dot{I}_i} \qquad\qquad (2-2)$$

（3）互阻放大倍数 $\dot{A}_{ui}$。定义为放大电路输出电压 $\dot{U}_o$ 与输入电流 $\dot{I}_i$ 之比。其表达式为

$$\dot{A}_{ui} = \frac{\dot{U}_o}{\dot{I}_i} \qquad\qquad (2-3)$$

因为 $\dot{A}_{ui}$ 的量纲为电阻，所以称之为互阻放大倍数。

（4）互导放大倍数 $\dot{A}_{iu}$。定义为放大电路输出电流 $\dot{I}_o$ 与输入电压 $\dot{U}_i$ 之比。其表达式为

$$\dot{A}_{iu} = \frac{\dot{I}_o}{\dot{U}_i} \qquad\qquad (2-4)$$

因为 $\dot{A}_{iu}$ 的量纲为电导，所以称之为互导放大倍数。

2. 输入电阻

输入电阻 R_i 是指从放大电路输入端口看进去的等效电阻，定义为放大电路输入电压有效值 U_i 与输入电流有效值 I_i 之比，即

$$R_i = \frac{U_i}{I_i} \tag{2-5}$$

如图2-2所示，放大电路的输入电阻 R_i 相当于信号源的负载。输入电阻 R_i 和信号源内阻 R_s 串联，R_i 从信号源电压 U_s 分得的电压为放大电路的输入电压 U_i。也就是说，若信号源为电压源，放大电路的输入电阻 R_i 越大，从信号源得到信号的能力就越强，从信号源索取的电流越小。输入电阻 R_i 反映放大电路对信号源的影响程度。

3. 输出电阻

输出电阻 R_o 是从放大电路输出端看进去的等效电阻，定义为

$$R_o = \frac{U_o}{I_o}\Bigg|_{U_s=0,I_s=0} \tag{2-6}$$

若放大电路空载时测得输出电压为 U'_o，带负载后的输出电压为 U_o，由图2-2可得

$$U_o = \frac{R_L}{R_o + R_L}U'_o \tag{2-7}$$

其中，U'_o 和 U_o 分别是 $\dot{U}'_o$ 和 $\dot{U}_o$ 的有效值。则输出电阻为

$$R_o = \left(\frac{U'_o}{U_o} - 1\right)R_L \tag{2-8}$$

上式表明，R_o 越小，负载电阻 R_L 变化时，U_o 的变化越小，或者说负载变化对输出电压的影响越小，放大电路的带负载能力越强。输出电阻 R_o 是衡量一个放大电路带负载能力的性能指标。

4. 通频带

通频带是衡量放大电路对不同频率信号的放大能力的性能指标。由于放大电路存在电抗元件，晶体管的极间也存在电容等，因此对不同频率的输入信号放大电路具有不同的放大能力。一般来说，信号频率过高或过低放大电路的放大倍数都会下降，只有在中间的频率段才有最大放大倍数，且基本保持不变，称为中频放大倍数 $\dot{A}_m$。图2-3所示为某放大电路放大倍数的幅值与信号频率的关系曲线，称为放大电路的幅频特性曲线。

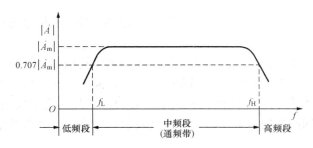

随着信号频率的降低，当放大倍数的幅值降低到 $0.707|\dot{A}_m|$ 时对应的信号频率称为下限截止频率

图2-3 某放大电路的幅频特性曲线

f_L；随着信号频率的升高，当放大倍数的幅值降低到 $0.707|\dot{A}_m|$ 时对应的信号频率称为上限截止频率 f_H。$f < f_L$ 的频率范围称为放大电路的低频段；$f > f_H$ 的频率范围称为放大电路的高频段；上、下限截止频率 f_H、f_L 之间的频率范围称为放大电路的中频段，也称为放大电路的通频带 f_{bw}，即

$$f_{bw} = f_H - f_L \tag{2-9}$$

上式表明，通频带的值越大，放大电路对信号频率的适应能力越强。对于收音机和扩音器来说，其通频带应宽于音频范围（20Hz～20kHz），才能完全不失真地放大声音信号。

5. 非线性失真系数

晶体管等放大元件的输入、输出特性是非线性的，这决定了放大电路的输出波形不可避免地要发生失真，称为非线性失真。具体表现为：对应于某一特定频率的正弦波电压输入，输出波形将发生畸变，含有一定数量的谐波。谐波总量与基波成分之比，称为非线性失真系数 D。它是衡量放大电路非线性失真大小的性能指标。其表达式为

$$D = \sqrt{\left(\frac{U_{o2}}{U_{o1}}\right)^2 + \left(\frac{U_{o3}}{U_{o1}}\right)^2 + \cdots} \qquad (2-10)$$

式中　U_{o1}、U_{o2}、U_{o3}——输出信号中基波分量和各次谐波分量的电压输出幅值。

6. 最大不失真输出电压

最大不失真输出电压是放大电路在不失真的前提下能够输出的最大电压，一般用有效值 U_{om} 表示。

7. 最大输出功率和转换效率

放大电路的最大输出功率定义为不失真情况下，放大电路向负载提供的最大交流功率，用 P_{om} 表示。晶体管等放大器件是一个能量控制器件，通过其控制作用将直流电源提供的能量转换成交流电能对外输出。

放大电路的转换效率 η 定义为最大输出功率 P_{om} 与直流电源所提供的功率 P_V 之比，即

$$\eta = \frac{P_{om}}{P_V} \qquad (2-11)$$

需要指出的是，上述性能指标的测试对输入信号有不同的要求。对于放大倍数、输入电阻和输出电阻，应为放大电路提供中频段小幅值的输入信号；对于上、下限截止频率和通频带，应为放大电路提供小幅值宽频率范围的输入信号；对于最大不失真输出电压、最大输出功率和转换效率，应为放大电路提供中频段大幅值的输入信号。

2.2　基本共射放大电路的工作原理

基本放大电路通常是指由一个晶体管构成的单级放大电路。放大电路有输入信号和输出信号，对应有输入回路和输出回路。晶体管对信号实现放大作用时在放大电路中有三种不同的连接方式，如图 2-4 所示，分别为以晶体管的发射极、集电极、基极作为输入回路和输出回路的交流公共端，构成共发射极、共集电极和共基极接法。

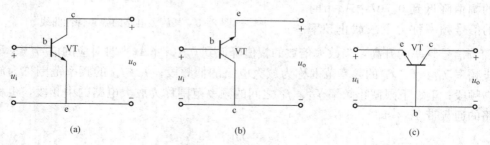

图 2-4　基本放大电路的三种基本接法

(a) 共发射极接法；(b) 共集电极接法；(c) 共基极接法

本节以 NPN 型晶体管组成的基本共发射极放大电路（简称共射放大电路）为例，说明放大电路的工作原理。

2.2.1　基本共射放大电路的电路组成

1. 电路中各元器件的作用

图 2-5 所示为基本共射放大电路。电路中各元器件的作用如下：

（1）晶体管 VT，具有电流放大作用，是放大电路的核心器件。在电路中必须保证晶体管处于放大状态，即发射结正向偏置，集电结反向偏置。

（2）直流电源 V_{CC}，其作用是为整个放大电路提供能源，并保证晶体管的发射结正向偏置，集电结反向偏置。

（3）基极偏置电阻 R_b，其作用是为晶体管的基极提供合适的偏置电流。

（4）集电极负载电阻 R_c，其作用是将集电极电流的变化转换为电压的变化提供给负载，即将晶体管的电流放大作用转化为电压放大作用。

（5）耦合电容 C_1、C_2，其作用是隔直流、通交流。其中，C_1 用于连接信号源与放大电路；C_2 用于连接放大电路与负载。在电子电路中起连接作用的电容称为耦合电容，利用电容连接电路称为阻容耦合。耦合电容一般采用有极性且容量较大的电解电容，使用时应注意其正负极性。

（6）接地符号"⊥"，电路中的零参考电位。电路的输入回路和输出回路都以发射极为公共端，即共射放大电路。

2. 基本共射放大电路常用的耦合方式

基本共射放大电路最常用的耦合方式有阻容耦合和直接耦合。阻容耦合共射放大电路如图 2-5 所示，电路中信号源与放大电路、放大电路与负载通过电容相连接。直接耦合共射放大电路如图 2-6 所示，电路中信号源与放大电路，放大电路与负载均直接连接，故称为直接耦合。

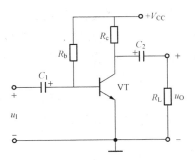

图 2-5　基本共射放大电路

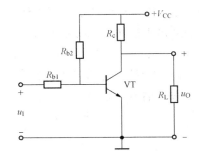

图 2-6　直接耦合共射放大电路

3. 放大电路的直流通路和交流通路

放大电路由直流电源提供偏置电压，保证晶体管处于放大状态，电路中存在着一组直流分量；同时，放大电路放大的对象是交流信号，电路中存在一组交流分量，即在放大电路中交、直流并存。由于电容、电感等电抗元件的存在，直流电流所流经的通路与交流信号所流经的通路不同。为了研究方便，常将直流电源对电路的作用和输入信号对电路的作用区分开来，分为直流通路和交流通路。

放大电路的定量分析主要包含两部分：一是直流工作点分析，又称为静态分析，即在输入信号为零时，估算晶体管各极的直流电流和极间的直流电压；二是交流性能分析，又称为动态分析，即在有输入信号时，通过计算晶体管各极交流电压和电流，得到放大电路的交流参数。

直流通路是在直流电源的作用下直流电流流经的通路，主要用于放大电路的静态分析。画直流通路时应遵循以下原则：①电容视为开路；②电感视为短路；③信号源视为短路，但应保留其内阻。图 2-5 所对应的直流通路如图 2-7（a）所示。

交流通路是在输入信号作用下交流信号流经的通路，用于研究交流参数。画交流通路时应遵循以下原则：①容量大的电容（如耦合电容）视为短路；②无内阻的直流电源视为短路（如 $+V_{CC}$）。图 2-5 所对应的交流通路如图 2-7（b）所示。

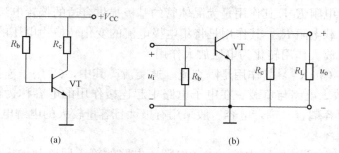

图 2-7　图 2-5 所示基本共射放大电路的直流通路与交流通路
(a) 直流通路；(b) 交流通路

在分析放大电路时，应遵循"先静态，后动态"的原则，求解静态工作点时利用直流通路，求解交流参数时利用交流通路。

2.2.2　基本共射放大电路的工作原理

1. 静态分析

当 $u_i=0$ 时，放大电路处于直流工作状态，称为静态，习惯上用 Q 表示。电路处于静态时，晶体管的基极电流 I_B、集电极电流 I_C、发射结电压 U_{BE}，管压降 U_{CE} 称为放大电路的静态工作点，记作 I_{BQ}、I_{CQ}、U_{BEQ}、U_{CEQ}。静态分析的目的是通过放大电路的直流通路估算静态工作点，从而判断晶体管的工作状态。

在静态工作点估算中，常认为 U_{BEQ} 为已知量，对于硅晶体管，$|U_{BEQ}|$ 的取值范围为 $0.6\sim0.8V$，如 $0.7V$；对于锗晶体管，$|U_{BEQ}|$ 的取值范围为 $0.1\sim0.3V$，如 $0.2V$。对于 I_{BQ}，则有

$$I_{BQ} = \frac{V_{CC} - U_{BEQ}}{R_b} \tag{2-11a}$$

设晶体管工作在放大状态，估算可得

$$I_{CQ} = \beta I_{BQ} \tag{2-11b}$$

$$U_{CEQ} = V_{CC} - I_{CQ}R_c \tag{2-11c}$$

由以上分析可知，静态工作点的估算方法是先假设晶体管工作在放大区，若能得到 $U_{CEQ} > U_{BEQ}$，则晶体管工作在放大区，放大电路的静态工作点合适。

需要说明的是，放大电路要放大的对象是交流信号，放大电路放大交流信号的前提是不失真。而要保证信号不出现非线性失真，就需要晶体管在放大电路放大交流信号的过程中始

终处于放大状态，所以设置合适的静态工作点是保证放大电路不失真的必要条件。

2. 动态分析

所谓动态是放大电路在输入信号 $u_i \neq 0$ 时的工作状态。由放大电路的交流通路可知，当放大电路输入交流信号 u_i 后，晶体管的极间电压和各极电流都出现了交流成分。因此，晶体管的瞬时电压和瞬时电流由直流量和交流量叠加而成。

由图 2 - 7（b）可知，放大电路输入交流信号 u_i 时，在晶体管的发射结上产生发射结电压交流量 u_{be}，且 $u_{be} = u_i$，可得发射结电压瞬时值为

$$u_{BE} = U_{BEQ} + u_i \tag{2 - 12}$$

晶体管处于放大状态，基极电流的交流量 i_b 随 u_{be} 线性变化，可得基极电流瞬时值为

$$i_B = I_{BQ} + i_b \tag{2 - 13}$$

基极电流的交流量 i_b 被晶体管放大后得到集电极电流交流量 $i_c = \beta i_b$，可得集电极电流瞬时值为

$$i_C = I_{CQ} + i_c \tag{2 - 14}$$

由交流通路得 c - e 间电压的交流量 $u_{ce} = -i_c R_c /\!/ R_L$，与直流量叠加后，可得 c - e 间电压瞬时值为

$$u_{CE} = U_{CEQ} + u_{ce} \tag{2 - 15}$$

在交流通路中，u_{ce} 即为放大电路输出电压 u_o，可得

$$u_o = u_{ce} = -i_c R_c /\!/ R_L \tag{2 - 16}$$

上式表明 R_c 的作用是将集电极电流的变化转换为电压的变化提供给负载。

放大电路输入正弦信号 u_i 时，晶体管各极电流和极间电压的波形如图 2 - 8 所示。

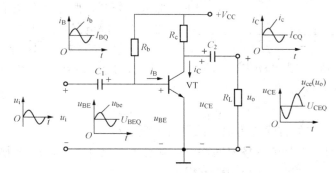

图 2 - 8　放大电路中的电流、电压波形

通过对共射放大电路的分析可知：

（1）直流量和交流量共存于放大电路中。设置合适的静态工作点，使交流分量承载于直流分量之上，才能保证放大电路的输出信号不会出现非线性失真。

（2）输出电压 u_o 与输入电压 u_i 波形相同，相位相差 180°，或者说共射放大电路的输出与输入信号相位相反。

2.2.3　放大电路的组成原则

通过对基本共射放大电路工作原理的分析可知，在组成放大电路时必须遵循以下几个原则。

（1）放大电路要有合理的直流通路。为放大电路设置合适的静态工作点，保证晶体管在

输入信号的整个周期内均处于放大状态。即外加直流电源的极性必须使晶体管的发射结正向偏置，集电结反向偏置。

（2）放大电路要有合理的交流通路。输入回路的接法应该使输入信号（电压或电流）作用于放大电路的输入端，并引起输入回路中电压或电流的变化；输出回路的接法应能将输出回路中电压或电流的变化量（输出信号）传送到负载。

2.3　放大电路的分析方法

分析放大电路就是在理解了放大电路工作原理的基础上，求解放大电路的静态工作点及其各项交流参数。本节将介绍图解法和等效电路法两种分析方法。

2.3.1　图解法

所谓图解法，就是利用晶体管的特性曲线以及电路的伏安特性曲线，通过作图来分析放大电路的静态工作点和交流性能。由于晶体管为非线性器件，所以利用图解法分析放大电路比较直观，并且物理意义清楚。

1. 静态工作点分析

用图解法分析静态工作点即用作图的方法求解放大电路的静态工作点，即求出 U_{BEQ}、I_{BQ}、I_{CQ} 和 U_{CEQ}。下面以图 2-5 所示放大电路为例，用图解法求解其静态工作点。

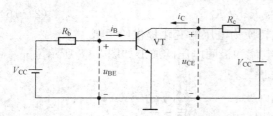

图 2-9　图 2-5 所示放大电路的直流通路

求解静态工作点应使用其直流通路〔见图 2-7（a）〕，为了便于分析，将直流通路改画为图 2-9 所示电路，用虚线将晶体管与外部电路分开，两条虚线之间为晶体管，虚线之外为外部电路。

在晶体管输入回路中，静态工作点（U_{BEQ}，I_{BQ}）既在晶体管的输入特性曲线上，又满足外电路的回路方程，即

$$u_{BE} = V_{CC} - i_B R_b \tag{2-17}$$

由式（2-17）确定的直线称为输入回路直流负载线。

与输入回路类似，在晶体管输出回路中，静态工作点（U_{CEQ}，I_{CQ}）既在 $I_B = I_{BQ}$ 对应的那条输出特性曲线上，又满足输出回路方程，即

$$u_{CE} = V_{CC} - i_C R_c \tag{2-18}$$

由式（2-18）确定的直线称为输出回路直流负载线。

求解放大电路静态工作点的步骤如下：

（1）画出晶体管的输入特性曲线。

（2）列出输入回路方程，并在输入特性坐标系内画出放大电路的输入回路直流负载线。

（3）两线的交点就是放大电路的静态工作点（Q 点），其坐标为（U_{BEQ}，I_{BQ}），如图 2-10（a）所示。

（4）画出晶体管 $I_B = I_{BQ}$ 对应的输出特性曲线。

（5）列出输出回路方程，并在输出特性坐标系内画出输出回路直流负载线。

（6）两线的交点即为放大电路的静态工作点（U_{CEQ}，I_{CQ}），如图 2-10（b）所示。

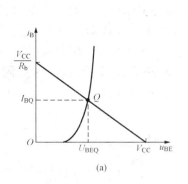 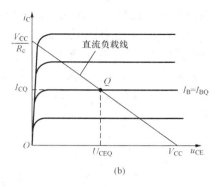

图 2-10　静态工作点的图解分析

(a) 输入回路静态分析；(b) 输出回路静态分析

由以上分析可知，U_{BEQ}、I_{BQ}、U_{CEQ}、I_{CQ}这四个数值分别对应晶体管输入、输出特性曲线上的一个点"Q"，习惯上称之为放大电路的静态工作点。

需要说明的是，从原理上，U_{BEQ}和I_{BQ}可以通过晶体管输入特性曲线和输入回路直流负载线用图解法求得。但由于晶体管的输入特性曲线不太稳定，因此一般采用在直流通路中利用估算法求解I_{BQ}，即认为U_{BEQ}已知。

2. 动态分析

动态分析是用作图法分析在输入信号的作用下，晶体管各极电流和极间电压的变化量。动态分析应在放大电路的交流通路中进行。

(1) 交流负载线。放大电路输入交流信号后，产生交流电流i_c与交流电压$u_{ce}(u_o)$。由图 2-7 (b) 可知，交流通路输出回路方程为

$$u_o = u_{ce} = -i_c(R_c//R_L) = -i_c R_L'\qquad(2-19)$$

式 (2-19) 所确定的直线称为输出回路交流负载线。其中，$R_L' = R_c//R_L$，称为交流负载电阻。交流电压$u_o(u_{ce})$与交流电流i_c将沿着交流负载线变化。交流负载线由交流通路决定，且具有以下特点：

1) 交流负载线必通过静态工作点。因为当$u_i = 0$时，电路恰处于静态。

2) 交流负载线的斜率由交流负载电阻R_L'决定，其值为$-1/R_L'$。

在输出特性坐标系内，过Q点作一条斜率为$-1/R_L'$的直线即为交流负载线，如图 2-11 所示。交流负载线在横轴的截距为：$V_{CC}' = U_{CEQ} + I_{CQ}R_L'$。由于交流负载电阻$R_L' < R_c$，可知交流负载线比直流负载线陡。

(2) 波形非线性失真分析。放大电路的静态工作点可以设置在直流负载线的不同位置。静态工作点设置的位置不同，将会对放大电路的交流性能产生不同的影响。

静态工作点的位置必须设置合适，即输入交流信号后，晶体管始终工作在放大区，以保证放

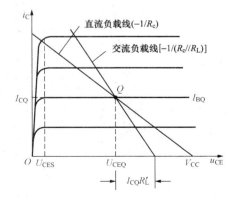

图 2-11　直流负载线与交流负载线

大电路不失真地放大交流信号。若输入为正弦波，静态工作点合适且输入信号幅值较小。在输入回路中，动态工作点在 Q 点附近沿晶体管输入特性曲线移动，晶体管发射结动态电压 u_{be} 为正弦波，基极动态电流 i_b 为正弦波，如图 2-12（a）所示。在放大区内集电极电流 i_c 随基极电流 i_b 按 β 倍变化，且 i_c 和 u_{ce} 将沿输出回路交流负载线在 Q 点附近变化，如图 2-12（b）所示。当 i_c 增大时，u_{ce} 减小；当 i_c 减小时，u_{ce} 增大，管压降 u_{ce}（输出电压 u_o）与 u_i 相位相反。

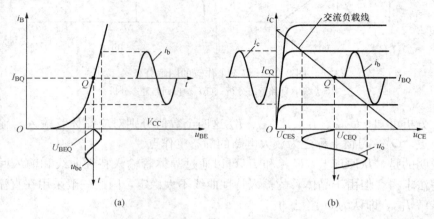

图 2-12 基本共射放大电路波形分析

（a）输入回路波形分析；（b）输出回路波形分析

　　静态工作点设置不当引起的失真有饱和失真和截止失真两类。饱和失真和截止失真都是由于晶体管进入了特性曲线的非线性工作区引起的，因此也称为非线性失真。

　　1）截止失真。若静态工作点设置偏低（Q 点靠近截止区）。在输入信号的负半周，输入回路中动态工作点沿输入特性曲线向下进入截止区，使 i_B 等于零，如图 2-13（a）所示；输出回路中动态工作点沿交流负载线向下进入截止区，使 i_C 等于零，如图 2-13（b）所示。由此引起 i_B、i_C 和 u_{CE} 波形发生的失真，称为截止失真。对于 NPN 管的共射放大电路，当发生截止失真时，其输出电压 u_o（u_{ce}）波形顶部出现失真，因此又称为顶部失真。

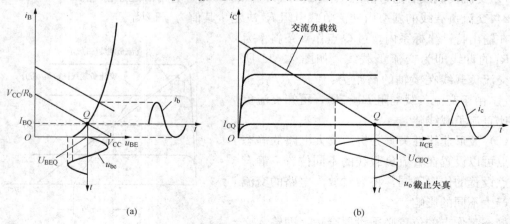

图 2-13 静态工作点设置过低产生截止失真

（a）输入回路波形；（b）输出回路波形

出现截止失真的原因是 Q 点设置偏低，造成 I_{BQ}、I_{CQ} 偏小。要消除截止失真可以通过减小基极电阻 R_b，增大 I_{BQ}、I_{CQ}，使 Q 点上移。

2）饱和失真。若静态工作点设置偏高（Q 点靠近饱和区），如图 2-14（a）所示。在输入信号的正半周，动态工作点沿输出回路交流负载线向上进入饱和区，如图 2-14（b）所示。此时，当 i_B 增大时，i_C 不能随之增大，因此也将引起 i_C 和 u_{CE} 的波形发生失真，这种失真称为饱和失真。对于 NPN 管的共射放大电路，当发生饱和失真时，输出电压波形的底部出现了失真，因此又称为底部失真。

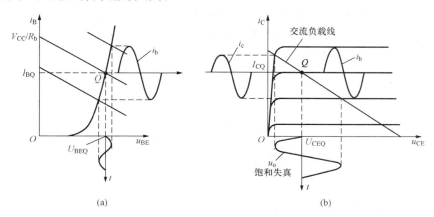

图 2-14　静态工作点设置过高产生饱和失真
（a）输入回路波形；（b）输出回路波形

出现饱和失真的原因是 Q 点设置过高，I_{BQ} 偏大。要消除饱和失真可以通过增大基极电阻 R_b，即减小 I_{BQ}、I_{CQ}，使 Q 点下移。

（3）求解最大不失真输出电压。必须指出的是，即使静态工作点设置位置合适，当输入信号 u_i 的幅值过大时，输出信号一样会沿着交流负载线向上进入饱和区，向下进入截止区，从而出现非线性失真。如果将晶体管的特性理想化，认为管压降总量 u_{CE} 最小值大于饱和管压降 U_{CES}（晶体管不饱和），且基极电流总量 i_B 的最小值大于 0（晶体管不截止）的情况下，非线性失真可以忽略不计，即可计算出放大电路的最大不失真输出电压 U_{om}（有效值），其值为 $(U_{CEQ}-U_{CES})/\sqrt{2}$ 与 $I_{CQ}(R_C//R_L)/\sqrt{2}$ 中的小值（见图 2-11）。显然，为使最大不失真输出电压 U_{om} 尽可能大，充分利用晶体管的放大区，静态工作点应设置在放大区内交流负载线的中点处。

利用图解法分析放大电路的优点是能够直观形象地反映晶体管的工作情况，但其分析过程比较烦琐，进行定量分析时误差较大。多用于分析 Q 点的位置、非线性失真情况和最大不失真输出电压等。

2.3.2　等效电路法

放大电路分析的复杂性在于晶体管特性的非线性，如果能在一定条件下将其特性线性化，即找到晶体管的线性等效电路，就可以用线性电路的分析方法分析放大电路。针对应用场合不同和所分析问题的不同，晶体管有不同的等效电路。这里要介绍的是晶体管微变等效电路，即当晶体管的静态工作点位置合适，并且输入低频小信号时，动态工作点只在 Q 点附近小范围移动，晶体管的交流电压和电流近似为线性关系，因此可以将晶体管等效为一个线性电路，称为晶体管的微变等效电路。

1. 简化的晶体管微变等效电路

将采用共发射极接法的晶体管看作是一个二端口网络，以 b-e 为输入端口，c-e 为输出端口。网络内部的端电压和电流关系即为晶体管的输入特性和输出特性。假设晶体管的直流偏置已为其设置了合适的 Q 点，晶体管工作于放大区。

（1）晶体管输入回路等效。晶体管的输入特性曲线是非线性的，在小信号输入情况下，晶体管的工作点在输入特性曲线上以 Q 点为中心小范围变化，如图 2-15（a）所示。因为动态范围很小，可近似认为是一条直线，认为 Δi_B 和 Δu_{BE} 成正比，因此可以用一个等效电阻 r_{be} 来表示晶体管输入端口的电压、电流关系，r_{be} 即为晶体管输入动态电阻，如图 2-15（b）所示。Q 点越高，输入特性曲线越陡，r_{be} 的值就越小。

$$r_{be} = \frac{\Delta u_{BE}}{\Delta i_B} \tag{2-20}$$

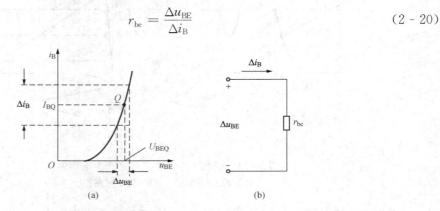

图 2-15　晶体管输入回路等效电路
（a）输入特性线性化；（b）等效电路

（2）晶体管输出回路等效。由晶体管的输出特性曲线可以看出，在放大区内，输出特性曲线是一组近似水平平行且间隔均匀的直线，即 Δi_C 几乎与 Δu_{CE} 无关，而只决定于 Δi_B，且 $\Delta i_C = \beta \Delta i_B$。所以晶体管的输出端口可以用一个大小为 $\beta \Delta i_B$ 的受控电流源来代替。从实质上体现了晶体管放大状态下，Δi_B 对 Δi_C 的控制作用。

由以上分析可得如图 2-16（b）所示的晶体管微变等效电路。在该等效电路中，忽略了 u_{CE} 对 i_C 的影响，也忽略了 u_{CE} 对输入特性的影响，因此称之为简化的晶体管微变等效电路。由于在分析放大电路时经常采用正弦波作为测试信号，所以图中的电压、电流均用复数符号表示。

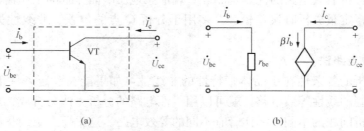

图 2-16　共发射极接法的晶体管及其微变等效电路
（a）共射接法的晶体管；（b）简化的晶体管微变等效电路

（3）r_{be}的近似估算。晶体管输入回路结构示意图如图 2-17
所示，从图中可以看出，b-e 之间的电路由三部分组成：基极体
电阻 $r_{bb'}$，发射结电阻 $r_{b'e'}$，以及发射区体电阻 r_e。对于不同类型
的晶体管，$r_{bb'}$ 的数值有所不同，一般小功率晶体管约为几十欧
姆至几百欧姆。由于发射区多子浓度很高，因此其体电阻很小，
只有几欧姆，一般可以忽略。因此，以下主要讨论发射结电阻
$r_{b'e'}$ 的估算公式。

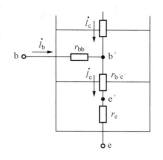

图 2-17　晶体管输入回路
结构示意图

根据 PN 结的电流方程，流过发射结的电流 i_E 与发射结电压
u_{BE} 之间存在以下关系

$$i_E = I_{RS}(e^{u_{BE}/U_T} - 1) \tag{2-21}$$

式中　I_{RS}——反向饱和电流；

U_T——温度电压当量，常温时 $U_T \approx 26\text{mV}$。

晶体管工作在放大区时，发射结正向偏置，u_{BE} 大于开启电压，则有 $e^{u_{BE}/U_T} \gg 1$，则式
（2-21）可简化为

$$i_E = I_{RS}e^{u_{BE}/U_T}$$

将上式对 u_{BE} 求导数，可得

$$\frac{1}{r_{b'e'}} = \frac{di_E}{du_{BE}} = \frac{I_{RS}}{U_T}e^{\frac{u_{BE}}{U_T}} \approx \frac{i_E}{U_T}$$

动态工作点在静态工作点 Q 附近小范围变化，可认为 $i_E \approx I_{EQ}$，则有

$$r_{b'e'} \approx \frac{U_T}{I_{EQ}}$$

由图 2-17 可知

$$\dot{U}_{be} \approx \dot{I}_b r_{bb'} + \dot{I}_e r_{b'e'}$$

根据 r_{be} 的定义，可得

$$r_{be} \approx \frac{U_{be}}{I_b} = r_{bb'} + \frac{I_e r_{b'e'}}{I_b}$$

由此可得 r_{be} 的近似表达式为

$$r_{be} \approx r_{bb'} + (1+\beta)\frac{U_T}{I_{EQ}} \quad \text{或} \quad r_{be} \approx r_{bb'} + \beta\frac{U_T}{I_{CQ}} \tag{2-22}$$

需要注意的是：上式中 I_{EQ} 为晶体管的静态发射极电流，反映了交流电阻和静态工作点
之间的关系。

2. 等效电路法分析共射放大电路

等效电路法分析共射放大电路分为以下步骤：

（1）首先利用估算法确定放大电路的静态工作点，判断放大电路的静态工作点是否
合适。

（2）画出放大电路的交流等效电路。画出放大电路的交流通路，并用晶体管微变等效电
路替代交流通路中的晶体管，即可得到放大电路的交流等效电路。

（3）利用交流等效电路求解放大电路的交流参数。

以图 2-5 所示放大电路为例，利用等效电路法求解其交流参数。其静态工作点的估算

已在前面章节介绍过，这里不再赘述。该电路的交流等效电路如图 2-18 所示。

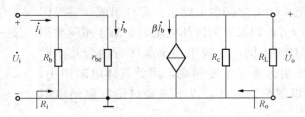

图 2-18　图 2-5 所示放大电路的交流等效电路

1）电压放大倍数。由图 2-18 可知

$$\dot{U}_\text{i} = \dot{I}_\text{b} r_\text{be}; \quad \dot{U}_\text{o} = -\dot{I}_\text{c}(R_\text{c}//R_\text{L}) = -\beta \dot{I}_\text{b} R'_\text{L}$$

由电压放大倍数的定义可得

$$\dot{A}_u = \frac{\dot{U}_\text{o}}{\dot{U}_\text{i}} = -\frac{\beta R'_\text{L}}{r_\text{be}} \tag{2-23}$$

上式中，"－"表示输出电压与输入电压极性相反，这是共射放大电路的基本特征之一。

2）输入电阻。输入电阻 R_i 是从放大电路的输入端看进去的等效电阻。由图 2-18 可知

$$R_\text{i} = \frac{U_\text{i}}{I_\text{i}} = R_\text{b}//r_\text{be} \tag{2-24}$$

3）输出电阻。在分析电子电路的输出电阻时，可令信号源电压 $U_\text{s}=0$，但应保留其内阻 R_s；然后在输出端外加正弦波测试信号 U_o，则在输出端得到电流 I_o，如图 2-19 所示，即

$$R_\text{o} = \frac{U_\text{o}}{I_\text{o}}\Bigg|_{U_\text{s}=0} \tag{2-25}$$

图 2-19 中去掉了负载电阻 R_L，是因为 R_L 不属于放大电路的输出回路，输出电阻 R_o 的计算不应该将 R_L 包含在内。信号源无内阻，使 $\dot{U}_\text{i} = 0, \dot{I}_\text{b} = 0$，则有 $\dot{I}_\text{c} = 0$，因此，有

$$R_\text{o} = R_\text{c} \tag{2-26}$$

需要特别说明的是，放大电路的输入电阻与信号源内阻无关，输出电阻与负载无关。

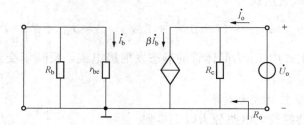

图 2-19　求解图 2-5 所示放大电路的输出电阻

由以上交流参数的求解过程可知，由于晶体管微变等效电路中的 r_be 与 Q 点有关，所以放大电路的动态参数与其 Q 点有关。因此放大电路分析应遵循"先静态，后动态"的原则，只有 Q 点设置合适，动态分析才有意义。

【例 2 - 1】 如图 2 - 20 所示电路，已知
$V_{CC} = 12V$，$R_b = 510k\Omega$，$R_c = 3k\Omega$；晶体管的
$r_{bb'} = 150\Omega$，$\beta = 80$，$U_{BEQ} = 0.7V$；$R_s = 2k\Omega$，
$R_L = 3k\Omega$。试完成：

(1) 求解放大电路的静态工作点 Q。

(2) 画出其交流等效电路。

(3) 求解 $\dot{A}_u$，R_i，R_o 和 $\dot{A}_{us}$。

解 (1) 由电路的直流通路求解静态工作
点，代入已知数据可得

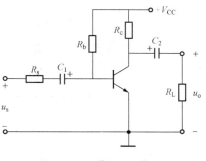

图 2 - 20   ［例 2 - 1］图

$$I_{BQ} = \frac{V_{CC} - U_{BEQ}}{R_b} = \frac{12 - 0.7}{510} \approx 0.0222(\text{mA}) = 22.2\mu A$$

$$I_{CQ} = \beta I_{BQ} = 80 \times 0.0222\text{mA} = 1.77\text{mA}$$

$$U_{CEQ} = V_{CC} - I_{CQ}R_c = (12 - 1.77 \times 3)\text{V} = 6.69\text{V}$$

由以上计算结果可知，$U_{CEQ} > U_{BEQ}$，说明晶体管工作在放大状态。
由式 (2 - 22) 可知

$$r_{be} = r_{bb'} + \beta \frac{U_T}{I_{CQ}} = \left(150 + 80 \times \frac{26}{1.77}\right)\Omega \approx 1325\Omega \approx 1.33k\Omega$$

(2) 画出图 2 - 20 所示电路的交流等效电路，如图 2 - 21 所示。

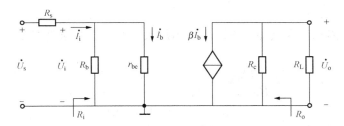

图 2 - 21   图 2 - 20 所示电路的交流等效电路

(3) 由式 (2 - 23) 可知

$$\dot{A}_u = -\frac{\beta(R_c /\!/ R_L)}{r_{be}} = -\frac{80 \times \dfrac{3 \times 3}{3 + 3}}{1.33} \approx -90$$

由式 (2 - 24) 可知

$$R_i = R_b /\!/ r_{be} \approx 1.33k\Omega$$

短路信号源 U_s，但保留其内阻 R_s，如图 2 - 22 所示。由式 (2 - 25) 可知

$$R_o = R_c = 3k\Omega$$

$\dot{A}_{us}$ 又称为源电压放大倍数，其定义为

$$\dot{A}_{us} = \frac{\dot{U}_o}{\dot{U}_s}$$

由图 2 - 21 可知

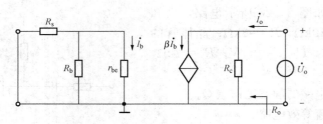

图 2 - 22　求解输出电阻

$$\dot{A}_{us} = \frac{\dot{U}_o}{\dot{U}_s} = \frac{\dot{U}_o}{\dot{U}_i} \frac{\dot{U}_i}{\dot{U}_s} = \dot{A}_u \frac{R_i}{R_s + R_i}$$

代入已知数据可得

$$\dot{A}_{us} = \dot{A}_u \frac{R_i}{R_s + R_i} = (-90) \times \frac{1.33}{2 + 1.33} \approx -36$$

由以上分析可知，$|\dot{A}_{us}|$ 总是小于 $|\dot{A}_u|$，且输入电阻越大，$|\dot{A}_{us}|$ 就越靠近 $|\dot{A}_u|$。

【例 2 - 2】　直接耦合共射放大电路如图 2 - 6 所示，已知 $V_{cc} = 15\text{V}$，$R_{b1} = 4.3\text{k}\Omega$，$R_{b2} = 82\text{k}\Omega$，$R_c = 5.1\text{k}\Omega$，$R_L = 5.1\text{k}\Omega$；晶体管 $\beta = 120$，$U_{BEQ} = 0.7\text{V}$，$r_{bb'} = 150\Omega$。试：

(1) 求解放大电路的静态工作点 Q。

(2) 画出其交流等效电路。

(3) 求解 $\dot{A}_u$，R_i，R_o。

解　(1) 求解静态工作点 Q。图 2 - 6 所示放大电路的直流通路如图 2 - 23 (a) 所示，则有

$$I_{BQ} = I_2 - I_1 = \frac{V_{CC} - U_{BEQ}}{R_{b2}} - \frac{U_{BEQ}}{R_{b1}} = \left(\frac{15 - 0.7}{82} - \frac{0.7}{4.3} \right)\text{mA} \approx 0.012\text{mA}$$

$$I_{CQ} = \beta I_{BQ} = 1.44\text{mA}$$

根据戴维南定理，将图 2 - 23 (a) 所示电路的输出回路等效为图 2 - 23 (b) 所示电路，则有

$$U_{CEQ} = V'_{CC} - I_{CQ} R'_c$$

$$V'_{CC} = \frac{R_L}{R_c + R_L} V_{CC}$$

$$R'_c = R_c // R_L$$

$$U_{CEQ} = V'_{CC} - I_{CQ} R'_c = \frac{R_L}{R_c + R_L} V_{CC} - I_{CQ}(R_c // R_L) \approx 3.83\text{V}$$

由以上计算结果可知，$U_{CEQ} > U_{BEQ}$，说明晶体管工作在放大状态。

由式 (2 - 22) 可知

$$r_{be} = r_{bb'} + \beta \frac{U_T}{I_{CQ}} = \left(150 + 120 \times \frac{26}{1.44} \right)\Omega \approx 2317\Omega \approx 2.32\text{k}\Omega$$

(2) 图 2 - 6 所示放大电路的交流等效电路如图 2 - 24 所示。

(3) 计算交流参数

$$\dot{A}_u = \frac{\dot{U}_o}{\dot{U}_i} = \frac{\dot{U}_o}{\dot{U}'_i} \cdot \frac{\dot{U}'_i}{\dot{U}_i} = -\frac{\beta(R_c // R_L)}{r_{be}} \cdot \frac{R_{b2} // r_{be}}{R_{b1} + R_{b2} // r_{be}} \approx -45$$

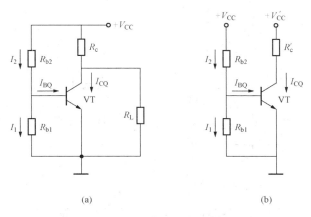

图 2 - 23　图 2 - 6 所示电路的直流通路及其等效电路

（a）直流通路；（b）直流通路等效电路

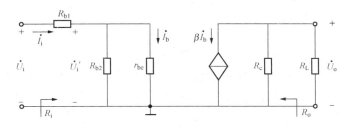

图 2 - 24　交流等效电路

$$R_i = R_{b1} + R_{b2}//r_{be} \approx 6.56\text{k}\Omega$$
$$R_o = R_c = 5.1\text{k}\Omega$$

2.4　静态工作点稳定电路

　　合适的静态工作点是放大电路正常放大的保证。静态工作点不但决定着放大电路是否会产生非线性失真，而且还会影响放大电路的交流参数。影响静态工作点的因素很多，如电源电压波动，器件老化以及温度变化所引起的晶体管参数变化等都会造成静态工作点不稳定。在诸多因素中，以温度变化对静态工作点的影响最大。

　　晶体管是一种对温度比较敏感的器件。温度升高，I_{CBO} 增大；温度升高，发射结电压 U_{BE} 下降，在外加电压和电阻不变的情况下，使基极电流 I_B 上升；温度升高，使晶体管的电流放大倍数 β 增大。所有这些变化，其结果均使 I_C 增大，静态工作点升高。

　　由此可见，所谓稳定静态工作点，主要是指在环境温度变化时保证 I_{CQ} 基本不变。为了达到该目的，可以在电路中引入负反馈，通过增加两个电阻来稳定电路的静态工作点。

2.4.1　电路组成

　　静态工作点稳定电路如图 2 - 25（a）所示，其中，C_e 为旁路电容，与耦合电容一样，均为容量比较大的电解电容。其直流通路如图 2 - 25（b）所示。由图可知

$$I_2 = I_1 + I_{BQ}$$

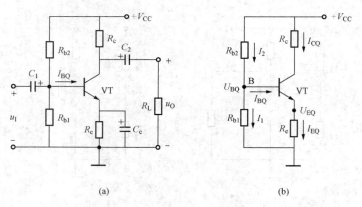

图 2 - 25   静态工作点稳定电路及其直流通路

(a) 静态工作点稳定电路；(b) 直流通路

为稳定静态工作点，应适当选择基极分压电阻 R_{b2} 和 R_{b1} 的值，使其满足 $I_1 \gg I_{BQ}$，则有 $I_1 \approx I_2$。忽略 I_{BQ}，晶体管基极电位为

$$U_{BQ} = \frac{R_{b1}}{R_{b1} + R_{b2}} V_{CC} \qquad\qquad (2 - 27)$$

此时，U_B 仅由 R_{b1} 和 R_{b2} 分压决定，与晶体管的参数无关，不受温度影响。

由图 2 - 25 (b) 可知，$U_{EQ} = I_{EQ} R_e$，$U_{BEQ} = U_{BQ} - U_{EQ}$。温度升高时，$I_{CQ}$ 增大，电路会产生如下的自我调节过程

$$I_{CQ} \uparrow \; \rightarrow \; I_{EQ} \uparrow \; \rightarrow U_{EQ} \uparrow \; \rightarrow U_{BEQ} \downarrow \; \rightarrow \; I_{BQ} \downarrow \; \rightarrow \; I_{CQ} \downarrow$$

由上述分析可知，放大电路的静态工作点之所以能保持稳定，关键在于对电路采取了以下两方面的措施：

(1) R_{b1} 和 R_{b2} 的分压使 U_B 与晶体管的参数无关，保持稳定。

(2) 晶体管输出回路电流 I_E 流过 R_e，通过 R_e 上产生的电压变化来影响 U_{BE} 和 I_B，使 I_C 的变化减小，基本保持不变，达到稳定静态工作点的目的。

这种将输出量（I_C）通过一定的方式（利用 R_e 将 I_C 的变化转化为 U_E 的变化）引回输入回路来影响输入量（U_{BE}）的措施称为反馈。由于反馈使输出量的变化减小，故称为负反馈。R_e 则是为稳定静态工作点在放大电路中加入的负反馈电阻，因此也称该电路为分压式电流负反馈静态工作点稳定电路。

2.4.2 静态工作点的估算

由于 $I_1 \gg I_{BQ}$，所以对于该电路静态工作点的计算先从基极电位 U_{BQ} 开始。即

$$U_{BQ} = \frac{R_{b1}}{R_{b1} + R_{b2}} V_{CC}$$

集电极电流为

$$I_{CQ} \approx I_{EQ} = \frac{U_{BQ} - U_{BEQ}}{R_e} \qquad\qquad (2 - 28)$$

基极电流为

$$I_{BQ} = \frac{I_{CQ}}{\beta} \qquad\qquad (2 - 29)$$

集电极与发射极之间的电压为

$$U_{CEQ} = V_{CC} - I_{CQ}(R_c + R_e) \tag{2-30}$$

2.4.3 动态分析

图 2 - 25（a）所示电路的交流等效电路如图 2 - 26 所示。

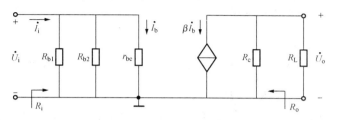

图 2 - 26　静态工作点稳定电路的交流等效电路

（1）电压放大倍数 $\dot{A}_u$。由图 2 - 26 可得

$$\dot{A}_u = \frac{\dot{U}_o}{\dot{U}_i} = \frac{-\beta \dot{I}_b(R_c//R_L)}{\dot{I}_b r_{be}} = \frac{-\beta(R_c//R_L)}{r_{be}} \tag{2-31}$$

（2）输入电阻 R_i。由图 2 - 26 可得

$$R_i = R_{b1}//R_{b2}//r_{be} \tag{2-32}$$

（3）输出电阻 R_o。由图 2 - 26 可得

$$R_o = R_c \tag{2-33}$$

（4）旁路电容的作用。若将图 2 - 25（a）所示电路中的旁路电容去掉，可得如图 2 - 27 所示电路。电路的直流通路不变，也就是说旁路电容对放大电路的静态工作点无影响；其交流等效电路则与图 2 - 26 所示电路不同，如图 2 - 28 所示，其交流参数的计算如下。

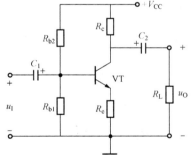

图 2 - 27　图 2 - 25（a）去掉旁路电容

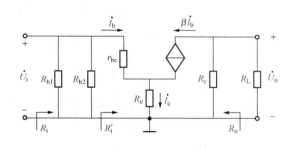

图 2 - 28　图 2 - 27 所示电路的交流等效电路

1）电压放大倍数 $\dot{A}_u$。由图 2 - 28 可得

$$\dot{A}_u = \frac{\dot{U}_o}{\dot{U}_i} = \frac{-\beta \dot{I}_b(R_c//R_L)}{\dot{I}_b r_{be} + (1+\beta)\dot{I}_b R_e} = -\frac{\beta(R_c//R_L)}{r_{be} + (1+\beta)R_e} \tag{2-34}$$

与式（2-31）相比，式（2-34）的分母中多了（1+β）R_e 一项，这说明去掉旁路电容后，发射极负反馈电阻 R_e 在稳定静态工作点的同时，使电压放大倍数减小了很多。若（1+β）$R_e \gg r_{be}$，且 $\beta \gg 1$，则有

$$\dot{A}_u \approx -\frac{R_c /\!/ R_L}{R_e} \qquad\qquad (2-35)$$

由上式可知，虽然 R_e 导致 $|\dot{A}_u|$ 减小，但由于 $\dot{A}_u$ 仅取决于电阻值，不受环境温度影响，所以温度稳定性好。

2）输入电阻 R_i。由图 2-28 可得

$$R_i = R_{b1} /\!/ R_{b2} /\!/ R'_i \qquad\qquad (2-36)$$

$$R'_i = \frac{\dot{U}_i}{\dot{I}_b} = \frac{\dot{I}_b r_{be} + \dot{I}_e R_e}{\dot{I}_b} = r_{be} + (1+\beta)R_e$$

$$R_i = R_{b1} /\!/ R_{b2} /\!/ [r_{be} + (1+\beta)R_e]$$

与式（2-32）相比，去掉旁路电容后电路的输入电阻增大，主要原因在于加入了发射极电阻 R_e。

3）输出电阻 R_o。由图 2-28 可得

$$R_o = R_c \qquad\qquad (2-37)$$

输出电阻与式（2-33）相同，即去掉旁路电容后 R_o 没有变化。

【例 2-3】 在图 2-25（a）所示电路中，已知 $V_{CC}=12V$，$R_{b1}=10k\Omega$，$R_{b2}=50k\Omega$，$R_c=4k\Omega$，$R_e=1k\Omega$，$R_L=4k\Omega$；晶体管 $\beta=50$，$r_{bb'}=300\Omega$，$U_{BEQ}=0.7V$。试：

（1）估算静态工作点。

（2）求解 $\dot{A}_u$，R_i 和 R_o。

（3）若发射极旁路电容 C_e 开路，求解 $\dot{A}_u$，R_i 和 R_o 的值，并与接入 C_e 时的参数作比较。

解 （1）图 2-25（a）所示电路的直流通路如图 2-25（b）所示，由直流通路可估算其静态工作点。具体计算如下

$$U_{BQ} = \frac{R_{b1}}{R_{b1}+R_{b2}} V_{CC} = \frac{10}{10+50} \times 12V = 2V$$

$$I_{CQ} \approx I_{EQ} = \frac{U_B - U_{BEQ}}{R_e} = \frac{2-0.7}{1} mA = 1.3mA$$

$$I_{BQ} = \frac{I_{CQ}}{\beta} = \frac{1.3}{50} mA = 26\mu A$$

$$U_{CEQ} = V_{CC} - I_{CQ}(R_c + R_e) = [12 - 1.3 \times (4+1)]V = 5.5V$$

$$r_{be} = r_{bb'} + \beta \frac{U_T}{I_{CQ}} = \left(300 + 50 \times \frac{26}{1.3}\right)\Omega \approx 1300\Omega \approx 1.3k\Omega$$

（2）图 2-25（a）所示电路的交流等效电路如图 2-26 所示。代入已知数据可得

$$\dot{A}_u = \frac{-\beta(R_c /\!/ R_L)}{r_{be}} = -\frac{50 \times \frac{4 \times 4}{4+4}}{1.3} \approx -77$$

$$R_i = R_{b1} /\!/ R_{b2} /\!/ r_{be} = 10 /\!/ 50 /\!/ 1.3k\Omega \approx 1.1k\Omega$$

$$R_o = R_c = 4k\Omega$$

（3）若发射极旁路电容 C_e 开路，其交流等效电路如图 2-28 所示。代入已知数据可得

$$\dot{A}_u = \frac{-\beta(R_c /\!/ R_L)}{r_{be} + (1+\beta)R_e} = -\frac{50 \times \frac{4 \times 4}{4+4}}{1.3 + (1+50) \times 1} \approx -1.9$$

$$R_i = R_{b1}//R_{b2}//[r_{be} + (1+\beta)R_e] = 10//50//(1.3 + 51 \times 1)\text{k}\Omega \approx 7.2\text{k}\Omega$$
$$R_o = R_c = 4\text{k}\Omega$$

由上述计算可知，发射极旁路电容 C_e 开路后，$|\dot{A}_u|$ 由 77 下降到 1.9，R_i 由 1.1kΩ 提高到 7.2kΩ，R_o 保持不变。

2.5　晶体管单管放大电路的三种基本接法

在共射放大电路中，晶体管的基极是交流信号的输入端，集电极是交流信号的输出端，发射极是输入、输出回路的公共端。晶体管放大电路除共发射极接法外，还可以组成以集电极作为公共端的共集电极放大电路和以基极作为公共端的共基极放大电路。

2.5.1　基本共集放大电路

基本共集放大电路如图 2-29（a）所示，其交流通路如图 2-29（b）所示。在交流通路中，交流信号从基极输入，发射极输出，集电极交流接地，是输入回路和输出回路的公共端，所以称该电路为共集电极放大电路，简称共集放大电路。

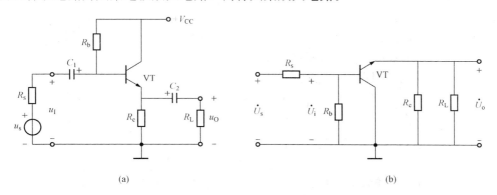

(a)　　　　　　　　　　　　　　　　　　(b)

图 2-29　基本共集放大电路及其交流通路
（a）基本共集放大电路；（b）基本共集放大电路的交流通路

1. 静态分析

图 2-29（a）所示共集放大电路的直流通路如图 2-30 所示。由静态工作点的估算法可得

$$V_{CC} = I_{BQ}R_b + U_{BEQ} + I_{EQ}R_e$$

$$I_{BQ} = \frac{V_{CC} - U_{BEQ}}{R_b + (1+\beta)R_e} \tag{2-38}$$

$$I_{EQ} = (1+\beta)I_{BQ} \tag{2-39}$$

$$U_{CEQ} = V_{CC} - I_{EQ}R_e \tag{2-40}$$

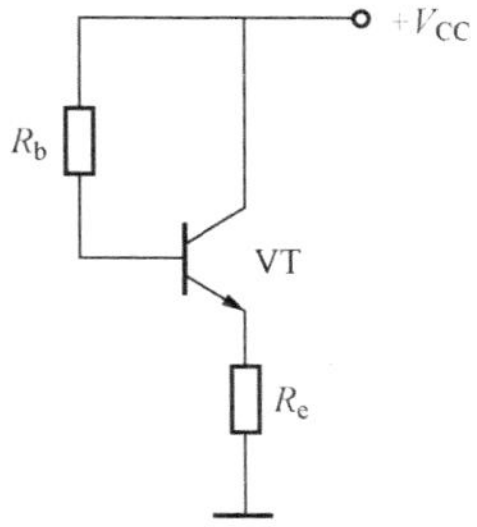

图 2-30　直流通路

2. 动态分析

图 2-29（a）所示共集放大电路的交流等效电路如图 2-31 所示。

（1）电压放大倍数 $\dot{A}_u$。根据电压放大倍数的定义，利用 $\dot{I}_b$ 对 $\dot{I}_c$ 的控制作用，可得 $\dot{A}_u$ 的表达式为

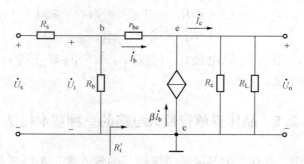

图 2-31　交流等效电路

$$\dot{A}_u = \frac{\dot{U}_o}{\dot{U}_i} = \frac{(1+\beta)\dot{I}_b(R_e//R_L)}{\dot{I}_b r_{be} + (1+\beta)\dot{I}_b(R_e//R_L)} = \frac{(1+\beta)(R_e//R_L)}{r_{be} + (1+\beta)(R_e//R_L)} \tag{2-41}$$

由式（2-41）可知，共集放大电路的电压放大倍数 $\dot{A}_u$ 大于 0 且小于 1，说明 $\dot{U}_o$ 与 $\dot{U}_i$ 同相且 $U_o < U_i$。当 $(1+\beta)(R_e//R_L) \gg r_{be}$ 时，$|\dot{A}_u| \approx 1$，$\dot{U}_o \approx \dot{U}_i$，因此也称共集放大电路为射极跟随器。

需要说明的是，虽然共集放大电路 $|\dot{A}_u| < 1$，没有电压放大能力，但其输出电流 I_e 远大于输入电流 I_b，所以电路仍有功率放大能力。

（2）输入电阻 R_i。根据输入电阻的定义，由图 2-31 可得

$$R_i = R_b//R_i'$$

$$R_i' = \frac{\dot{U}_i}{\dot{I}_b} = \frac{\dot{I}_b r_{be} + (1+\beta)\dot{I}_b(R_e//R_L)}{\dot{I}_b} = r_{be} + (1+\beta)(R_e//R_L)$$

$$R_i = R_b//[r_{be} + (1+\beta)(R_e//R_L)] \tag{2-42}$$

与共射放大电路的输入电阻相比，共集放大电路的输入电阻要大得多，这是共集放大电路的特点之一。由上式可以看出，共集放大电路的输入电阻与其所带的负载 R_L 有关。

（3）输出电阻 R_o。根据输出电阻的定义，画出求解输出电阻的等效电路，如图 2-32 所示。

$$R_o = R_e//R_o'$$

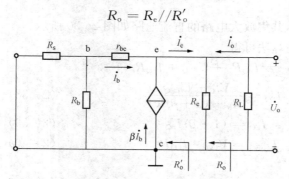

图 2-32　基本共集放大电路求解输出电阻的等效电路

$$R_{o}' = \frac{\dot{U}_{o}}{-\dot{I}_{e}} = \frac{-\dot{I}_{b}(r_{be} + R_{b}//R_{s})}{-(1+\beta)\dot{I}_{b}} = \frac{r_{be} + R_{b}//R_{s}}{1+\beta}$$

$$R_{o} = R_{e}//\frac{r_{be} + R_{b}//R_{s}}{1+\beta} \tag{2-43}$$

由于共集放大电路的输出电阻由 R_e 与很小的 R_o' 并联得到，因此其输出电阻 R_o 很小，带负载能力强，这是共集放大电路的又一重要特征。由上式可以看出，共集放大电路的输出电阻与信号源内阻 R_s 有关。

综上所述，共集放大电路是一个具有高输入电阻、低输出电阻、电压放大倍数近似为 1 的放大电路。共集放大电路在多级放大电路中可用于输入级、输出级和缓冲级。作为输入级，由于其输入电阻大，可减小放大电路对信号源的衰减；作为输出级，其输出电阻小，可提高整个放大电路的带负载能力；作为缓冲级，可隔离前后两级放大电路的相互影响，提高电路的稳定性。

【例 2 - 4】　在图 2 - 29（a）所示共集放大电路中，设 $V_{CC} = 15V$，$R_e = 3k\Omega$，$R_b = 200k\Omega$；晶体管 $\beta = 80$，$r_{be} = 1k\Omega$，$U_{BEQ} = 0.7V$；信号源内阻 $R_s = 2k\Omega$，$R_L = 3k\Omega$。试：

（1）估算静态工作点。

（2）求解 $\dot{A}_u$，R_i 和 R_o。

解　（1）图 2 - 29（a）所示共集放大电路的直流通路如图 2 - 30 所示，由式（2 - 38）～式（2 - 40），代入已知数据可得

$$I_{BQ} = \frac{V_{CC} - U_{BEQ}}{R_b + (1+\beta)R_e} = \frac{15 - 0.7}{200 + (1+80)\times 3}mA \approx 32\mu A$$

$$I_{CQ} = \beta I_{BQ} = 80 \times 32\mu A = 2560\mu A = 2.56mA$$

$$U_{CEQ} \approx V_{CC} - I_{CQ}R_e = (15 - 2.56 \times 3)V = 7.32V$$

（2）图 2 - 29（a）所示共集放大电路的交流等效电路如图 2 - 31 所示。由式（2 - 41）～式（2 - 43），代入已知数据可得

$$\dot{A}_u = \frac{\dot{U}_o}{\dot{U}_i} = \frac{(1+\beta)(R_e//R_L)}{r_{be} + (1+\beta)(R_e//R_L)} = \frac{(1+80)(3//3)}{1 + (1+80)(3//3)} \approx 0.99 \approx 1$$

$$R_i = R_b//[r_{be} + (1+\beta)(R_e//R_L)] = 200//[1 + (1+80)(3//3)]k\Omega \approx 76k\Omega$$

$$R_o = R_e//\frac{r_{be} + R_b//R_s}{1+\beta} = 3//\frac{1 + 200//2}{1+80}k\Omega \approx 37\Omega$$

2.5.2　基本共基放大电路

基本共基放大电路如图 2 - 33（a）所示，其交流通路如图 2 - 33（b）所示。在交流通路中，输入信号由发射极输入，集电极输出，基极为输入回路和输出回路的公共端。因此，称之为共基极放大电路，简称共基放大电路。

1. 静态分析

图 2 - 33（a）所示共基放大电路的直流通路如图 2 - 34（a）所示。图中 R_{b1}、R_{b2}、R_c 和 R_e 构成分压式静态工作点稳定电路，为放大电路设置合适的 Q 点。该直流通路与图 2 - 25（a）所示静态工作点稳定电路的直流通路相同，其 Q 点估算过程也相同，不再赘述。

2. 动态分析

图 2 - 33（a）所示共基放大电路的交流等效电路如图 2 - 34（b）所示。

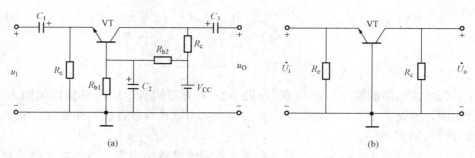

图 2-33　基本共基放大电路及其交流通路

（a）基本共基放大电路；（b）交流通路

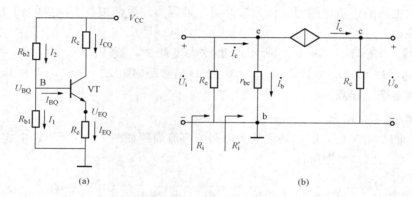

图 2-34　基本共基放大电路的直流通路及其交流等效电路

（a）直流通路；（b）交流等效电路

（1）电压放大倍数 $\dot{A}_u$。根据电压放大倍数的定义，由图 2-34（b）可得

$$\dot{A}_u = \frac{\beta \dot{I}_b R_c}{\dot{I}_b r_{be}} = \frac{\beta R_c}{r_{be}} \tag{2-44}$$

由式（2-44）可知，共基放大电路有电压放大的能力，且 $\dot{U}_o$ 与 $\dot{U}_i$ 同相位。

（2）输入电阻 R_i。根据输入电阻的定义，由图 2-34（b）可得

$$R_i = R_e // R'_i$$

$$R'_i = \frac{\dot{U}_i}{\dot{I}_e} = \frac{\dot{I}_b r_{be}}{(1+\beta) \dot{I}_b} = \frac{r_{be}}{1+\beta}$$

$$R_i = R_e // \frac{r_{be}}{1+\beta} \tag{2-45}$$

由式（2-45）可知，与其他接法的基本放大电路相比，共基放大电路的输入电阻较小。

（3）输出电阻 R_o。根据输出电阻的定义，由图 2-34（b）可得

$$R_o = R_c \tag{2-46}$$

由式（2-46）可知，共基放大电路的输出电阻与共射放大电路相当。

2.5.3　基本放大电路三种接法的性能比较

以上分析了共射、共集和共基三种基本放大电路的性能，为便于比较，现将电路形式及

其性能特点列于表 2-1 中。

表 2-1　　　　　　　　　放大电路三种基本接法的性能特点比较

	基本共射放大电路	基本共集放大电路	基本共基放大电路
电路形式	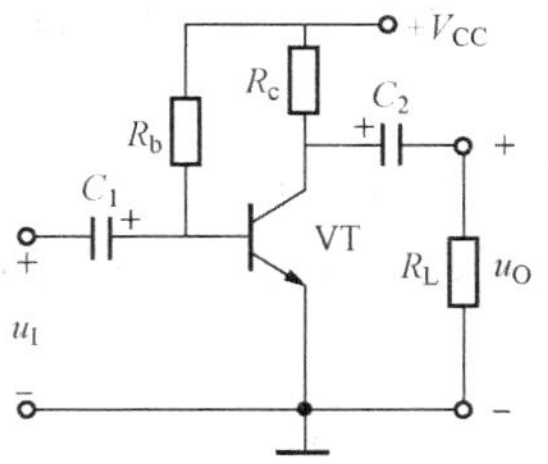	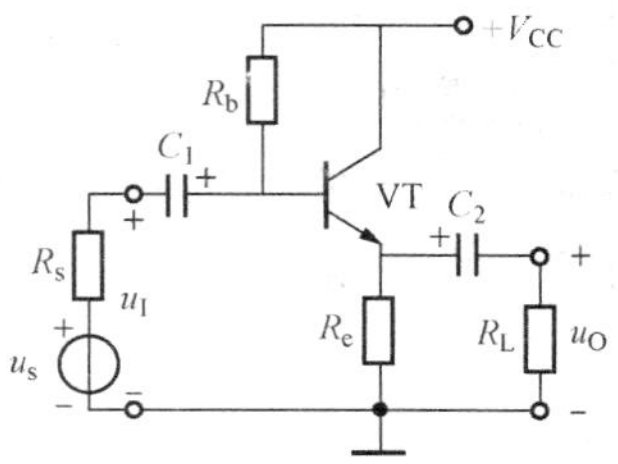	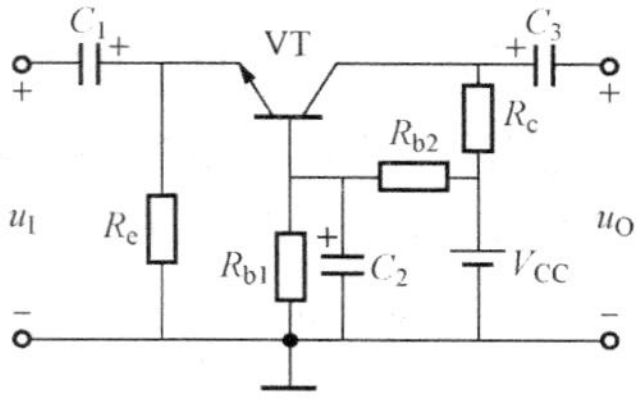
交流等效电路	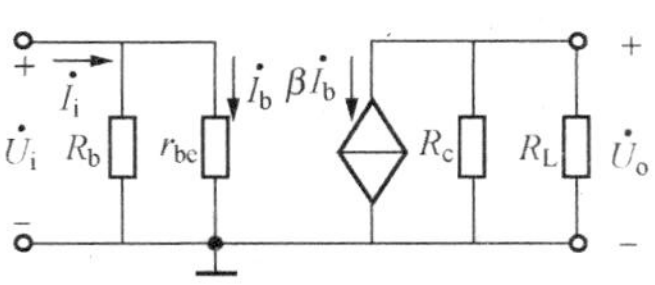	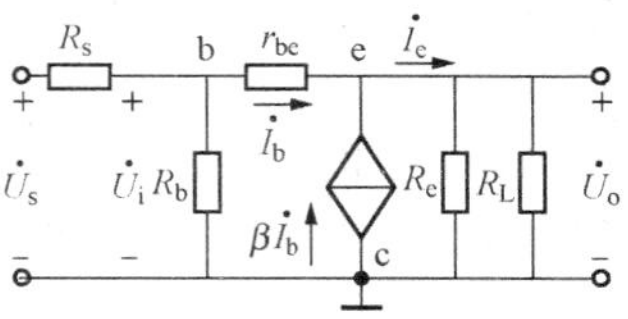	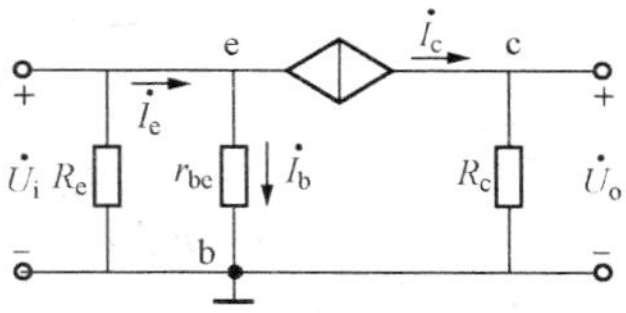
$\dot{A}_u$	$-\dfrac{\beta(R_c//R_L)}{r_{be}}$	$\dfrac{(1+\beta)(R_e//R_L)}{r_{be}+(1+\beta)(R_e//R_L)}$	$\dfrac{\beta R_c}{r_{be}}$
R_i	$R_b//r_{be}$	$R_b//[r_{be}+(1+\beta)(R_e//R_L)]$	$R_e//\dfrac{r_{be}}{1+\beta}$
R_o	R_c	$R_e//\dfrac{R_b//R_s+r_{be}}{1+\beta}$	R_c

放大电路三种基本接法的主要特点和应用可大致归纳如下：

（1）共射放大电路同时具有较大的电压和电流放大倍数，输入和输出电阻适中，通频带较窄。常用于低频电压放大单元，是最常用的一种放大电路。

（2）共集放大电路只能放大电流不能放大电压，是三种基本接法中输入电阻最大、输出电阻最小的电路。常用于多级放大电路的输入级、输出级或缓冲级。

（3）共基放大电路只能放大电压不能放大电流，其输入电阻小，输出电阻与共射放大电路相当，通频带很宽，是三种接法中高频特性最好的电路。常用于宽频带放大电路。

2.6　场效应晶体管放大电路

晶体管通过基极电流 i_B 控制集电极电流 i_C；场效应晶体管通过栅—源之间的电压 u_{GS} 控制漏极电流 i_D，两者都具有能量控制作用。与晶体管一样，场效应晶体管也可以构成放大电路。场效应晶体管的栅极、源极和漏极分别对应晶体管的基极、发射极和集电极。因此，场效应晶体管构成的放大电路也有三种接法，即共源放大电路、共漏放大电路和共栅放大电路。本节主要介绍共源和共漏两种放大电路。

2.6.1 共源放大电路

1. 静态分析

与晶体管放大电路一样，为了使场效应晶体管放大电路能够正常工作，必须设置合适的静态工作点，以保证在信号的整个周期内场效应晶体管均工作在恒流区。场效应晶体管为电压控制器件，设置合适的静态工作点需要栅—源之间外加合适的直流电压，通常称为栅—源极偏置电压。N 沟道增强型场效应晶体管构成的共源分压式偏置电路如图 2-35（a）所示，该电路利用 R_{g1} 与 R_{g2} 对 V_{DD} 的分压来设置偏置电压，故称为分压式偏置电路，其直流通路如图 2-35（b）所示。

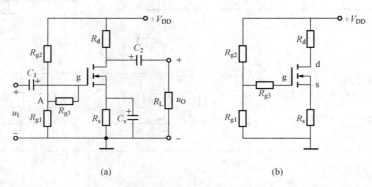

图 2-35　共源分压式偏置电路及其直流通路
（a）共源分压式偏置电路；（b）直流通路

静态时，$I_{GQ}=0$，R_{g3} 对放大电路的静态工作点没有影响。栅极电位为

$$U_{GQ} = \frac{R_{g1}}{R_{g1}+R_{g2}} V_{DD} \tag{2-47}$$

源极电位为

$$U_{SQ} = I_{DQ} R_s \tag{2-48}$$

栅—源极电压为

$$U_{GSQ} = U_{GQ} - U_{SQ} = \frac{R_{g1}}{R_{g1}+R_{g2}} V_{DD} - I_{DQ} R_s \tag{2-49}$$

根据 N 沟道增强型场效应晶体管的电流方程，可得

$$i_D = I_{DQ} \left(\frac{u_{GS}}{U_{GS(th)}} - 1 \right)^2$$

将式（2-49）与上述电流方程联立，可求得 U_{GSQ} 和 I_{DQ}。由此可求得

$$U_{DSQ} = V_{DD} - I_{DQ}(R_s + R_d) \tag{2-50}$$

2. 动态分析

（1）场效应晶体管的微变等效电路。与晶体管的微变等效电路分析相同，将场效应晶体管看作一个二端口网络，栅极和源极之间看作输入端口，漏极和源极之间看作输出端口，如图 2-36（a）所示。从输入端口看，由于栅—源之间的电阻很高，输入端口可看作开路，存在一个电压源 u_{gs}；从输出端口看，是一个电压 u_{gs} 控制的电流源 $i_d = g_m u_{gs}$，即等效为受控电流源。场效应晶体管的微变等效电路如图 2-36（b）所示。

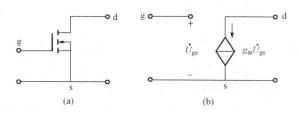

图 2 - 36 N 沟道增强型场效应晶体管及其微变等效电路

(a) N 沟道增强型场效应晶体管；(b) 微变等效电路

（2）共源放大电路的动态分析。图 2 - 35（a）所示共源放大电路的交流等效电路如图 2 - 37 所示。

1）电压放大倍数 $\dot{A}_u$。由图 2 - 37 可得

$$\dot{A}_u = \frac{\dot{U}_o}{\dot{U}_i} = -\frac{\dot{I}_d(R_d//R_L)}{\dot{U}_{gs}} = -\frac{g_m \dot{U}_{gs}(R_d//R_L)}{\dot{U}_{gs}} = -g_m(R_d//R_L) \tag{2-51}$$

与共射放大电路类似，共源放大电路具有一定的电压放大能力，且输出电压和输入电压相位相反。

2）输入电阻 R_i。由图 2 - 37 可得

$$R_i = R_{g3} + R_{g1}//R_{g2} \tag{2-52}$$

由于栅极输入电阻无穷大，故输入电阻 R_i 由 R_{g1}、R_{g2} 和 R_{g3} 决定，其中，R_{g3} 用于提高电路的输入电阻。

3）输出电阻 R_o。由图 2 - 37 可得

$$R_o = R_d \tag{2-53}$$

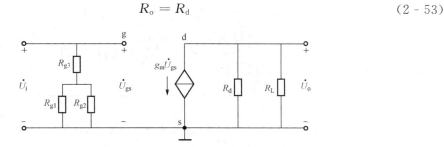

图 2 - 37 共源分压偏置电路的交流等效电路

2.6.2 共漏放大电路

共漏放大电路如图 2 - 38（a）所示，其直流通路如图 2 - 38（b）所示。

1. 静态分析

由图 2 - 38（b）所示直流通路估算共漏放大电路的静态工作点。栅极电压为

$$U_{GQ} = \frac{R_{g1}}{R_{g1} + R_{g2}} V_{DD} \tag{2-54}$$

源极电压为

$$U_{SQ} = I_{DQ} R_s \tag{2-55}$$

栅—源极电压为

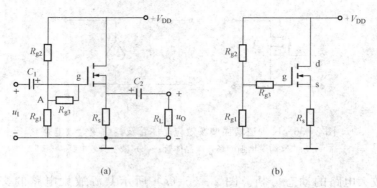

图 2-38　共漏放大电路及其直流通路

(a) 共漏放大电路；(b) 直流通路

$$U_{GSQ} = U_{GQ} - U_{SQ} = \frac{R_{g1}}{R_{g1} + R_{g2}} V_{DD} - I_{DQ} R_s \tag{2-56}$$

根据 N 沟道增强型场效应晶体管的电流方程，可得

$$i_D = I_{DO} \left(\frac{u_{GS}}{U_{GS(th)}} - 1 \right)^2$$

将式（2-56）与上述电流方程联立，可求得 U_{GSQ} 和 I_{DQ}。

$$U_{DSQ} = V_{DD} - I_{DQ} R_s \tag{2-57}$$

2. 动态分析

图 2-38（a）所示共漏放大电路的交流等效电路如图 2-39 所示。

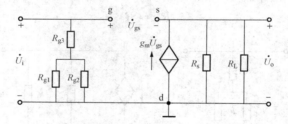

图 2-39　共漏放大电路的交流等效电路

（1）电压放大倍数 $\dot{A}_u$。由图 2-39 可得

$$\dot{A}_u = \frac{\dot{U}_o}{\dot{U}_i} = \frac{\dot{I}_d (R_s /\!/ R_L)}{\dot{U}_{gs} + \dot{I}_d (R_s /\!/ R_L)} = \frac{g_m \dot{U}_{gs} (R_s /\!/ R_L)}{\dot{U}_{gs} + g_m \dot{U}_{gs} (R_s /\!/ R_L)} = \frac{g_m (R_s /\!/ R_L)}{1 + g_m (R_s /\!/ R_L)} \tag{2-58}$$

与共集放大电路类似，共漏放大电路的电压放大倍数近似等于 1，因此又称共漏放大电路为源极跟随器。

（2）输入电阻 R_i。由图 2-39 可得

$$R_i = R_{g3} + R_{g1} /\!/ R_{g2} \tag{2-59}$$

（3）输出电阻 R_o。由图 2-39 可得

$$R_o = R_s /\!/ \frac{1}{g_m} \tag{2-60}$$

显然，共漏放大电路的输出电阻很小。

场效应晶体管放大电路的主要优点有输入电阻大、噪声低、温度稳定好、低功耗等，在集成电路中得到了广泛应用。但由于场效应晶体管的跨导 g_m 较小，所以在相同负载下，场效应晶体管放大电路电压放大倍数比晶体管放大电路低。

2.7 复 合 管

复合管由两个或两个以上晶体管按一定方式连接起来构成，又称达林顿管，功能上等效为一个晶体管。复合管可以由相同类型的晶体管构成，也可以由不同类型的晶体管构成。图 2-40 所示为两个晶体管按不同方式连接所组成的四种形式的复合管。

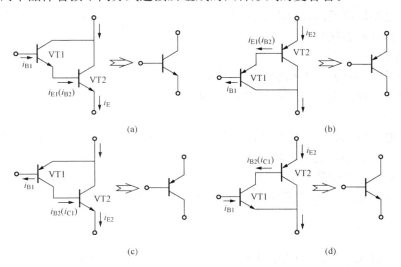

(a)   (b)

(c)   (d)

图 2-40　复合管的结构

1. 复合管的电流放大倍数

以图 2-40（a）所示复合管为例来说明复合管电流放大倍数 β 与组成它的晶体管 VT1、VT2 的电流放大倍数 β_1、β_2 的关系。由图 2-40（a）可知，复合管的基极电流 i_B 等于 VT1 管的基极电流 i_{B1}，复合管的集电极电流 i_C 等于 VT1 与 VT2 的集电极电流之和，则有

$$i_C = i_{C1} + i_{C2} = \beta_1 i_{B1} + \beta_2(1+\beta_1)i_{B1} = (\beta_1 + \beta_2 + \beta_1\beta_2)i_{B1} \qquad (2-61)$$

由于 $\beta_1\beta_2 \gg \beta_1+\beta_2$，所以复合管的电流放大倍数 $\beta \approx \beta_1\beta_2$。由此可知，复合管的电流放大倍数相当于单个晶体管电流放大倍数的乘积，因此其电流放大能力大大提高。

2. 复合管的类型

由图 2-40 可知，利用复合管三个极的电流流向可以很方便地得到其等效晶体管的类型。复合管的类型取决于第一个晶体管的类型。若组成复合管的第一个晶体管 VT1 为 NPN 型，则复合管的类型为 NPN 型；若 VT1 为 PNP 型，则复合管为 PNP 型。

3. 复合管的组成原则

复合管不是晶体管之间的任意连接，必须遵循以下组成原则：

（1）在正确外加电压下，每个晶体管的各极电流均有合适的通路，且晶体管均工作在放大区。

（2）为了实现电流放大，应将第一个晶体管的集电极或发射极电流作为第二个晶体管的基极电流。

2.8　多级放大电路

通过对基本放大电路的讨论可知，单管放大电路的三种基本接法各有其优缺点，往往不能满足电子系统对电路各种指标的综合要求。因此，实际应用中常常将若干个单管放大电路连接起来，组成多级放大电路。

2.8.1　多级放大电路的耦合方式

多级放大电路内部各级之间的连接方式称为耦合方式。多级放大电路最常用的耦合方式有两种：阻容耦合和直接耦合。

1. 阻容耦合

阻容耦合是指多级放大电路的前级与后级之间通过电容连接的耦合方式，如图 2 - 41 所示。第一级放大电路的输出端通过电容 C_2 与第二级放大电路的输入端相连。阻容耦合放大电路具有以下特点：

（1）耦合电容将前级与后级放大电路的直流通路彼此隔开，使每级放大电路的静态工作点相互独立，互不影响，便于电路分析和设计。

（2）由于电容对频率较低的信号有一定的阻抗，不适合传输直流和缓慢变化的信号。此外，在集成电路中制造大电容很困难，不利于集成，所以阻容耦合多用于分立元件组成的电路。

2. 直接耦合

直接耦合是放大电路最常用的耦合方式之一。放大电路的前级与后级之间直接用导线连接，称为直接耦合，如图 2 - 42 所示。直接耦合放大电路有以下特点：

（1）放大电路之间直接相连，既可以放大交流信号，又可以放大直流和变化缓慢的信号，低频特性好。电路中不存在大电容，便于集成，目前的集成电路均采用直接耦合方式。

（2）放大电路之间直接连接，使各级放大电路的静态工作点相互关联，从而为电路的分析和设计带来不便，存在零点漂移现象。

除上述两种耦合方式外，放大电路的耦合方式还有变压器耦合和光电耦合。由于这两种耦合方式使用较少，本书不做介绍。

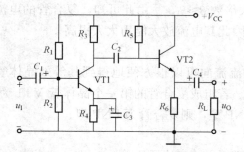

图 2 - 41　阻容耦合两级放大电路

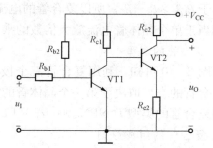

图 2 - 42　直接耦合两级放大电路

2.8.2 多级放大电路的动态分析

多级放大电路的框图如图 2-43 所示。

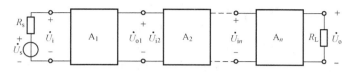

图 2-43 多级放大电路框图

1. 电压放大倍数

由图 2-43 可知，多级放大电路中，各级放大电路串联在一起，前一级的输出电压即为后一级的输入电压，即 $\dot{U}_{o1} = \dot{U}_{i2}, \dot{U}_{o2} = \dot{U}_{i3}, \cdots, \dot{U}_{o(n-1)} = \dot{U}_{in}$。

由上可知，多级放大电路的电压放大倍数 $\dot{A}_u$ 为

$$\dot{A}_u = \frac{\dot{U}_o}{\dot{U}_i} = \frac{\dot{U}_{o1}}{\dot{U}_i} \cdot \frac{\dot{U}_{o2}}{\dot{U}_{i2}} \cdots \frac{\dot{U}_o}{\dot{U}_{in}} = \dot{A}_{u1} \cdot \dot{A}_{u2} \cdots \dot{A}_{un} \qquad (2-62)$$

式（2-62）表明，多级放大电路的电压放大倍数等于组成它的各级放大电路电压放大倍数的乘积。需要注意的是，在多级放大电路中，后级电路的输入电阻相当于前级的负载，除最后一级外，计算其余各级放大电路电压放大倍数时均应以后一级的输入电阻作为负载。

2. 输入电阻

多级放大电路的输入电阻即为第一级放大电路的输入电阻 R_{i1}，即

$$R_i = R_{i1} \qquad (2-63)$$

需要注意的是，求输入电阻时应将第二级放大电路的输入电阻 R_{i2} 作为第一级放大电路的负载。

3. 输出电阻

多级放大电路的输出电阻即为最后一级的输出电阻 R_{on}。即

$$R_o = R_{on} \qquad (2-64)$$

需要注意的是，求输出电阻时应将前一级的输出电阻 $R_{o(n-1)}$ 作为最后一级放大电路的信号源内阻。

2.8.3 多级放大电路的分析过程

1. 阻容耦合多级放大电路的静态、动态分析过程

多级放大电路的分析过程与基本放大电路一样，遵循"先静态，后动态"的顺序。图 2-41 所示为两级阻容耦合放大电路，其分析过程如下。

（1）静态分析。由于耦合电容 C_2 的隔直作用，前后两级放大电路的静态工作点互不影响，互相独立。静态分析与单级放大电路的静态分析相同。

第一级放大电路为静态工作点稳定电路，对其直流通路利用估算法，可得

$$U_{BQ1} = \frac{R_2}{R_1 + R_2} V_{CC}$$

$$I_{CQ1} \approx I_{EQ1} = \frac{U_{BQ1} - U_{BEQ1}}{R_4} \qquad (2-65)$$

$$I_{BQ1} = \frac{I_{EQ1}}{1 + \beta_1} \qquad (2-66)$$

$$U_{\mathrm{CEQ1}} = V_{\mathrm{CC}} - I_{\mathrm{EQ1}}(R_3 + R_4) \tag{2-67}$$

第二级放大电路为共集电极放大电路,对其直流通路,可得

$$I_{\mathrm{BQ2}} = \frac{V_{\mathrm{CC}} - U_{\mathrm{BEQ2}}}{R_5 + (1 + \beta_2)R_6} \tag{2-68}$$

$$I_{\mathrm{EQ2}} = (1 + \beta_2)I_{\mathrm{BQ2}} \tag{2-69}$$

$$U_{\mathrm{CEQ2}} = V_{\mathrm{CC}} - I_{\mathrm{EQ2}}R_6 \tag{2-70}$$

(2)动态分析。画出图 2-41 所示两级放大电路的交流等效电路,如图 2-44 所示。

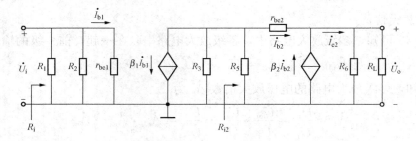

图 2-44　图 2-41 所示两级放大电路的交流等效电路

1)电压放大倍数 $\dot{A}_u$。为了求解第一级放大电路的电压放大倍数,应首先求解其负载电阻,即第二级放大电路的输入电阻 R_{i2},由图 2-44 可知,第二级放大电路的输入电阻

$$R_{\mathrm{i2}} = R_5 // [r_{\mathrm{be2}} + (1 + \beta_2)(R_6 // R_{\mathrm{L}})]$$

第一级放大电路的电压放大倍数

$$\dot{A}_{u1} = -\frac{\beta_1(R_3 // R_{\mathrm{i2}})}{r_{\mathrm{be1}}} \tag{2-71}$$

第二级放大电路的电压放大倍数

$$\dot{A}_{u2} = \frac{(1 + \beta_2)(R_6 // R_{\mathrm{L}})}{r_{\mathrm{be2}} + (1 + \beta_2)(R_6 // R_{\mathrm{L}})} \tag{2-72}$$

多级放大电路的电压放大倍数等于单级放大电路电压放大倍数相乘,则有

$$\dot{A}_u = \dot{A}_{u1} \dot{A}_{u2} \tag{2-73}$$

2)输入电阻 R_{i}。多级放大电路的输入电阻即为第一级放大电路的输入电阻,即

$$R_{\mathrm{i}} = R_{\mathrm{i1}} = R_1 // R_2 // r_{\mathrm{be1}} \tag{2-74}$$

3)输出电阻 R_{o}。多级放大电路的输出电阻即为第二级放大电路的输出电阻 R_{o2},即

$$R_{\mathrm{o}} = R_{\mathrm{o2}} = R_6 // \frac{r_{\mathrm{be2}} + R_3 // R_5}{1 + \beta_2} \tag{2-75}$$

由式(2-75)可知,多级放大电路的输出电阻与第一级放大电路的输出电阻 R_3 有关。即共集放大电路作为输出级时,其输出电阻与其信号源内阻(即其前一级放大电路的输出电阻)有关。需要指出的是,当共集放大电路作为输入级时,其输入电阻与其负载(即第二级放大电路的输入电阻)有关。

2. 直接耦合多级放大电路的动态分析过程

图 2-42 所示直接耦合多级放大电路为两级 NPN 型晶体管构成的共射放大电路级联。为使晶体管工作在放大状态,必须要求 VT2 的集电极电位高于其基极电位(即 VT1 的集电极电位)。如果放大电路的级数增多,并且以后各级电路仍为 NPN 型晶体管构成的共射放

大电路，则后级集电极电位会越来越高，要求电源
电压也越来越高，一定程度上限制了放大电路的级
数。因此，直接耦合多级放大电路常采用 NPN 型
和 PNP 型晶体管混合使用，利用 NPN 型和 PNP 型
晶体管偏置电压极性相反的特点解决上述电压移动
问题，如图 2-45 所示。

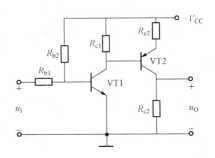

图 2-45　NPN 型与 PNP 型晶体管混和
使用的直接耦合两级放大电路

　　直接耦合多级放大电路的静态工作点相互关联，
分析过程比较复杂，这里不再赘述。假定电路的静
态工作点合适，下面将以图 2-45 所示电路为例，
计算其交流参数。图 2-45 所示放大电路的交流等
效电路如图 2-46 所示。需要说明的是，NPN 型晶体管与 PNP 型晶体管在直流通路中，电
压和电流方向相反，但在交流等效电路中两者常使用相同的等效电路。

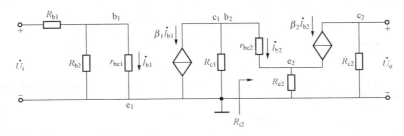

图 2-46　图 2-45 所示放大电路的交流等效电路

　　（1）电压放大倍数 $\dot{A}_u$。两级放大电路均为共射放大电路，由图 2-46 可得第二级放大电
路的输入电阻

$$R_{i2} = r_{be2} + (1 + \beta_2)R_{e2}$$

第一级放大电路的电压放大倍数

$$\dot{A}_{u1} = -\frac{\beta_1(R_{c1}//R_{i2})}{r_{be1}} \cdot \frac{R_{b2}//r_{be1}}{R_{b1} + R_{b2}//r_{be1}} \tag{2-76}$$

第二级放大电路的电压放大倍数

$$\dot{A}_{u2} = -\frac{\beta_2 R_{c2}}{r_{be2} + (1 + \beta_2)R_{e2}} \tag{2-77}$$

两级放大电路的电压放大倍数

$$\dot{A}_u = \dot{A}_{u1}\,\dot{A}_{u2} \tag{2-78}$$

（2）输入电阻 R_i。由图 2-46 可得

$$R_i = R_{i1} = R_{b1} + R_{b2}//r_{be1} \tag{2-79}$$

（3）输出电阻 R_o。由图 2-46 可得

$$R_o = R_{o2} = R_{c2} \tag{2-80}$$

2.9　Multisim 应 用 举 例

1. 题目

静态工作点变化对放大电路的影响。

2. 仿真电路

仿真电路如图 2-47 所示。晶体管选用小功率管 2N2222A。

3. 仿真内容

(1) 观察示波器中的输出波形，调整 RP 值，使 Q 点设置合适，输出完整的正弦波，如图 2-47（a）所示。

(2) 将 RP 调至零，观察示波器中输出波形出现底部失真，如图 2-47（b）所示。

(3) 将 RP 调至最大，同时增大输入信号至 30mV（有效值）左右，观察示波器中输出波形出现顶部失真，如图 2-47（c）所示。

4. 仿真结果

仿真结果见表 2-2。

表 2-2　　　　　　　　　　　　　仿 真 结 果

RP 值（kΩ）	U_{CQ}（V）	V_1（mV）	输出波形
10	9.024	5	正弦波
0	6.253	5	饱和失真
150	11.82	30	截止失真

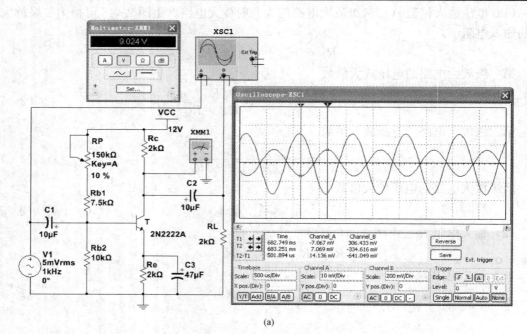

(a)

图 2-47　仿真电路（一）

(a) Q 点设置合理

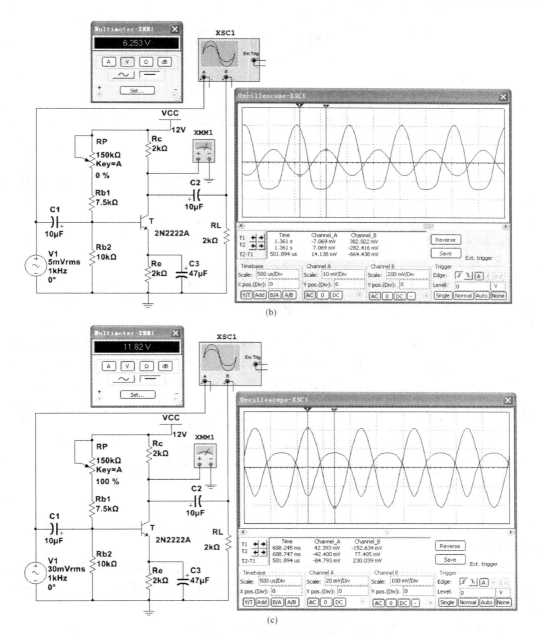

图 2-47 仿真电路（二）

（b）RP 调至零，Q 点偏高，输出信号出现饱和失真；（c）RP 调至最大，Q 点偏低，输出信号出现截止失真

5. 结论

（1）减小 RP 会使晶体管的基极电流增加，从而引起集电极电流增加，Q 点上升，放大电路易进入饱和区，使输出波形产生饱和失真。

（2）增大 RP 会使晶体管的基极电流减小，从而引起集电极电流减小，Q 点下降，放大电路易进入截止区，使输出波形产生截止失真。

习　题

2-1　判断题

（1）放大电路必须外加直流电源才能正常工作。　　　　　　　　　　　（　　）

（2）所有共射放大电路工作过程中，若工作点进入截止区会使输出电压产生顶部失真。

　　　　　　　　　　　　　　　　　　　　　　　　　　　　　　　　（　　）

（3）放大电路中各交流电压和电流都是由信号源提供的。　　　　　　　（　　）

（4）两个相同的单级共射放大电路，空载时电压放大倍数均为-30，现将它们级联后组成两级放大电路，则该两级放大电路的电压放大倍数为900。　　　　　　　　（　　）

（5）直接耦合多级放大电路不存在零点漂移现象。　　　　　　　　　　（　　）

（6）多级直接耦合放大电路中，输出级零点漂移占主要地位。　　　　　（　　）

2-2　填空题

（1）有两个电压放大倍数相同的放大电路 A 和 B，其输入电阻分别为 R_{iA} 和 R_{iB}。若在它们的输入端分别加同一个具有内阻的信号源，在负载开路情况下测得放大电路 A 的输出电压小，这说明_____。

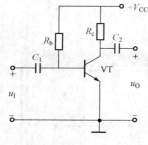

图2-48　题2-2图

（2）一个学生用交流电压表测得某放大电路的开路输出电压为4.8V，连接20kΩ负载电阻后测得输出电压为4V。设电压表的内阻为无穷大，则该放大电路的输出电阻为_____。

（3）电路如图2-48所示，晶体管 $\beta=50$，$U_{BEQ}=0.7V$，$V_{CC}=12V$，$R_b=145k\Omega$，$R_c=3k\Omega$。

1）电路处于_____状态。（截止、放大、饱和）

2）要使放大电路工作在放大区，需要_____R_b。（增大、减小）

3）要使 $U_{CEQ}=6V$，$R_b=$_____ $k\Omega$。

4）电路空载时测得输出电压 $U_o'=0.6V$，若放大电路加上与 R_c 相同的负载电阻 R_L，则输出电压 $U_o=$_____V。

（4）多级放大电路由单级放大电路级联得到，分析时可化为单级放大电路问题，但要考虑前后级之间的相互影响。在多级放大电路中，后级的输入电阻是前级的_____，而前级的输出电阻可以看作是后级的_____。

2-3　画出图2-49所示放大电路的直流通路和交流通路。

2-4　试判断图2-50中各电路能否对交流信号实现正常放大。若不能，说明原因。

2-5　如图2-51（a）所示放大电路，请按照给定参数，在图2-51（b）中：

（1）估算 $I_{BQ}(U_{BEQ}=0.7V)$。

（2）画出输出回路直流负载线，求解 U_{CEQ}、I_{CQ}。

（3）画出交流负载线。

（4）求解该电路的最大不失真输出电压 $U_{om}(U_{CES}=0.2V)$。

2-6　如图2-52所示电路，已知晶体管 $\beta=80$，$r_{be}=1k\Omega$，$U_{BEQ}=0.7V$，$V_{CC}=12V$。

试：

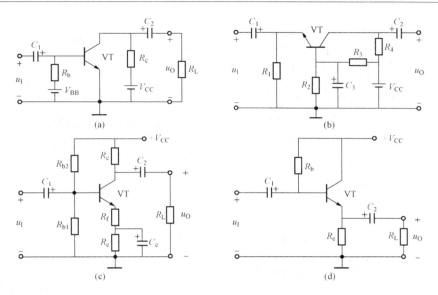

图 2-49 题 2-3 图

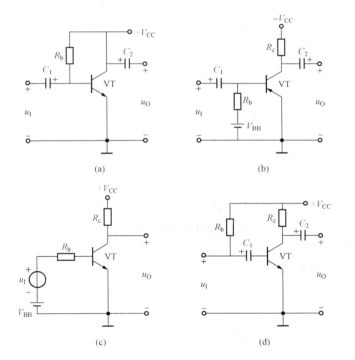

图 2-50 题 2-4 图

（1）计算电路的静态工作点。

（2）画出该电路的交流等效电路。

（3）计算电路的 $\dot{A}_u$、R_i、R_o 和 $\dot{A}_{us}$。

2-7　如图 2-53 所示电路，已知晶体管 $\beta=80$，$r_{bb'}=100\Omega$，$U_{BEQ}=0.7V$，分别计算 $R_L=\infty$ 和 $R_L=5k\Omega$ 时的 Q 点、$\dot{A}_u$、R_i 和 R_o。

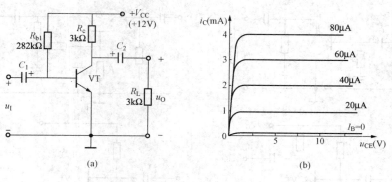

图 2 - 51　题 2 - 5 图

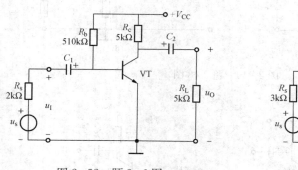

图 2 - 52　题 2 - 6 图

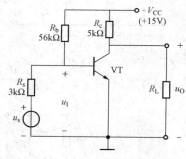

图 2 - 53　题 2 - 7 图

2 - 8　静态工作点稳定电路如图 2 - 54 所示，$\beta=50$，$r_{\mathrm{be}}=1\mathrm{k}\Omega$，$U_{\mathrm{BEQ}}=0.7\mathrm{V}$。试：

（1）估算其静态工作点。

（2）画出其交流等效电路。

（3）计算其 $\dot{A}_u$、R_{i}、R_{o}。

（4）若 C_{e} 开路，计算其 $\dot{A}_u$、R_{i}、R_{o}，并说明放大电路的交流参数有哪些变化。

2 - 9　如图 2 - 55 所示放大电路，晶体管为硅管，$\beta=50$，$r_{\mathrm{be}}=1\mathrm{k}\Omega$。试：

（1）估算其静态工作点。

（2）画出其交流等效电路。

（3）计算其 $\dot{A}_u$、R_{i}、R_{o}。

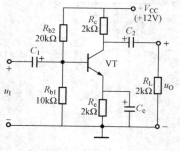

图 2 - 54　题 2 - 8 图

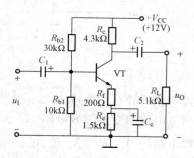

图 2 - 55　题 2 - 9 图

2-10　共集电极放大电路如图 2-56 所示，晶体管 $\beta=50$，$r_{be}=1.2\text{k}\Omega$，$U_{BEQ}=0.7\text{V}$。试：

(1) 估算其静态工作点。

(2) 画出其交流等效电路。

(3) 计算 $\dot{A}_u$、R_i 和 R_o。

2-11　如图 2-57 所示电路，$\beta=50$，$r_{be}=1\text{k}\Omega$，$U_{BEQ}=0.7\text{V}$。试：

(1) 估算其静态工作点。

(2) 分别计算电压放大倍数 $\dot{A}_{u1}=\dot{U}_{o1}/\dot{U}_i$ 和 $\dot{A}_{u2}=\dot{U}_{o2}/\dot{U}_i$。

(3) 求解电路的输入电阻 R_i。

(4) 分别计算输出电阻 R_{o1} 和 R_{o2}。

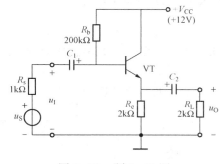

图 2-56　题 2-10 图

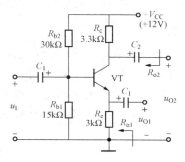

图 2-57　题 2-11 图

2-12　阻容耦合两级放大电路如图 2-58 所示，已知 U_{BEQ1}、U_{BEQ2}、β_1、β_2、r_{be1}、r_{be2}。试：

(1) 指出第一、第二级放大电路的电路形式。

(2) 计算各级放大电路的静态工作点。

(3) 画出该电路的交流等效电路。

(4) 计算该电路的交流参数 $\dot{A}_u$、R_i 和 R_o。

2-13　直接耦合两级放大电路如图 2-59 所示，已知 β_1、β_2、r_{be1}、r_{be2}、r_d，试完成：

(1) 指出第一、第二级放大电路的电路形式。

(2) 画出该电路的交流等效电路。

(3) 计算该电路的交流参数 $\dot{A}_u$、R_i 和 R_o。

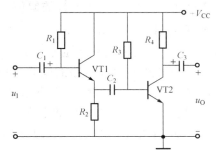

图 2-58　题 2-12 图

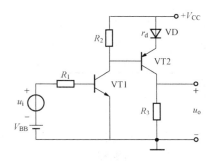

图 2-59　题 2-13 图

3 放大电路的频率响应

上述章节计算基本放大电路的交流性能指标时，所有电容均视为短路，即不考虑电容对电路的影响。实际上，只有电路输入中频信号时，才不用考虑电容对电路的影响。当信号频率进入低频或高频时，在电抗元件作用下放大电路的放大倍数将会受到影响，严重时放大电路将不能正常放大，因此研究放大电路的频率响应非常有必要。频率响应表征了放大电路对不同频率输入信号的响应能力，是放大电路重要的性能指标之一。本章将介绍频率响应的基本概念，晶体管的高频等效模型，单管和多级放大电路的频率响应。

 教学目标

1. 掌握频率响应的基本概念，包括上限截止频率、下限截止频率、通频带、波特图。
2. 了解晶体管的高频等效模型。
3. 熟练掌握单管放大电路电压放大倍数的计算公式及其波特图的画法。
4. 了解多级放大电路频率响应的分析方法。

3.1 概   述

由于放大电路中存在电抗元件（如耦合电容、旁路电容、半导体器件的极间电容、电路的分布电容等），其电抗均与通过放大电路的信号频率有关，使得放大电路的放大倍数与输入信号的频率存在函数关系，这种函数关系称为放大电路的频率响应或频率特性。下面介绍频率响应的基础知识。

3.1.1 幅频特性和相频特性

由于放大电路中电抗元件的存在，当输入信号频率过高或过低时，放大电路的放大倍数会变小，而且相位会出现超前或滞后。此时，电路的电压放大倍数 $\dot{A}_u$ 可表示为

$$\dot{A}_u = |\dot{A}_u|(f)\angle\varphi(f) \qquad (3-1)$$

从上式可知，电压放大倍数的幅值 $|\dot{A}_u|$ 和相角 φ 都是频率 f 的函数。其中 $|\dot{A}_u|(f)$ 称为幅频特性，$\varphi(f)$ 称为相频特性。

典型的单管共射放大电路的幅频特性和相频特性如图 3-1 所示。图中 f_L 为下限截止频率，f_H 为上限截止频率，是放大倍数下降到中频放大倍数的 0.707 倍时的频率；f_{bw} 为该电路的通频带。

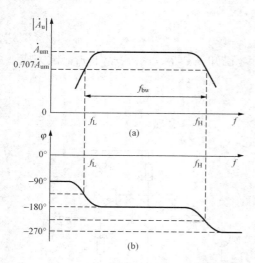

图 3-1 典型单管共射放大电路的
幅频特性和相频特性

从图 3-1 可以看出，在中频范围内，电压放大倍数为 $\dot{A}_{um}$，而且基本不随频率发生变化，相角 $\varphi = -180°$（共射放大电路放大倍数为负值，代表输出信号与输入信号反相）。当频率降低或升高时，在电抗元件的作用下电压放大倍数的幅值都将减小，而且会产生超前或滞后的相移。

3.1.2 波特图

通过图 3-1 可以看出放大电路的幅值和相位与频率的关系，可是输入信号的频率范围往往在几赫兹到上百兆赫兹，放大电路的放大倍数相差也很大，因此在实际工作中，往往利用对数频率特性图来表示放大电路的幅频特性和相频特性，这种图最早由 H. W. Bode 提出，称为波特图。

波特图包括幅频特性和相频特性两部分。波特图的横坐标均为频率 f，采用 $\lg f$ 对数刻度，可以将频率的大幅度变化压缩在很小的坐标范围内，如横坐标上连同坐标原点一共有十个关键点，每个关键点代表的频率值分别为 0、1、10、10^2、10^3、10^4、10^5、10^6、10^7 和 10^8，每一小格代表不同的频率跨度，从而使横坐标轴可以表示从几赫兹到上百兆赫兹的频率范围。幅频特性纵坐标为 $20\lg|\dot{A}_u|$，单位为 dB，可以有效地将放大倍数的大幅度变化压缩在很小的坐标范围之内，如用 $20\sim60\text{dB}$ 代表 $10\sim1000$ 倍。相频特性纵坐标仍用相角 φ 表示，不取对数。

采用对数频率特性除了上述优点之外，还可以将放大倍数的乘除运算转换为加减运算，使得波特图能够更好地表示多级放大电路的频率响应。因为多级放大电路的放大倍数为各级放大倍数的乘积，所以画波特图时只需将各级对数放大倍数相加即可，而多级放大电路的相移原本就等于各单级相移之和，因此相频特性中的相角不再取对数。

3.1.3 高通电路和低通电路的频率响应

放大电路频率响应分析一般按频率段进行。其中，低频段中耦合电容和旁路电容对信号构成高通电路，而高频段中极间电容对信号构成低通电路，所以在介绍单管放大电路的频率响应之前，应首先分析 RC 高通和低通电路的频率响应。

1. RC 高通电路

高通电路是指高频信号正常通过，而低频信号会受到衰减的电路。RC 高通电路如图 3-2 所示。

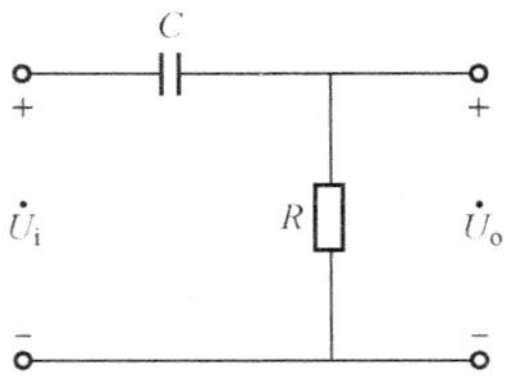

电路的电压放大倍数为

$$\dot{A}_u = \frac{\dot{U}_o}{\dot{U}_i} = \frac{R}{R + \frac{1}{j\omega C}} = \frac{1}{1 + \frac{1}{j\omega RC}} = \frac{1}{1 + \frac{1}{j2\pi fRC}} \qquad (3-2)$$

图 3-2 RC 高通电路

令 $f_L = \frac{1}{2\pi\tau} = \frac{1}{2\pi RC}$，其中 f_L 为电路的下限截止频率，$\tau = RC$ 为回路的时间常数，则上式可表示为

$$\dot{A}_u = \frac{\dot{U}_o}{\dot{U}_i} = \frac{1}{1 + \frac{f_L}{jf}} = \frac{j\frac{f}{f_L}}{1 + j\frac{f}{f_L}} \qquad (3-3)$$

其幅频特性和相频特性可表示为

$$|\dot{A}_u| = \frac{1}{\sqrt{1 + \left(\dfrac{f_L}{f}\right)^2}} \qquad\qquad (3-4a)$$

$$\varphi = 90° - \arctan\frac{f}{f_L} \qquad\qquad (3-4b)$$

由式（3-4a）和式（3-4b）可知，当 $f \gg f_L$ 时，$|\dot{A}_u| \approx 1$，$\varphi \approx 0°$；当 $f = f_L$ 时，$|\dot{A}_u| = 1/\sqrt{2} \approx 0.707$，$\varphi = 45°$；当 $f \ll f_L$ 时，$|\dot{A}_u| \approx \dfrac{f}{f_L}$。这表明 f 每下降 10 倍，$|\dot{A}_u|$ 也下降 10 倍，φ 趋近于 90°。

表 3-1 给出了不同频率下高通电路的幅频特性和相频特性值。

表 3-1　　　　　　　　　　不同频率下高通电路的幅频特性和相频特性值

f	$\mid \dot{A}_u \mid$（近似值）	$20\lg \mid \dot{A}_u \mid$（dB）（近似值）	φ（°）（近似值）
$\gg f_L$	1	0	0
f_L	0.707	-3	45
$0.1f_L$	0.1	-20	84.3
$0.01f_L$	0.01	-40	89.3

为方便起见，画波特图时可以用直线构成的折线来近似实际的曲线。由表 3-1 可知，当 $f = f_L$ 时，$20\lg|\dot{A}_u|$ 从 0dB 下降为 -3dB，忽略不计，则当 $f \geqslant f_L$ 时，$20\lg|\dot{A}_u| \approx$ 0dB，当 $f < f_L$ 时，幅频特性是斜率为 $+20$dB/十倍频程的直线，所以高通电路的幅频特性可近似为该直线与横坐标（0dB 线）构成的折线，此折线在 $f = f_L$ 时发生转折。如果允许误差为 $\pm 5.7°$，则相频特性可以用三条直线构成的折线来近似。当 $f < 0.1f_L$ 时，近似为一条 $\varphi \approx 90°$ 的水平直线；当 $0.1f_L \leqslant f \leqslant 10f_L$ 时，相频特性是斜率为 $-45°$/十倍频程的直线；当 $f > 10f_L$ 时，$\varphi \approx 0°$，近似为横坐标轴。需要注意的是，相频特性在 $f = 0.1f_L$ 和 $f = 10f_L$ 时发生转折。

RC 高通电路的波特图如图 3-3 所示。

由图 3-3 可以看出电路的高通特性。当 $f \geqslant f_L$ 时，$|\dot{A}_u| \approx 1$，说明高频信号能够正常通过电路，而 $f < f_L$ 的低频信号通过时会发生衰减，而且频率越低，$|\dot{A}_u|$ 值越小，相移越大，致使信号不能正常通过。f_L 称为高通电路的下限截止频率。高通电路在低频段将产生 $0° \sim +90°$ 超前的相移。

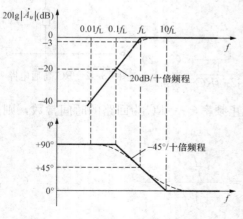

图 3-3　RC 高通电路的波特图

2. RC 低通电路

低通电路是指低频信号正常通过，而高频信号会受到衰减的电路。RC 低通电路如图 3-4 所示。

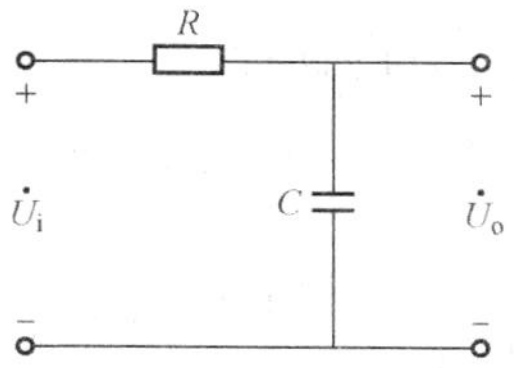

电路的电压放大倍数为

$$\dot{A}_u = \frac{\dot{U}_o}{\dot{U}_i} = \frac{\frac{1}{j\omega C}}{R + \frac{1}{j\omega C}} = \frac{1}{1 + j\omega RC} = \frac{1}{1 + jf2\pi RC} \quad (3-5)$$

图 3-4 RC 低通电路

令 $f_H = \frac{1}{2\pi\tau} = \frac{1}{2\pi RC}$，其中 f_H 为电路的上限截止频率，$\tau = RC$ 为回路的时间常数，则上式可表示为

$$\dot{A}_u = \frac{\dot{U}_o}{\dot{U}_i} = \frac{1}{1 + j\frac{f}{f_H}} \quad (3-6)$$

其幅频特性和相频特性可表示为

$$\left.\begin{array}{l} |\dot{A}_u| = \dfrac{1}{\sqrt{1 + \left(\dfrac{f}{f_H}\right)^2}} \\[4mm] \varphi = -\arctan\dfrac{f}{f_H} \end{array}\right\} \quad (3-7)$$

由式（3-7）可知，当 $f \ll f_H$ 时，$|\dot{A}_u| \approx 1$，$\varphi \approx 0°$；当 $f = f_H$ 时，$|\dot{A}_u| = 1/\sqrt{2} \approx$ 0.707，$\varphi = -45°$；当 $f \gg f_H$ 时，$|\dot{A}_u| \approx \frac{f_H}{f}$，表明 f 每升高 10 倍，$|\dot{A}_u|$ 下降 10 倍，φ 趋近于 $-90°$。

表 3-2 给出了不同频率下低通电路的幅频特性和相频特性值。

表 3-2   不同频率下低通电路的幅频特性和相频特性值

f	$|\dot{A}_u|$（近似值）	$20\lg|\dot{A}_u|$（dB）（近似值）	φ（°）（近似值）
$\ll f_H$	1	0	0
f_H	0.707	-3	-45
$10f_H$	0.1	-20	-84.3
$100f_H$	0.01	-40	-90

与高通电路相类似，低通电路幅频特性中忽略 $f = f_H$ 时 $20\lg|\dot{A}_u|$ 下降幅度 -3dB，相频特性允许误差为 $\pm 5.7°$ 时，则其波特图也可以用折线来近似。由表 3-2 可知，当 $f \leqslant f_H$ 时，$20\lg|\dot{A}_u| \approx 0$dB，当 $f > f_H$ 时，幅频特性是斜率为 -20dB/十倍频程的直线，因此高通电路的幅频特性可近似为该直线与横坐标构成的折线。相频特性可以用三条直线构成的折线

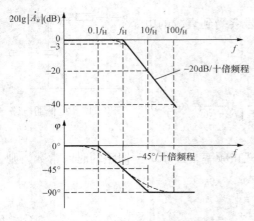

图 3-5　RC 低通电路的波特图

来近似。当 $f<0.1f_H$ 时，$\varphi\approx0°$，近似为横坐标轴；当 $0.1f_H\leqslant f\leqslant10f_H$ 时，相频特性是斜率为 $-45°$/十倍频程的直线；当 $f>10f_H$ 时，近似为一条 $\varphi\approx-90°$ 的水平直线。需要注意的是，幅频特性有一个拐点，即 $f=f_H$ 时；相频特性有两个拐点，分别产生于 $f=0.1f_H$ 和 $f=10f_H$ 时。

　　RC 低通电路的波特图如图 3-5 所示。

　　由图 3-5 可以看出电路的低通特性，$f\leqslant f_H$ 的低频信号能够正常通过电路，而 $f>f_H$ 的高频信号通过电路会发生衰减，而且频率越高，$|\dot{A}_u|$ 值越小，相移越大，致使信号不能正常通过。f_H 称为低通电路的上限截止频率。低通电路在高频段将产生 $0°\sim-90°$ 滞后的相移。

3.2　晶体管的高频等效模型

　　本书第 1 章曾经介绍过 PN 结具有电容效应，因结电容容值小，对低频信号呈现较大的容抗，而对高频信号会有衰减作用。晶体管有两个 PN 结，在高频情况下要考虑发射结和集电结电容的影响，因此第 2 章介绍的简化的晶体管微变等效模型已经不再适用，本节主要介绍考虑极间电容的晶体管高频等效模型，也称为混合 π 等效模型。

3.2.1　晶体管的混合 π 等效模型

　　晶体管的结构示意图和混合 π 等效模型如图 3-6 所示。

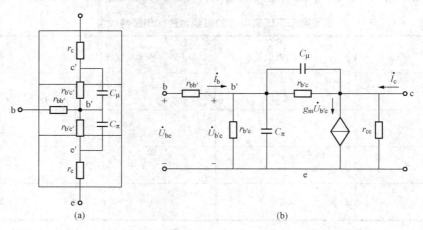

图 3-6　晶体管的结构示意图和混合 π 等效模型
(a) 结构示意图；(b) 混合 π 等效模型

　　图 3-6 (a) 所示为晶体管的结构示意图，图 3-6 (b) 为与之对应的混合 π 等效模型。图中，$r_{bb'}$ 为基区的体电阻；r_c 和 r_e 为集电区和发射区的体电阻，数值很小，常忽略不计；

$r_{b'c}$ 为集电结反偏电阻；r_{ce} 为从发射极到集电极的动态电阻，因集电结反偏，$r_{b'c}$ 和 r_{ce} 阻值很大，所以在混合 π 等效模型中上述两个电阻可视为开路；C_π 和 C_μ 分别为发射结和集电结等效电容；$r_{b'e}$ 为发射结动态电阻折合到基极回路的等效电阻；$g_m \dot{U}_{b'e}$ 为受发射结电压 $\dot{U}_{b'e}$ 控制的集电极电流（压控电流源）。

3.2.2　混合 π 等效模型的简化

电容 C_μ 连接在 b′ 和 c 之间，使电路失去信号传输的单向性，导致计算十分复杂，因此可以使用密勒定理使电路单向化，即用连接在 b′、e 之间的 C'_π 替代连接在 b′、e 之间的 C_π 和 b′、c 之间的 C_μ，得到简化的混合 π 等效模型如图 3-7 所示，图中，$C'_\pi = C_\pi + (1+K)C_\mu$。

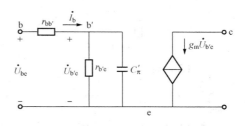

图 3-7　简化的混合 π 等效模型

3.2.3　混合 π 等效模型的参数计算

实际上，混合 π 等效模型和简化的晶体管微变等效模型的参数之间有着必然的联系，当低频信号经过时，因为极间电容 C'_π 很小，可视为开路，此时混合 π 等效模型和简化的晶体管微变等效模型电路相仿，二者的对比如图 3-8 所示。

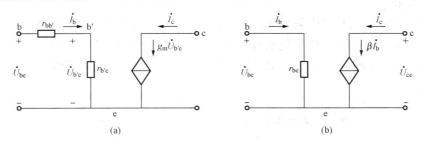

(a)　　　　　　　　　　　(b)

图 3-8　混合 π 等效模型和简化的晶体管微变等效模型的对比

(a) 混合 π 等效模型；(b) 简化的晶体管微变等效模型

由图 3-8 可以看出，两种模型的电阻参数完全相同，即

$$r_{be} = r_{bb'} + r_{b'e} \tag{3-8}$$

又因为 $r_{be} = r_{bb'} + (1+\beta)\dfrac{U_T}{I_{EQ}}$（参见本书第 2 章），所以

$$r_{b'e} = (1+\beta)\frac{U_T}{I_{EQ}} \tag{3-9}$$

通过对比，两个受控源的电流应相同，即 $g_m \dot{U}_{b'e} = g_m \dot{I}_b r_{b'e} = \beta \dot{I}_b$，则跨导

$$g_m = \frac{\beta}{r_{b'e}} \approx \frac{I_{EQ}}{U_T} \tag{3-10}$$

3.3　单管共射放大电路的频率响应

研究放大电路的频率响应时，首先要利用晶体管的高频等效模型画出电路的全频带交流等效电路，然后分析电路的电压放大倍数的表达式，最后画出电路的波特图。因为电路中同时存在两种电容，因此分析过程很复杂。实际上，因为耦合电容和旁路电容容值较大，晶体

管的极间电容容值较小，二者容值往往相差 2~3 个数量级，所以这两种电容几乎不可能同时在电路中起作用。正因如此，对放大电路频率响应的分析一般分频段进行。

单管共射放大电路及其全频带等效电路如图 3-9 所示。等效电路中，C 为耦合电容，C'_π 为极间电容。

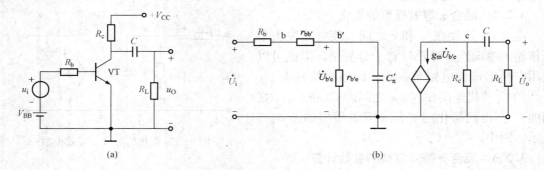

图 3-9　单管共射放大电路及其全频带等效电路

(a) 单管共射放大电路；(b) 全频带等效电路

3.3.1　中频段

在中频段，耦合电容 C 因容值大、容抗小（其容抗远远小于 R_L），视为交流短路；极间电容 C'_π 因容值小、容抗大（其容抗远远大于 $r_{b'e}$），则视为交流开路。总之，在中频段可以将各种电容的影响忽略不计，从而得到单管共射放大电路的中频等效电路，如图 3-10 所示。

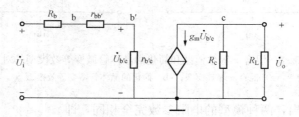

图 3-10　单管共射放大电路的中频等效电路

电路的中频电压放大倍数为

$$A_{um} = \frac{\dot{U}_o}{\dot{U}_i} = \frac{\dot{U}_{b'e}}{\dot{U}_i} \cdot \frac{\dot{U}_o}{\dot{U}_{b'e}} = \frac{r_{b'e}}{R_b + r_{be}}(-g_m R'_L) \qquad (3-11)$$

其中，$r_{be} = r_{bb'} + r_{b'e}$，$R'_L = R_c // R_L$，$\dot{U}_o = -g_m \dot{U}_{b'e} R'_L$。

将式（3-10）代入式（3-11）得

$$\dot{A}_{um} = -\frac{\beta R'_L}{R_b + r_{be}}$$

可以看出利用混合 π 等效模型和简化的晶体管微变等效模型求出的中频放大倍数完全一致。

需要注意的是，三个频率段中只有放大电路在中频段的电压放大倍数与频率无关，本书第 2 章所讨论的所有放大电路均指电路工作在中频段的情况，计算得出的电压放大倍数、输入电阻、输出电阻也都是中频段的参数。

3.3.2　低频段

在低频段，耦合电容 C 在频率下降时容抗变大，会降低电路的放大倍数，此时必须考虑 C 的作用，不能再视其为交流短路；极间电容 C_π' 的容抗比中频时还大，仍视为交流开路。总之，在低频段要考虑耦合电容和旁路电容的影响，忽略极间电容的作用。单管共射放大电路的低频等效电路如图 3-11 所示。

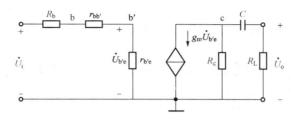

图 3-11　单管共射放大电路的低频等效电路

由图 3-11 可以看出，该电路的输出电压为负载两端的电压，即

$$\dot{U}_o = (-g_m \dot{U}_{b'e}) \frac{R_c R_L}{R_c + R_L + \dfrac{1}{j\omega C}}$$

$$= (-g_m R_L') \frac{1}{1 + \dfrac{1}{j\omega(R_c + R_L)C}} \cdot \frac{r_{b'e}}{R_b + r_{be}} \dot{U}_i \qquad (3-12)$$

令 $f_L = \dfrac{1}{2\pi\tau} = \dfrac{1}{2\pi(R_c + R_L)C}$，由式（3-11）和式（3-12）得

$$\dot{A}_{ul} = \frac{\dot{U}_o}{\dot{U}_i} = \dot{A}_{um} \frac{1}{1 + \dfrac{f_L}{jf}} = \dot{A}_{um} \frac{j\dfrac{f}{f_L}}{1 + j\dfrac{f}{f_L}} \qquad (3-13)$$

由式（3-13）可以看出，放大电路的低频段相当于高通电路。

3.3.3　高频段

在高频段，耦合电容 C 的容抗比中频时还小，仍视为交流短路；极间电容 C_π' 在频率上升时容抗变小，使电路的放大倍数降低，此时必须考虑 C_π' 的作用，不能再视其为交流开路。总之，在高频段要忽略耦合电容和旁路电容的影响，考虑极间电容的作用。单管共射放大电路的高频等效电路如图 3-12 所示。

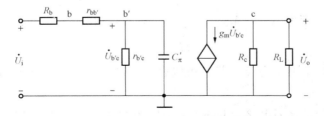

图 3-12　单管共射放大电路的高频等效电路

为了计算电路的高频放大倍数，需要用戴维南定理简化输入回路，高频等效电路的输入回路及其等效电路如图 3-13 所示。

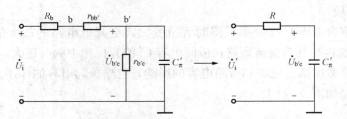

图 3-13　高频等效电路的输入回路及其等效电路

图 3-13 中，$\dot{U}'_{\mathrm{i}} = \dfrac{r_{\mathrm{b'e}}}{R_{\mathrm{b}} + r_{\mathrm{be}}}\dot{U}_{\mathrm{i}}$，$R = r_{\mathrm{b'e}} // (r_{\mathrm{bb'}} + R_{\mathrm{b}})$，电阻 R 与电容 C'_{π} 构成 RC 低通电路，则有

$$\dot{U}_{\mathrm{b'e}} = \frac{\dfrac{1}{\mathrm{j}\omega C'_{\pi}}}{R + \dfrac{1}{\mathrm{j}\omega C'_{\pi}}}\dot{U}'_{\mathrm{i}} = \frac{1}{1 + \mathrm{j}\omega R C'_{\pi}} \cdot \frac{r_{\mathrm{b'e}}}{R_{\mathrm{b}} + r_{\mathrm{be}}}\dot{U}_{\mathrm{i}} \tag{3-14}$$

从输出回路看，则有

$$\dot{U}_{\mathrm{o}} = -g_{\mathrm{m}}R'_{\mathrm{L}}\dot{U}_{\mathrm{b'e}} = \frac{r_{\mathrm{b'e}}}{R_{\mathrm{b}} + r_{\mathrm{be}}}(-g_{\mathrm{m}}R'_{\mathrm{L}})\frac{1}{1 + \mathrm{j}\omega R C'_{\pi}}\dot{U}_{\mathrm{i}} \tag{3-15}$$

令 $f_{\mathrm{H}} = \dfrac{1}{2\pi\tau} = \dfrac{1}{2\pi R C'_{\pi}}$，由式（3-11）和式（3-15）得

$$\dot{A}_{u\mathrm{h}} = \frac{\dot{U}_{\mathrm{o}}}{\dot{U}_{\mathrm{i}}} = \dot{A}_{u\mathrm{m}}\frac{1}{1 + \mathrm{j}\omega R C'_{\pi}} = \dot{A}_{u\mathrm{m}}\frac{1}{1 + \mathrm{j}\dfrac{f}{f_{\mathrm{H}}}} \tag{3-16}$$

由式（3-16）可以看出，放大电路的高频段相当于低通电路。

3.3.4　完整的频率响应

根据中频段、低频段和高频段的电压放大倍数表达式，可以综合得出完整的单管共射放大电路的电压放大倍数表达式，即

$$\dot{A}_u = \dot{A}_{u\mathrm{m}}\frac{1}{\left(1 + \dfrac{f_{\mathrm{L}}}{\mathrm{j}f}\right)\left(1 + \mathrm{j}\dfrac{f}{f_{\mathrm{H}}}\right)} = \dot{A}_{u\mathrm{m}}\frac{\mathrm{j}\dfrac{f}{f_{\mathrm{L}}}}{\left(1 + \mathrm{j}\dfrac{f}{f_{\mathrm{L}}}\right)\left(1 + \mathrm{j}\dfrac{f}{f_{\mathrm{H}}}\right)} \tag{3-17}$$

由于 f_{L} 很小，f_{H} 很大，中频时 $\dfrac{f_{\mathrm{L}}}{f} \approx 0$，$\dfrac{f}{f_{\mathrm{H}}} \approx 0$，式（3-17）变为 $\dot{A}_u = \dot{A}_{u\mathrm{m}}$；低频时 $\dfrac{f}{f_{\mathrm{H}}} \approx 0$，式（3-17）变为 $\dot{A}_u = \dot{A}_{u\mathrm{m}}\dfrac{1}{1 + \dfrac{f_{\mathrm{L}}}{\mathrm{j}f}} = \dot{A}_{u\mathrm{l}}$；高频时 $\dfrac{f_{\mathrm{L}}}{f} \approx 0$，式（3-17）变为 $\dot{A}_u = \dot{A}_{u\mathrm{m}} \cdot \dfrac{1}{1 + \mathrm{j}\dfrac{f}{f_{\mathrm{H}}}} = \dot{A}_{u\mathrm{h}}$，因此式（3-17）可以表示共射放大电路的全频带电压放大倍数。

根据 3.1 节介绍的高通电路和低通电路波特图的画法，可以画出单管共射放大电路的波特图如图 3-14 所示。由图 3-14 可以看出，幅频特性由三段折线构成，中频段在 f_{L} 和 f_{H} 之间为一条高度等于 $20\lg|\dot{A}_{u\mathrm{m}}|$ 的直线；低频段从拐点 f_{L} 开始为一条斜率为 20dB/十倍频程的直线；高频段从拐点 f_{H} 开始为一条斜率为 -20dB/十倍频程的直线。相频特性由五段

折线构成，中频段由于共射放大电路的反相作用，从 $10f_L$ 到 $0.1f_H$ 为一条 $\varphi=-180°$ 的水平直线；低频段相当于高通电路，相位超前，自拐点 $0.1f_L$ 到拐点 $10f_L$ 是一条斜率为 $-45°$/十倍频程的直线，高频段相当于低通电路，相位滞后，自拐点 $0.1f_H$ 到拐点 $10f_H$ 也是一条斜率为 $-45°$/十倍频程的直线。

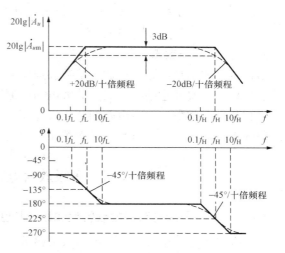

图 3-14　单管共射放大电路的波特图

画单管共射放大电路的波特图时，关键在于求出电路的 $\dot{A}_{um}$、f_L 和 f_H。其中，f_L 取决于低频段耦合电容所在回路的时间常数，f_H 取决于高频段极间电容所在回路的时间常数。只要正确画出低频段和高频段的交流等效电路，算出电容所在回路的时间常数，就可以顺利画出放大电路的波特图。

【例 3-1】　已知某单管放大电路的波特图如图 3-15 所示，试写出 $\dot{A}_u$ 的表达式。

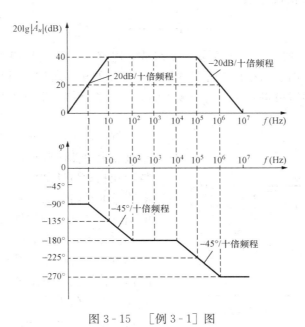

图 3-15　[例 3-1] 图

解　观察波特图可知，中频电压增益 $20\lg|\dot{A}_{um}|=40$ dB，由于中频段的相位为 $-180°$，所以中频放大倍数 $\dot{A}_{um}=-100$；因为幅频特性的拐点对应的频率即为上、下限截止频率，所以该电路的 $f_L=10$ Hz，$f_H=10^5$ Hz。故 $\dot{A}_u$ 的表达式为

$$\dot{A}_u \approx \frac{-100}{\left(1+\frac{10}{\mathrm{j}f}\right)\left(1+\mathrm{j}\frac{f}{10^5}\right)} \quad 或\dot{A}_u \approx \frac{-10\mathrm{j}f}{\left(1+\mathrm{j}\frac{f}{10}\right)\left(1+\mathrm{j}\frac{f}{10^5}\right)}$$

3.3.5 增益带宽积

增益带宽积是指中频电压放大倍数和通频带的乘积，是表征放大电路综合性能优劣的一个性能指标。需要注意的是，展宽放大电路的通频带与提高放大倍数之间是矛盾的，因为增益带宽积是一个常数。放大电路的通频带越宽，放大倍数就会越低，因此在信号频率范围已知的前提下，放大电路具有与信号频率相对应的通频带即可，不必盲目追求宽频带。

3.4 多级放大电路的频率响应

3.4.1 多级放大电路的幅频特性和相频特性

设多级放大电路中每一级的电压放大倍数分别为 $\dot{A}_{u1}, \dot{A}_{u2}, \cdots, \dot{A}_{un}$，则总的电压放大倍数 $\dot{A}_u = \dot{A}_{u1} \cdot \dot{A}_{u2} \cdots \cdot \dot{A}_{un}$。

对上式取绝对值后再取对数，得到多级放大电路的对数幅频特性为

$$20\lg|\dot{A}_u| = 20\lg|\dot{A}_{u1}| + 20\lg|\dot{A}_{u2}| + \cdots + 20\lg|\dot{A}_{un}| = \sum_{k=1}^{n} 20\lg|\dot{A}_{uk}| \quad (3-18)$$

多级放大电路的相频特性为

$$\varphi = \varphi_1 + \varphi_2 + \cdots + \varphi_n = \sum_{k=1}^{n} \varphi_k \quad (3-19)$$

由式（3-18）和式（3-19）可知，多级放大电路的对数幅频特性等于其单级放大电路幅频特性的代数和，而总的相移也等于各级放大电路的相移之和。因此，只要将各级电路的波特图画在一起，然后再将对应于同一频率的纵坐标值叠加，即可绘制出多级放大电路的波特图。

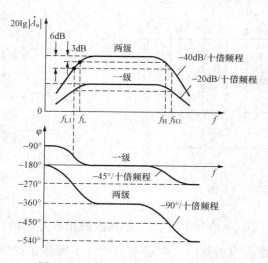

例如，某两级放大电路由两个完全相同的单级放大电路级联而成，单级放大电路的幅频特性和相频特性如图 3-16 所示。画两级放大电路总的波特图时，只需将原来单级放大电路的幅频特性和相频特性每个频率点的纵坐标增大一倍即可，如图 3-16 所示。

由图 3-16 可以看出，对应于单级放大电路幅频特性上、下限截止频率（f_{L1} 和 f_{H1}）处下降 3dB，在两级放大电路幅频特性上、下限截止频率处将下降 6dB。比较两级放大电路的上、下限截止频率 f_L 和 f_H 与单级放大电路的上、下限截止频率 f_{L1} 和 f_{H1}，显然 $f_L > f_{L1}$，$f_H < f_{H1}$，因此两级放大电路的通频带比组成它的每一级电路的通频带都窄。

图 3-16 某两级放大电路的波特图

3.4.2　多级放大电路的截止频率的估算

经证明，多级放大电路的上限截止频率与各单级放大电路上限截止频率之间存在以下关系

$$\frac{1}{f_{\mathrm{H}}} \approx 1.1 \sqrt{\frac{1}{f_{\mathrm{H1}}^2} + \frac{1}{f_{\mathrm{H2}}^2} + \cdots + \frac{1}{f_{\mathrm{H}n}^2}} \tag{3-20}$$

多级放大电路的下限截止频率与各单级放大电路下限截止频率之间存在以下关系

$$f_{\mathrm{L}} \approx 1.1 \sqrt{f_{\mathrm{L1}}^2 + f_{\mathrm{L2}}^2 + \cdots + f_{\mathrm{L}n}^2} \tag{3-21}$$

在多级放大电路中，若某级放大电路的下限截止频率远高于其他各级的下限截止频率，则可以认为总的下限截止频率近似等于该级的下限截止频率；若某级放大电路的上限截止频率远低于其他各级的上限截止频率，则可以认为整个电路的上限截止频率近似等于该级的上限截止频率。

【例 3-2】　已知某多级放大电路的幅频特性波特图如图 3-17 所示，试写出 $\dot{A}_u$ 的表达式。

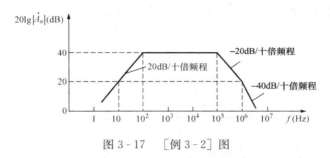

图 3-17　〔例 3-2〕图

解　观察波特图可知，中频电压增益 $20\lg |\dot{A}_{um}| = 40\mathrm{dB}$，由于题中未给出相频特性，所以中频放大倍数 $\dot{A}_{um} = \pm 100$；因为幅频特性的低频段有一个拐点，且斜线斜率为 20dB/十倍频程，说明该电路只有一个耦合或旁路电容，所以该电路的下限截止频率为 $f_{\mathrm{L}} = 100\mathrm{Hz}$；而高频段有两个拐点，且斜线的最高斜率为 $-40\mathrm{dB}$/十倍频程，说明该电路为两级放大电路，即存在两个极间电容，这两个电容对应两个不同的上限截止频率 $10^5\mathrm{Hz}$ 和 $10^6\mathrm{Hz}$，由于前者远比后者小，所以整个电路的上限截止频率 $f_{\mathrm{H}} = 10^5\mathrm{Hz}$。

故 $\dot{A}_u$ 的表达式为

$$\dot{A}_u \approx \frac{\pm 100}{\left(1 + \frac{100}{\mathrm{j}f}\right)\left(1 + \mathrm{j}\frac{f}{10^5}\right)\left(1 + \mathrm{j}\frac{f}{10^6}\right)} \text{ 或} \dot{A}_u \approx \frac{\pm \mathrm{j}f}{\left(1 + \mathrm{j}\frac{f}{100}\right)\left(1 + \mathrm{j}\frac{f}{10^5}\right)\left(1 + \mathrm{j}\frac{f}{10^6}\right)}$$

3.5　Multisim 应用举例

本节采用 Multisim 软件对放大电路进行仿真分析。

1. 仿真电路

仿真电路如图 3-18（a）所示。

2. 仿真内容

（1）耦合电容 $C = 100\mu\mathrm{F}$ 时电路的频率响应测试。完成耦合电容 $C = 100\mu\mathrm{F}$ 时电路的中

频电压增益、下限截止频率和上限截止频率的测试，如图 3‑18（b）～（d）所示。

（2）耦合电容 $C=10\mu F$ 时电路的频率响应测试。采用同样的方法测试耦合电容 $C=10\mu F$ 时电路的中频电压增益、下限截止频率和上限截止频率。

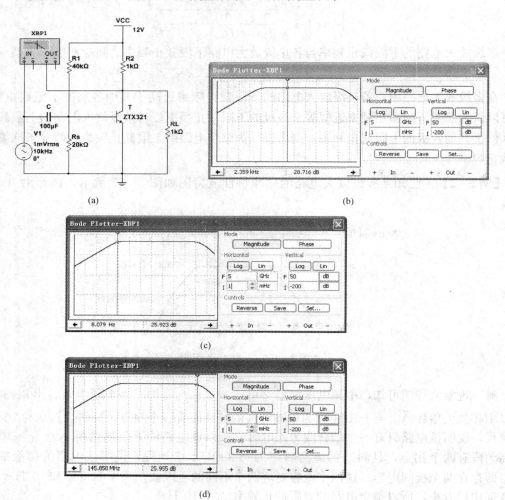

图 3‑18　放大电路的频率响应的测试

（a）仿真电路；（b）中频电压增益的测试；（c）下限截止频率的测试；（d）上限截止频率的测试

3. 仿真结果

放大电路的频率响应测量结果见表 3‑3。

表 3‑3　　　　　　　　　　　放大电路的频率响应的测试结果

C（μF）	中频电压增益（dB）	下限截止频率（Hz）	上限截止频率（MHz）
100	28.716	8.079	145.858
10	28.716	76.598	145.858

4. 结论

（1）由于耦合电容和极间电容的影响，进入高频段和低频段之后放大电路的放大倍数均有所下降。

（2）放大电路中耦合电容 C 的容值影响电路的下限截止频率，C 越大，下限截止频率越小。

习 题

3-1 填表 3-4。

表 3-4   题 3-1

$\lvert \dot{A}_u \rvert$	0.01	0.1	0.707	10	100	1000
$20\lg \lvert \dot{A}_u \rvert$ (dB)						

3-2 填空题。

（1）当信号频率等于 f_L 或 f_H 时，放大电路的放大倍数下降约_____dB，即放大倍数下降为中频时的_____。

（2）在研究放大电路的频率响应时应采用放大管的_____模型。

（3）在低频信号作用下，_____电容会使放大电路的放大倍数下降，且产生超前相移；在高频信号作用下，_____电容会使放大电路的放大倍数下降，且产生滞后相移。

（4）从单管共射放大电路的波特图可以看出，放大电路在低频段相当于_____电路，在高频段相当于_____电路。

（5）单管共射放大电路放大倍数在中频时的相角为_____，当 $f=f_L$ 时，相角为_____，当 $f=f_H$ 时，相角为_____；单管共集放大电路放大倍数在中频时的相角为_____，当 $f=f_L$ 时，相角为_____，当 $f=f_H$ 时，相角为_____。

3-3 已知电路的电压放大倍数

$$\dot{A}_u = \frac{-\mathrm{j}f}{\left(1+\mathrm{j}\dfrac{f}{100}\right)\left(1+\mathrm{j}\dfrac{f}{10^6}\right)}$$

试写出该电路的 $\dot{A}_{um}$、f_L、f_H，并画出波特图。

3-4 已知单管共射放大电路的波特图如图 3-19 所示，试写出该电路电压放大倍数的表达式。

3-5 若三级放大电路中各级放大电路的中频电压增益分别为 20、30dB 和 10dB，则该电路总的中频电压增益为多少分贝？该电路的中频电压放大倍数等于多少？

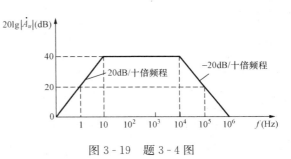

图 3-19 题 3-4 图

3-6　已知电路的电压放大倍数

$$\dot{A}_u = \frac{100\mathrm{j}f}{\left(1+\mathrm{j}\frac{f}{10}\right)\left(1+\mathrm{j}\frac{f}{10^4}\right)\left(1+\mathrm{j}\frac{f}{10^5}\right)}$$

（1）该电路为几级放大电路？

（2）试写出电路的 $\dot{A}_{um}$、f_L、f_H。

（3）画出电路的波特图。

4 集成运算放大电路及其应用

集成电路是 20 世纪发展起来的一种新型电路。集成运算放大电路实际上就是制作在一块硅片上的完整的直接耦合多级放大电路。随着电子技术的迅猛发展，集成运算放大电路的应用成为模拟电子技术基础的重要内容之一。本章将介绍集成运算放大电路概述，差分放大电路，集成运放的性能指标、两个工作区、线性应用电路等内容。

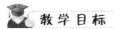

教学目标

1. 了解集成运放的特点和组成。

2. 掌握差模信号和共模信号的概念；集成运放的符号；理想运放的性能指标；理想运放处于线性区的特点。

3. 熟练掌握差分放大电路的静态和动态分析方法。

4. 熟练掌握比例电路、求和电路、加减运算电路的组成和运算关系。

5. 熟练掌握积分电路的组成和运算关系，能够根据输入波形画出积分电路的输出波形。

4.1 集成运算放大电路概述

集成电路是指将晶体管、场效应晶体管、二极管、电阻、小电容以及电路连线经氧化、光刻、扩散、外延、蒸铝等集成制造工艺集中制作在一片硅片上，并焊接封装在一个管壳内的具有特定功能的电路。最初的集成电路主要用于加、减、积分、微分等运算，因此称为集成运算放大电路，简称集成运放或运放。集成运放广泛应用于模拟信号的运算、处理和发生电路，因其体积小、质量轻、性价比高，多数情况下已经取代分立元件构成的放大电路。

集成运放的主要特点包括：

（1）集成运放是高增益的多级放大电路。

（2）集成运放采用直接耦合方式。

（3）集成运放采用集成电路技术，电路复杂但体积小、质量轻。

（4）集成运放的输入级采用高性能的差分放大电路，能有效地抑制温度漂移。

集成运放通常由输入级、中间级、输出级和偏置电路组成。其框图如图 4-1 所示。输入级的作用是提供与输出端呈同相和反相关系的两个输入端，同时要有效抑制温度漂移，并具有较大的输入电阻，因此输入级采用高性能的差分放大电路；中间级要具有强

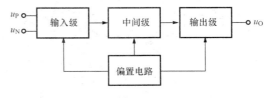

图 4-1 集成运放框图

大的电压放大能力，以提高整个电路的电压放大倍数，多采用以复合管为核心，带有源负载的共射放大电路；输出级应具有输出电阻小，带负载能力强的特点，一般采用互补功率放大电路；偏置电路的作用则是给各级放大电路提供合适并且稳定的静态工作电流，以保证各级

电路正常工作。与分立元件不同的是，集成运放采用各种电流源电路为电路提供静态电流。

4.2　差 分 放 大 电 路

差分放大电路又称为差动放大电路，其功能为放大两个输入信号之差。差分放大电路是一种直接耦合放大电路，具有良好的电路对称性，能够有效地抑制零点漂移，常应用于集成电路作为输入级。

4.2.1　零点漂移现象

从理论上讲，当一个直接耦合放大电路的输入信号为零时，其输出电压应该是一个恒定的直流值，然而实际调试时发现当输入信号为零时，输出电压会偏离原电压而上下漂动，这种现象称为零点漂移。实际上，零点漂移是一种噪声信号，会导致漂移信号和有效信号无法分辨，严重时漂移电压会淹没有效信号，使放大电路无法工作。

引起零点漂移的原因及解决方法如下：

（1）电源电压的波动。放大电路中的晶体管或场效应晶体管的静态参数都跟直流电源的数值密切相关，因此电源电压波动时就会引起零点漂移现象。使用高质量的稳压电源可以有效抑制由电源电压不稳定引起的零点漂移。

（2）元器件老化。电路中的元器件使用时间过长，其参数会产生变化，导致零点漂移现象出现。使用经过老化试验的元器件或新的元器件可以抑制元器件老化引起的零点漂移。

（3）温度漂移。简称温漂。实际上，温度漂移是影响晶体管参数的最主要的原因。出现温度漂移之后可以像静态工作点稳定电路那样引入直流负反馈来稳定静态工作点，也可以利用对温度比较敏感的元器件对电路进行温度补偿，还可以利用电路的对称性使电路的温度漂移相互抵消，即用差分放大电路来抑制温漂。

4.2.2　长尾式差分放大电路

1. 电路组成

长尾式差分放大电路由两个参数、结构完全相同的共射放大电路组成，基极电阻均为 R_b，集电极电阻均为 R_c，且两个晶体管的发射极接入公共电阻 R_e，电路如图 4 - 2 所示。由

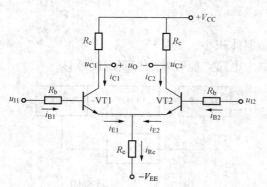

图 4 - 2　长尾式差分放大电路

于电阻 R_e 形如一条长长的尾巴，因此这种电路称为长尾式差分放大电路。图中，VT1和 VT2 的特性与参数相同，其外接基极和集电极电阻也相同，VT1 和 VT2 的射极电阻实际上相当于静态工作点稳定电路中的射极电阻，只是此处将两个晶体管的射极电阻合二为一，这样抑制温漂的效果会更加明显。

2. 抑制温漂原理

当输入电压 $u_{I1}=u_{I2}=0$ 时，即电路处于静态时，因为 VT1 与 VT2 的特性完全相同，其外接电阻也都相同，因此集电极对地电位 $U_{CQ1}=U_{CQ2}$，即静态输出电压 $U_O=0$。如果温度升高，则 I_{CQ1} 和 I_{CQ2} 会同时变大，导致两个集电极电阻上的压降变大，从而使 U_{CQ1} 和 U_{CQ2} 同

时变小，而且变小的量也相等，所以 $U_O = U_{CQ1} - U_{CQ2} = 0$。也就是说，无论温度如何变化，两个晶体管的集电极电流和集电极电位始终相等，从而有效地利用电路的对称性消除了放大电路在输出端的零点漂移。当然，因为两个晶体管及其外接电阻不可能完全对称，所以温漂也不能完全消除，只能说该电路可以将温漂抑制到最小。

3. 差模信号与共模信号

差分放大电路的交流输入信号有两种：一种是差模信号；另一种是共模信号。

共模信号指的是 u_{I1} 与 u_{I2} 大小相等、极性相同。在共模信号作用下，由于电路参数的对称性，VT1 和 VT2 的集电极电流的变化量及变化方向相同，导致集电极电压的变化量和变化方向相同，因此输出电压的变化量 $\Delta u_O = \Delta u_{C1} - \Delta u_{C2} = 0$。由以上分析可知，差分放大电路对共模信号有抑制作用。实际上，由于差分电路中两个晶体管处于同一个工作环境，因此温度变化对晶体管的影响相同，产生的变化也相同，这就相当于给电路加上一对共模信号，差分放大电路抑制共模信号的能力越强，抑制温漂的能力也就越强。共模信号对差分放大电路来说是干扰信号也是无用信号。

差模信号指的是 u_{I1} 与 u_{I2} 大小相等、极性相反。在差模信号的作用下，由于电路参数的对称性，VT1 和 VT2 的集电极电流的变化量相等，但变化方向相反，导致集电极电位的变化量相等，变化方向也相反，即 $\Delta u_{C1} = -\Delta u_{C2}$，因此输出电压的变化量 $\Delta u_O = \Delta u_{C1} - \Delta u_{C2} = 2\Delta u_{C1}$。也就是说，在差模信号的作用下，输出电压的变化量为每个晶体管集电极电位变化量的两倍，这说明差分放大电路对差模信号有放大作用，差模信号对差分放大电路来说是有用信号。

需要注意的是，发射极电阻 R_e 引入的是共模负反馈。在共模信号作用下，该电阻就像静态工作点稳定电路的发射极电阻一样，利用负反馈抵消晶体管集电极电流的变化，而且 R_e 引入的共模负反馈会大大降低电路的共模放大倍数。因为温漂信号相当于共模信号，当温漂信号出现时，R_e 将起到抑制共模信号和稳定静态工作点的作用。然而在差模信号作用时，R_e 上流过的电流为两个晶体管的发射极电流之和，但由于两个晶体管发射极电流大小相等，方向相反，导致该电阻的电流变化为零，电压变化也为零，晶体管发射极对地电位是一个固定值，因此在差模信号作用下 R_e 相当于交流短路，反馈消失，不影响差模信号的放大。

若差分放大电路中两个晶体管各自带一个发射极电阻，则在这两个电阻上势必会消耗有用的交流电压，减小电路的差模放大倍数，而二者合二为一之后该发射极电阻仍然起到抑制温漂的作用，而在差模有用信号作用时，该电阻却相当于短路，因而大大提高了电路放大差模信号的能力，这正是该电路设计的巧妙之处。

4. 静态分析

因静态参数较多，为书写方便，以下对所有差分放大电路静态参数的分析均略去脚标 Q。

当输入电压 u_{I1} 与 u_{I2} 均为零时，差分放大电路处于静态。因为 R_e 上流过的电流为两个晶体管发射极电流之和，所以 VT1 输入回路的电压关系为

$$V_{EE} = I_{B1}R_b + U_{BE1} + 2I_{E1}R_e \qquad (4-1)$$

因 R_b 阻值很小（有的电路会不加 R_b），且电阻上的基极电流也很小，因此式（4-1）中 $I_{B1}R_b$ 一项可忽略不计。又因为电路参数对称，则 $U_{BE1} = U_{BE2} = U_{BE}$，$\beta_1 = \beta_2 = \beta$，且静态

分析时一般认为晶体管的集电极电流和发射极电流近似相等，所以晶体管的集电极电流为

$$I_{C1} = I_{C2} = I_C \approx I_E = \frac{V_{EE} - U_{BE}}{2R_e} \tag{4-2}$$

因静态时 u_{I1} 与 u_{I2} 均为零，所以电路中晶体管的基极电位为

$$U_{B1} = U_{B2} = -I_{B1}R_b \approx 0 \tag{4-3}$$

由于放大状态的 NPN 型晶体管基极电位总是比发射极电位高 U_{BE}，则晶体管的发射极电位为

$$U_{E1} = U_{E2} = -U_{BE} \tag{4-4}$$

晶体管的集电极电位为

$$U_{C1} = U_{C2} = V_{CC} - I_C R_c \tag{4-5}$$

由式（4-2）和式（4-5）可知，只要合理选择 R_e 并与 V_{EE} 相配合，就可以给晶体管设置合适的集电极电流和电位，从而使晶体管处于正常放大状态。

需要注意的是，当该电路的输出端接入负载电阻 R_L 时，因为电路的输入回路和输出回路均对称，所以 $U_{C1} = U_{C2}$，使负载电阻上无电流流过，以上所有静态参数均不变，即接入负载并不影响差分放大电路的静态工作点。

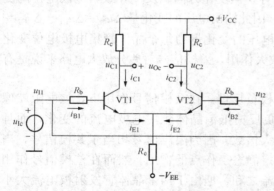

图 4-3　输入共模信号的长尾式差分放大电路

5. 共模信号作用时的动态分析

若输入信号 $u_{I1} = u_{I2} = u_{Ic}$，则电路输入的是共模信号，如图 4-3 所示。图中，u_{Ic} 和 u_{Oc} 的下标 "c" 代表共模信号。

共模放大倍数用来描述差分放大电路对共模信号的放大能力，其定义为

$$A_c = \frac{\Delta u_{Oc}}{\Delta u_{Ic}} \tag{4-6}$$

A_c 越小说明电路抑制共模信号的能力越强，抑制温漂的能力也就越强，因此，A_c 越小越好。

需要注意的是，因为差分放大电路为直接耦合方式，既能放大交流信号又能放大直流信号，所以在计算动态参数时电压量和电流量不再用交流有效值而是采用瞬时值的变化量来表示。

共模输入时两个晶体管所外加的输入信号相等，若电路参数完全对称，则共模信号引起的晶体管的电流和电位的变化量均相等，因此该电路的共模放大倍数为

$$A_c = \frac{\Delta u_{Oc}}{\Delta u_{Ic}} = \frac{\Delta u_{C1} - \Delta u_{C2}}{\Delta u_{Ic}} = 0 \tag{4-7}$$

式（4-7）说明，在电路参数对称的理想情况下，该电路可以完全抑制共模信号，使 $A_c = 0$；若电路参数稍有差别，共模放大倍数也会很小。

6. 差模信号作用时的动态分析

若在输入端 u_{I1} 和 u_{I2} 之间加入 u_{Id}，因为两个晶体管的输入回路完全对称，整个 u_{Id} 经过分压之后，外加给 VT1 基极的电压为 $+u_{Id}/2$，外加给 VT2 基极的电压刚好为 $-u_{Id}/2$，因此整个电路相当于加了一对差模信号。输入差模信号的差分放大电路如图 4-4（a）所示。

图中，u_{Id} 和 u_{Od} 的下标 "d" 代表差模信号输入。为了动态分析更加全面，图 4 - 4（a）所示电路在输出端加入了负载电阻 R_L。

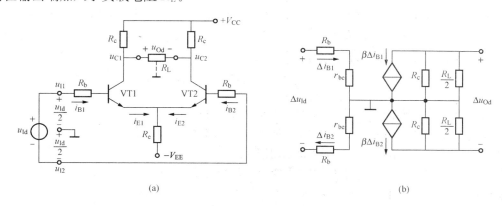

图 4 - 4　输入差模信号的长尾式差分放大电路及其等效电路

（a）电路组成；（b）交流等效电路

对差分放大电路来说，差模信号才是有用信号，所以差分放大电路外加差模信号时的动态分析显得尤为重要。在动态分析中，着重分析的是电路的差模放大倍数、差模输入电阻和输出电阻。其中，差模放大倍数用来描述差分放大电路对差模信号的放大能力，其定义为

$$A_d = \frac{\Delta u_{Od}}{\Delta u_{Id}} \tag{4-8}$$

与共模放大倍数刚好相反，A_d 越大越好，越大说明电路放大差模信号的能力越强。

在前面介绍差模信号时曾提到由于差模信号大小相等、极性相反，导致晶体管的电流和电压的变化量相等，但变化方向相反，而 R_e 上流过的是两管的发射极电流之和，所以 R_e 上流过的电流不变，相当于交流短路，而且晶体管的发射极对地电位为固定值，相当于交流"地"。在差模信号作用下，一个晶体管的集电极电位降低时，另一个晶体管的集电极电位一定升高，二者变化量相等，变化方向相反，所以连接在两个晶体管集电极间的负载电阻 R_L 的中点电位不变，即在 $R_L/2$ 处相当于交流"地"。

由于电路参数对称，$\beta_1 = \beta_2 = \beta$，$r_{be1} = r_{be2} = r_{be}$，由此画出电路的交流等效电路如图 4 - 4（b）所示。交流等效电路中输入回路对称，使得 $\Delta i_{B1} = \Delta i_{B2} = \Delta i_B$，故有 $\Delta u_{Od} = -2\beta \Delta i_B \left(R_c // \frac{R_L}{2} \right)$，$\Delta u_{Id} = 2\Delta i_B (R_b + r_{be})$，则电路的差模放大倍数为

$$A_d = \frac{\Delta u_{Od}}{\Delta u_{Id}} = -\frac{\beta \left(R_c // \dfrac{R_L}{2} \right)}{R_b + r_{be}} \tag{4-9}$$

虽然差模信号作用时输出电压的变化量为两晶体管变化量的两倍，但是输入电压的变化量也变成了两倍，所以该电路的差模放大倍数与单管放大电路的放大倍数相当，这说明差分放大电路是"牺牲"了一个晶体管的放大倍数来换取抑制温漂的能力。

从电路的输入端向放大电路内部看，电路的差模输入电阻为

$$R_i = 2(R_b + r_{be}) \tag{4-10}$$

去掉负载之后，从电路的输出端向里看到的等效电阻即为电路的差模输出电阻，其表达式为

$$R_o = 2R_c \qquad\qquad (4-11)$$

7. 共模抑制比

由上述分析可知，差分放大电路有两种交流输入信号，分别是共模信号和差模信号，所以差分放大电路的放大倍数也有两个，分别是共模放大倍数和差模放大倍数，为体现电路对共模信号的抑制能力，引入共模抑制比，其定义为

$$K_{CMR} = \left| \frac{A_d}{A_c} \right| \qquad\qquad (4-12)$$

显然，电路的共模抑制比越大越好，越大说明电路对共模信号（包括温漂信号）的抑制能力越强，电路的性能越好。如果长尾式差分电路的参数完全对称，则 $A_c = 0$，$K_{CMR} = \infty$，当然这是理想状态，实际上 K_{CMR} 不可能真正无穷大，而是一个很大的有限值。

在应用长尾式差分放大电路时，电路参数不可能做到完全匹配，为保证输入电压为零时静态输出电压等于零，电路中经常接入调零电位器 R_P。下面举例说明。

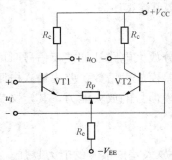

图 4-5　带调零电位器的
差分放大电路

【例 4-1】　带调零电位器 R_P 的差分放大电路如图 4-5 所示，已知 R_P 的滑动端在中点，$U_{BE1} = U_{BE2} = U_{BE}$，$\beta_1 = \beta_2 = \beta$，$r_{be1} = r_{be2} = r_{be}$，求解晶体管的静态集电极电流 I_{C1}、I_{C2}，静态集电极电位 U_{C1}、U_{C2}，以及电路的差模放大倍数 A_d、输入电阻 R_i 和输出电阻 R_o。

解　（1）静态分析求解 I_{C1}、I_{C2}、U_{C1} 和 U_{C2}。当输入电压短路，且输入端电压 u_{I1} 与 u_{I2} 均为零时，电路处于静态。R_e 上流过的电流为两个晶体管发射极电流之和，所以输入回路的电压关系为

$$V_{EE} = U_{BE} + I_E \frac{R_P}{2} + 2I_E R_e$$

晶体管的集电极电流为

$$I_{C1} = I_{C2} = I_C \approx I_E = \frac{V_{EE} - U_{BE}}{2R_e + \dfrac{R_P}{2}}$$

晶体管的集电极电位为

$$U_{C1} = U_{C2} = V_{CC} - I_C R_c$$

（2）动态分析求解 A_d、R_i 和 R_o。画出电路的交流等效电路如图 4-6 所示。

通过交流等效电路求解动态参数如下

$$A_d = -\frac{\beta R_c}{r_{be} + (1+\beta) \dfrac{R_P}{2}}$$

$$R_i = 2r_{be} + (1+\beta) R_P$$

$$R_o = 2R_c$$

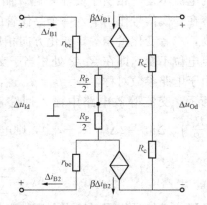

图 4-6　带调零电位器的差分放大电路的
交流等效电路

4.2.3　差分放大电路的四种接法

长尾式差分放大电路的输入端和输出端都没有接"地"，所以电路为双端输入、双端输出接法。由于电路输入和输出端悬空，很容易产生干扰，而且很多情况下需要放大电路的输入端和输出端接"地"。根据输入、输出端的连接方式，差分放大电路分为四种接法，分别是：双端输入、双端输出；单端输入、双端输出；双端输入、单端输出；单端输入、单端输出。

以上分析的长尾式差分放大电路即为双端输入、双端输出的接法，其分析方法不再赘述。下面介绍另外几种接法的电路分析方法。

1. 双端输入、单端输出电路

由于差分放大电路常用作集成运算放大电路的输入级，而第二级通常是共射放大电路，需要对"地"的输入电压，所以作为输入级的差分放大电路必须是单端输出接法。双端输入、单端输出电路如图 4-7 所示。从图中可以看出，单端输出的优点是输出端一端接地，便于与其他基本放大电路连接。

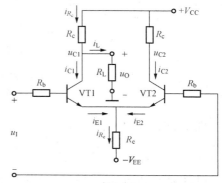

图 4-7　双端输入、单端输出差分放大电路

（1）静态分析。因为电路的输入回路与长尾式差分放大电路相同，所以有

$$I_{C1} = I_{C2} \approx \frac{V_{EE} - U_{BEQ}}{2R_e} \tag{4-13}$$

上式与式（4-2）相同，同理 U_{B1}、U_{B2}、U_{E1}、U_{E2} 的计算同式（4-3）和式（4-4）。由于负载未接在 VT2 集电极，所以 VT2 集电极电位与长尾式差分放大电路也相同，即

$$U_{C2} = V_{CC} - I_{C2}R_c \tag{4-14}$$

此电路的负载电阻只接在 VT1 集电极，而且负载上有电流流过，所以 U_{C1} 与长尾式差分电路不同。VT1 的集电极为一个节点，由基尔霍夫电流定律可知，流入这一节点的电流应该等于流出该节点的电流之和，因此有

$$I_{R_c} = I_{C1} + I_L \tag{4-15}$$

即

$$\frac{V_{CC} - U_{C1}}{R_c} = I_{C1} + \frac{U_{C1}}{R_L} \tag{4-16}$$

由式（4-16）推导出 U_{C1} 的计算公式为

$$U_{C1} = \frac{R_L}{R_c + R_L}V_{CC} - I_{C1}(R_c // R_L) \tag{4-17}$$

（2）共模信号作用时的动态分析。加入共模信号的双端输入、单端输出电路及其交流等效电路如图 4-8 所示。电路的输入端电压 $u_{I1} = u_{I2} = u_{Ic}$，说明电路加入了大小相等、极性相同的共模信号。需要注意的是，图 4-8（a）所示电路的发射极电阻不再连接在一起，而是分开并且阻值从 R_e 变为 $2R_e$。这是因为在共模信号作用下两晶体管的发射极电流必然大小相等，方向相同，即 R_e 上电流的变化量是单管电流变化量的两倍，如果将原本连接在一起的发射极电阻 R_e 等效到每个晶体管的发射极上就变成了 $2R_e$。因为两个晶体管都加入了相同的输入信号 u_{Ic}，而输出信号 u_{Oc} 却只取自 VT1 的集电极，所以，计算电路的共模放大倍

数 A_c 时，只需要画出 VT1 的交流等效电路即可，如图 4-8 （b）所示。

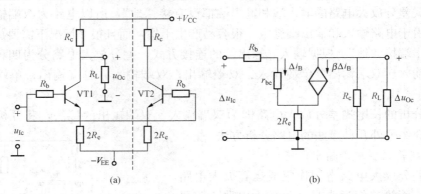

图 4-8　加入共模信号的双端输入、单端输出电路及其交流等效电路

（a）电路组成；（b）交流等效电路

电路的共模放大倍数为

$$A_c = \frac{\Delta u_{Oc}}{\Delta u_{Ic}} = -\frac{\beta(R_c//R_L)}{R_b + r_{be} + 2(1+\beta)R_e} \qquad (4-18)$$

由上述分析可知，长尾式差分电路是利用电路的对称性抑制温漂，而双端输入、单端输出差分放大电路不具有对称性，该电路抑制温漂的任务实际上由发射极电阻 R_e 完成，R_e 一方面利用负反馈原理抑制电路集电极电流和电位的变化；另一方面，共模放大倍数的分母里其中一项为 $2(1+\beta)R_e$，表明 R_e 越大，共模放大倍数越小，电路抑制温漂的能力越强，后续将要介绍的恒流源式差分电路则巧妙地利用内阻无穷大的恒流源来替代发射极电阻，使电路的共模放大倍数 $A_c \approx 0$。

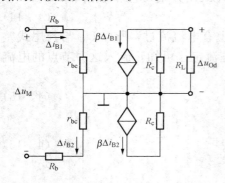

图 4-9　双端输入、单端输出电路的差模等效电路

（3）差模信号作用时的动态分析。双端输入、单端输出电路输入差模信号时的等效电路如图 4-9 所示。

加入差模信号时，由于两个晶体管的发射极电阻 R_e 上的电流变化大小相等、方向相反，R_e 仍然相当于交流短路，两晶体管的发射极和长尾式差分放大电路一样相当于交流"地"。唯一的不同之处是负载电阻只并联在 VT1 的集电极电阻之上，因此电路的差模放大倍数为

$$A_d = \frac{\Delta u_{Od}}{\Delta u_{Id}} = -\frac{\beta(R_c//R_L)}{2(R_b + r_{be})} \qquad (4-19)$$

由式（4-19）可以看出，单端输出电路的差模放大倍数基本相当于双端输出电路的 1/2（无负载时），这是因为单端输出时只能得到一个晶体管集电极电压的变化量。

由于上述电路的输入方式没有改变，因此输入电阻仍然为

$$R_i = 2(R_b + r_{be}) \qquad (4-20)$$

该电路只由 VT1 的集电极输出，因此输出电阻为双端输出电路的 1/2，即

$$R_o = R_c \qquad (4-21)$$

需要注意的是，如果单端输出电路的输出电压取自 VT2 的集电极，则电路及其差模等效电路如图 4 - 10 所示。

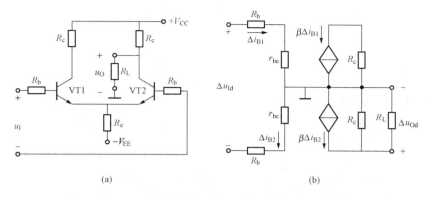

(a)

(b)

图 4 - 10 从 VT2 集电极输出的双端输入、单端输出电路及其差模等效电路

(a) 电路组成；(b) 交流等效电路

电路的差模放大倍数为

$$A_{\mathrm{d}} = \frac{\Delta u_{\mathrm{Od}}}{\Delta u_{\mathrm{Id}}} = \frac{\beta(R_{\mathrm{c}}//R_{\mathrm{L}})}{2(R_{\mathrm{b}} + r_{\mathrm{be}})} \tag{4 - 22}$$

此时电路的输入电阻与输出电阻同式（4 - 20）和式（4 - 21）。

由式（4 - 22）可以看出，当输出电压取自 VT2 时，差模放大倍数数值不变，但会由负值变为正值，这说明前者输出电压和输入电压反相，而后者输出电压与输入电压同相。也就是说，选择不同的晶体管的集电极作为输出端，可以获得不同相位的输出电压。

2. 单端输入、双端输出电路

若输入电压 u_{I} 接在某一个晶体管的基极，而另一晶体管的基极接地，则差分放大电路为单端输入方式。从图 4 - 11 (a) 可以看出，该电路为单端输入、双端输出电路。将电路的输入信号进行等效，如图 4 - 11 (b) 所示。

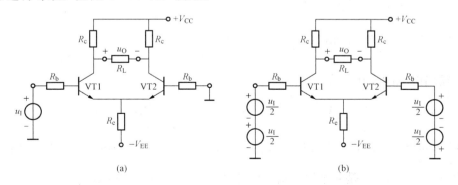

(a)

(b)

图 4 - 11 单端输入、双端输出电路

(a) 电路组成；(b) 将输入信号等效之后的电路

图 4 - 11 输入信号等效过程如下

$$u_{I1} = u_I = \frac{u_I}{2} + \frac{u_I}{2}$$

$$u_{I2} = 0 = \frac{u_I}{2} - \frac{u_I}{2}$$

↑   ↑
共   差
模   模

由上述分析可以看出，单端输入信号刚好由一对共模信号和一对差模信号叠加形成。共模输入 $u_{Ic} = u_I/2$，差模输入 $u_{Id} = u_I/2 - (-u_I/2) = u_I$，此时输出电压的变化量为

$$\Delta u_O = A_c \frac{\Delta u_I}{2} + A_d \Delta u_I \qquad\qquad (4 - 23)$$

式（4-23）中前一项为共模信号引起的输出电压变化量；后一项为差模信号引起的输出电压变化量。由于该电路是双端输出，若电路参数对称，共模放大倍数为零，共模信号引起的输出的变化量可近似为零。单端输入、双端输出电路差模信号作用时的差模放大倍数、输入电阻、输出电阻均与长尾式差分放大电路相同，此处不再赘述。

3. 单端输入、单端输出电路

单端输入、单端输出电路常忽略不输出信号的晶体管的集电极电阻，如图 4-12 所示。该电路也存在共模信号，如果电路中集电极电阻 R_c 足够大，则电路的共模放大倍数足够小，电路中共模信号引起的输出电压的变化量可以忽略，因此电路的静态和动态参数与双端输入、单端输出电路相同。

4. 输入任意信号的差分放大电路的分析

当差分放大电路输入任意信号时，输入信号等效为

$$u_{I1} = \frac{u_{I1} + u_{I2}}{2} + \frac{u_{I1} - u_{I2}}{2}$$

$$u_{I2} = \frac{u_{I1} + u_{I2}}{2} - \frac{u_{I1} - u_{I2}}{2}$$

↑   ↑
共   差
模   模

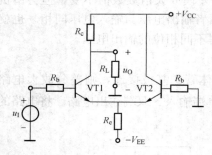

图 4-12 单端输入、单端输出电路

此时输出电压的变化量为

$$\Delta u_O = A_c \frac{u_{I1} + u_{I2}}{2} + A_d (u_{I1} - u_{I2}) = A_c u_{Ic} + A_d u_{Id} \qquad (4 - 24)$$

由式（4-24）可以看出，共模输入信号为 $u_{Ic} = \frac{u_{I1} + u_{I2}}{2}$，是两个输入信号的平均值；差模信号为 $u_{Id} = u_{I1} - u_{I2}$，是两个输入信号的差值。由以上分析可以看出，差分放大电路输入端所施加的任意形式的信号均可以分解为共模信号和差模信号的叠加，而输出端的变化量是共模信号和差模信号共同作用的结果。因为差分放大电路的共模放大倍数很小，所以共模信号引起的输出的变化量一般可以忽略不计。也就是说，此时只需要考虑差模信号的作用，分析电路的差模放大倍数、输入电阻与输出电阻即可。

四种不同接法的差分放大电路的动态参数的对比见表 4-1。

表 4 - 1　　　　　　　　　　　　不同接法的差分放大电路的动态参数

参数＼接法	双端输入双端输出	双端输入单端输出（从 VT1 集电极输出）	单端输入双端输出	单端输入单端输出（从 VT1 集电极输出）
A_d	$-\dfrac{\beta\left(R_c // \dfrac{R_L}{2}\right)}{R_b + r_{be}}$	$-\dfrac{\beta(R_c // R_L)}{2(R_b + r_{be})}$	$-\dfrac{\beta\left(R_c // \dfrac{R_L}{2}\right)}{R_b + r_{be}}$	$-\dfrac{\beta(R_c // R_L)}{2(R_b + r_{be})}$
A_c	0	$-\dfrac{\beta(R_c // R_L)}{R_b + r_{be} + 2(1+\beta)R_e}$	0	$-\dfrac{\beta(R_c // R_L)}{R_b + r_{be} + 2(1+\beta)R_e}$
R_i	$2(R_b + r_{be})$	$2(R_b + r_{be})$	$2(R_b + r_{be})$	$2(R_b + r_{be})$
R_o	$2R_c$	R_c	$2R_c$	R_c

4.2.4　恒流源式差分放大电路

　　差分放大电路中发射极电阻 R_e 的作用是引入共模负反馈，以降低电路的共模放大倍数，提高共模抑制比，尤其是在单端输出电路中，R_e 越大，共模放大倍数越小。但 R_e 不能太大，在保证晶体管静态电流为一定数值时，R_e 越大，其需要的静态电压越高，这就要求负责供电的负电源 V_{EE} 的数值越大，而电源太大对电路来讲则会带来负面影响。若存在一种电路来替代 R_e，其直流压降不大，但动态电阻却很大，就可以解决上述难题。

　　恒流源式差分放大电路采用由晶体管构成的恒流源替代 R_e 来解决上述问题，如图 4 - 13 所示。图中，R_1、R_2、R_3 和 VT3 构成静态工作点稳定电路，为 VT1 和 VT2 提供恒定的静态电流。因为晶体管 VT3 工作在放大状态，由其近似平行于横坐标的输出特性曲线可知，当 u_{CE} 变化很大时，集电极电流 i_C 却基本不变，所以此时晶体管 c、e 之间的动态等效电阻 $r_{ce} = \dfrac{\Delta u_{CE}}{\Delta i_C} \approx \infty$。

这就使得电路对共模信号的负反馈作用无穷大，使共模放大倍数 $A_c \approx 0$，从而大大提高了电路的共模抑制比。采用恒流源代替一个阻值很大的电阻，不仅使电路抑制温漂的效果有很大的提升，而且适合集成电路用晶体管替代大电阻的特点，该方法在集成运放中已经被广泛采用。

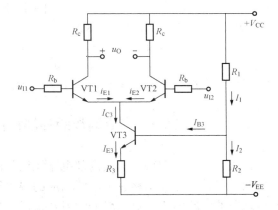

图 4 - 13　恒流源式差分放大电路

　　无论恒流源式差分放大电路的电路形式如何变化，分析静态参数时，通常从确定恒流晶体管 VT3 的集电极电流开始。因为电路参数的选取满足 $I_2 \gg I_{B3}$，所以 $I_1 \approx I_2$，电阻 R_2 上的静态电压为

$$U_{R2} \approx \frac{R_2}{R_1 + R_2}(V_{CC} + V_{EE}) \tag{4-25}$$

则 VT3 的静态电流为

$$I_{C3} \approx I_{E3} = \frac{U_{R2} - U_{BE3}}{R_3} \tag{4-26}$$

从式（4-25）和式（4-26）可以看出，只要 V_{CC}、V_{EE}、R_1、R_2 和 R_3 的数值确定，VT3 的集电极电流即为恒定电流。该电流近似等于 VT1 和 VT2 的发射极电流之和，即 $I_{C3} = I_{E1} + I_{E2}$，因此

$$I_{C1} = I_{C2} = I_C \approx \frac{I_{C3}}{2} \tag{4-27}$$

VT1 和 VT2 的集电极电位仍为

$$U_{C1} = U_{C2} = V_{CC} - I_C R_c \tag{4-28}$$

由于 R_1、R_2、R_3 和 VT3 构成恒流源电路，相当于一个阻值很大的长尾电阻，其作用是引入超强的共模负反馈，但是在差模信号作用时电流 I_{C3} 没有变化，VT1 和 VT2 的发射极仍为交流"地"。电路的差模放大倍数为

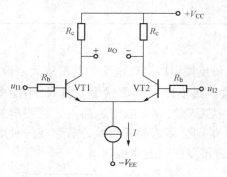

$$A_d = \frac{\Delta u_{Od}}{\Delta u_{Id}} = -\frac{\beta R_c}{R_b + r_{be}} \tag{4-29}$$

恒流源式差分放大电路的输入电阻 R_i 和输出电阻 R_o 同式（4-10）和式（4-11）。

实际上，恒流源式差分放大电路中恒流源的电路形式有很多，为了简化电路，常常不画出恒流源的具体电路，而是采用一个简化的恒流源符号来表示，如图 4-14 所示。

图 4-14　简易画法的恒流源式
差分放大电路

图 4-14 中，晶体管的静态集电极电流为

$$I_{C1} = I_{C2} = I_C \approx \frac{I}{2} \tag{4-30}$$

其余所有静态及动态参数与图 4-13 所示电路相同。

4.3　集成运放的外部特性及理想运放的性能指标

集成运放的类型很多，其内部电路无论是由差分电路构成的输入级、由共射放大电路构成的中间级、由互补功率放大电路构成的输出级还是为各电路提供静态电流的偏置电路都具有很复杂的电路形式。对一般的学习者来说，最主要的不是研究集成运放的内部电路，而是要掌握其外部特性，并能够正确分析和使用由集成运放构成的各种应用电路。

4.3.1　集成运放的符号及其低频等效电路

集成运放的符号如图 4-15（a）所示。因为输入级通常为差分电路，所以集成运放有两个输入端，其中"+"号端是同相输入端，其电位用 u_P 表示；"−"号端为反相输入端，其电位用 u_N 表示。同相输入端信号 u_P 与输出信号 u_O 相位相同，而反相输入端信号 u_N 与输出信号 u_O 相位相反。集成运放的等效电路如图 4-15（b）所示，在低频差模信号作用时，运放的输入信号 $u_I = u_P - u_N$，从集成运放的输入端看等效为一个输入电阻 R_{id}，从输出端看则等效为一个受差模输入信号控制的电压源 $A_{od}(u_P - u_N)$ 串联一个输出电阻 R_{od}。其中 A_{od} 为集成运放的开环差模增益。

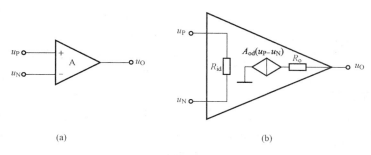

图 4-15　集成运放的符号及其等效电路

(a) 符号；(b) 等效电路

4.3.2　集成运放的主要性能指标

集成运放的性能指标有很多，下面介绍最主要的几个指标。

（1）开环差模增益 A_{od}。开环差模增益指的是运放在开环（即在输出端与输入端之间无任何外接元件连接）状态下的差模放大倍数。集成运放的 A_{od} 越大越好，通用性集成运放的 A_{od} 通常在 10^5 左右。

（2）差模输入电阻 R_{id}。差模输入电阻是从集成运放的同相输入端和反相输入端看进去的等效电阻，用来表征从信号源索取电流的大小。输入电阻 R_{id} 越大越好，性能较好的集成运放的 R_{id} 在 $1M\Omega$ 以上。

（3）输出电阻 R_o。集成运放的输出电阻是从运放输出端向运放看进去的等效电阻，也是运放的内阻，表征电路的带负载能力。输出电阻 R_o 越小越好，通常为几十欧姆到几百欧姆。

（4）共模抑制比 K_{CMR}。集成运放的共模抑制比等于差模放大倍数和共模放大倍数的比值的绝对值，即 $K_{CMR} = |A_{od}/A_{oc}|$。共模抑制比越大越好，性能好的集成运放共模抑制比可达 10^5 以上。

4.3.3　理想运放的性能指标

为了便于分析集成运放构成的各种应用电路，常常将集成运放的性能指标理想化，理想运放的主要性能指标为：

（1）开环差模电压增益 $A_{od} = \infty$。

（2）差模输入电阻 $R_{id} = \infty$。

（3）输出电阻 $R_o = 0$。

（4）共模抑制比 $K_{CMR} = \infty$。

实际的集成运放的参数虽然不能达到理想状态，但在分析集成运放的应用电路时，将实际运放视为理想运放所造成的误差，在工程上是允许的。因此在后续章节里，分析带有集成运放的电路时，均可将集成运放看作理想运放。

4.4　集成运放的两个工作区

集成运放的输出电压 u_O 与差模输入电压 $u_P - u_N$ 之间的关系称为集成运放的传输特性。由正、负两路电源供电的集成运放的传输特性如图 4-16 所示。

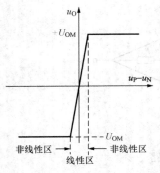

图 4-16　集成运放的传输特性

从图 4-16 可以看出，集成运放有两个工作区，分别是线性工作区和非线性工作区。

工作在线性区时，集成运放的输出电压与差模输入电压成正比，即

$$u_{\mathrm{o}} = A_{\mathrm{od}}(u_{\mathrm{P}} - u_{\mathrm{N}}) \tag{4-31}$$

当输入信号比较大时，集成运放进入非线性区，此时输出电压与输入电压不再满足上述线性关系，而是只有高、低电平两种状态。

集成运放在线性和非线性工作区有各自不同的电压和电流特点，所以集成运放有两种应用电路，一种是线性应用电路（如运算电路）；另一种是非线性应用电路（如电压比较器、非正弦波发生电路），相应电路将在第 6 章中予以介绍。

4.5　集成运放的线性应用电路

4.5.1　理想运放工作在线性区的特点

（1）"虚短"特性。集成运放工作在线性区时输出电压与输入电压的关系符合式（4-31），将集成运放视为理想运放，则 $A_{\mathrm{od}} = \infty$，因此有

$$u_{\mathrm{P}} - u_{\mathrm{N}} = \frac{u_{\mathrm{O}}}{A_{\mathrm{od}}} = 0 \tag{4-32}$$

即

$$u_{\mathrm{P}} = u_{\mathrm{N}} \tag{4-33}$$

也就是说，运放的同相输入端和反相输入端的电位相等，就像运放的输入端之间有短路线短路一样，可是集成运放的输入端并没有真正短路，所以这个特性称为"虚短"。

（2）"虚断"特性。因为集成运放的输入端等效为一个输入电阻（见图 4-15），而理想运放的输入电阻 $R_{\mathrm{id}} = \infty$，所以有

$$i_{\mathrm{P}} = i_{\mathrm{N}} = \frac{u_{\mathrm{P}} - u_{\mathrm{N}}}{R_{\mathrm{id}}} = 0 \tag{4-34}$$

也就是说，运放同相输入端和反相输入端流过的电流为零，就像输入端往里看进去出现断路一样，实际上运放的输入端并不是真正断路，所以这个特性称为"虚断"。

需要注意的是，由于开环放大倍数很大，很小的输入电压就会使运放进入非线性区，此时只有引入深度负反馈才能减小运放的净输入信号，从而保证运放始终处于线性区（有关反馈的内容将在第 5 章介绍）。只有工作在线性区的运放才有"虚短"和"虚断"的特性。

4.5.2　基本运算电路

集成运放最典型的应用电路是运算电路。运算电路中集成运放均因引入深度负反馈工作在线性区，并存在"虚短"和"虚断"特性，利用这两个特性可以分析所有运算电路的运算关系。

1. 比例运算电路

比例运算电路的输出电压与输入电压之间成比例关系，是运算电路中最简单也是最基础

的电路。其输入方式有三种：反相输入、同相输入和差分输入。

（1）反相比例运算电路。反相比例电路的典型特点是输入信号连接在运放的反相输入端，如图4-17所示。其中 R_f 为反馈电阻，自输出端向反相输入端引入负反馈；R' 为平衡电阻，并不参与运算，只起保证集成运放两个输入端（即作为运放输入级的差分放大电路的基极）向外看过去对"地"的等效电阻相等的作用，该电路中 $R'=R//R_f$。

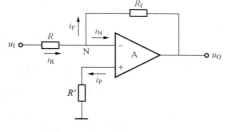

图4-17 反相比例运算电路

反相比例运算电路运算关系分析如下：

因为"虚断"，$i_P=0$，平衡电阻 R' 上没有电压，再加上"虚短"，则 $u_P=u_N=0$，说明运放的反相输入端为零电压，因其并没有真正接地，所以称 N 点为"虚地"点（实际上同相输入端也是"虚地"点）。

显然，N 点为一个电流节点，因为 $i_N=0$，由基尔霍夫电流定律可知 $i_R=i_F$，即

$$\frac{u_1}{R}=\frac{0-u_O}{R_f}$$

则该电路输出电压与输入电压的运算关系为

$$u_O=-\frac{R_f}{R}u_1 \tag{4-35}$$

需要注意的是，因为理想运放的输出电阻等于零，输出电压具有恒压特点，运放的输出端若接入负载电阻 R_L，该运算关系不变。实际上，后续介绍的所有运算电路在接入负载或者连接其他电路之后运算关系都不会发生改变。正因如此，运算电路允许具有很复杂的电路形式，分析时对多运放构成的运算电路只需将后级电路看成前级电路的负载即可。

反相比例运算电路的特点是：

1）输入信号接入反相输入端，所以比例系数为负数，说明该电路的输出电压与输入电压反相。

2）当 $R=R_f$ 时，$u_O=-u_1$，电路称为单位增益倒相器，又称为反相器。

3）输入电阻 $R_i=\dfrac{u_1}{i_R}=R$，其数值并不大，需要信号源提供足够大的电流。

4）由于 $u_P=u_N=0$，电路无共模输入，对运放的共模抑制比要求不高。

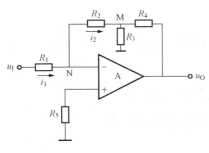

图4-18 T型网络反相比例运算电路

反相比例电路的输入电阻并不大，若既要提高电路的输入电阻，又要保证足够的放大倍数，势必要增大反馈电阻 R_f。如，若要求放大倍数为100，输入电阻 $R=100\text{k}\Omega$，则反馈电阻 R_f 取值应为 $10\text{M}\Omega$。实际上电阻取值过大，电阻的噪声变大，稳定性变差，会影响电路的运算关系。T 型网络反相比例电路解决了这一难题，如图4-18所示。

T 型网络反相比例电路运算关系分析如下：

与反相比例电路相同，N 点为"虚地"点，设 M 点的电位为 u_M，则 N 点的电流方程为

$$\frac{u_I}{R_1} = \frac{-u_M}{R_2}$$

$$u_M = -\frac{R_2}{R_1}u_I$$

从输出电压经 R_4 到 R_2、R_3 的这条输出回路看过去，因 N 为"虚地"点，在求 u_M 时可以认为 R_2 和 R_3 并联在 M 点和"地"之间。u_O 和 u_M 的比值即为 R_2 和 R_3 并联再串联 R_4 的总阻值与 R_2 和 R_3 并联阻值之比。即输出电压为

$$u_O = \frac{R_2//R_3 + R_4}{R_2//R_3}u_M = -\frac{R_2}{R_1}\left(1 + \frac{R_4}{R_2//R_3}\right)u_I = -\frac{R_2R_3 + R_2R_4 + R_3R_4}{R_1R_3}u_I \quad (4-36)$$

若要求电路的放大倍数为 -100，输入电阻 R_1 为 $100\mathrm{k\Omega}$，则 R_2 和 R_4 取值 $100\mathrm{k\Omega}$，R_3 取值应为 $1.02\mathrm{k\Omega}$。因此，在电路中电阻的阻值不太高的前提下，T 型网络反相比例电路既能保证较大的输入电阻，又能使电路获得较高的放大倍数。

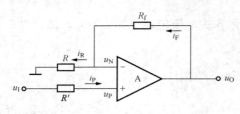

图 4-19　同相比例运算电路

（2）同相比例运算电路。与反相比例电路相反，同相比例电路的输入信号接在运放的同相输入端，如图 4-19 所示。其中 R_f 为反馈电阻，接入反相输入端引起负反馈；R' 为平衡电阻，与反相比例电路中平衡电阻的作用相同，该电路中，$R' = R//R_f$。

同相比例运算关系分析如下：

由于"虚断"，$i_P = 0$，平衡电阻 R' 上没有电压，又因为"虚短"，有 $u_N = u_P = u_I$。注意此处运放的输入端不再是"虚地"。

反向输入端是一个电流节点，因为 $i_N = 0$，由基尔霍夫电流定律可知

$$i_R = i_F = \frac{u_N}{R} = \frac{u_I}{R}$$

明显地，该电流流过 R 和 R_F 之后产生的输出电压为

$$u_O = i_F(R + R_f) = \frac{u_I}{R}(R + R_f)$$

所以该电路输出电压与输入电压的关系为

$$u_O = \left(1 + \frac{R_f}{R}\right)u_I \quad\quad\quad (4-37)$$

同相比例运算电路的特点是：

1）输入信号接入同相输入端，比例系数为正数，说明该电路的输出电压与输入电压同相。从比例系数看，$u_O > u_I$。

2）输入电阻 $R_i = \frac{u_I}{i_P} = \infty$，所需的输入电流很小，信号源负担减轻。

3）由于 $u_P = u_N = u_I$，电路存在共模输入，对运放的共模抑制比要求高。

下面介绍特殊的同相比例运算电路——电压跟随器。

在同相比例放大电路中，若 $R_f = 0$ 或者 $R = \infty$，则电路的运算关系变为

$$u_O = u_I \quad\quad\quad (4-38)$$

电路的放大倍数为 1 时，输出与输入是跟随关系，该电路称为电压跟随器，如图 4-20

所示。图 4 - 20（a）所示电路具有"虚短"和"虚断"的特点，所以 $u_O = u_N = u_P = u_I$，但电阻 R 上既没有电压也没有电流。常用的电压跟随器电路如图 4 - 20（b）所示。

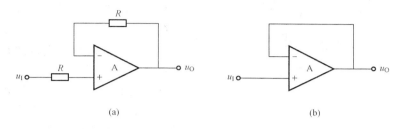

(a)　　　　　　　　　　　　　　　(b)

图 4 - 20　电压跟随器电路

电压跟随器与共集放大电路相比跟随效果更好，而且输入电阻近似等于无穷大，输出电阻近似为零，在电路中起阻抗变换、缓冲和隔离的作用。电压跟随器输入电阻高、输出电阻低，极端情况下可理解为：当输入电阻很高时，相当于对前级电路开路；当输出电阻很低时，对后级电路相当于一个恒压源，即输出电压不受后级电路阻抗影响。电压跟随器的上述特性使其具备隔离作用，表现在不仅使前、后级电路之间互不影响，而且避免了因电路相互连接而导致的信号衰减现象。

（3）差分比例运算电路。与上述两种比例电路不同，差分比例电路有两个输入电压，其输出电压与两个输入电压的差值成比例运算关系。需要注意的是，差分比例运算电路参数必须对称，如图 4 - 21 所示。

差分比例运算电路运算关系分析如下：

该电路有两个输入电压，根据叠加定理，可以分别求出每个输入电压单独作用时产生的输出电压，再将它们叠加在一起，得到所有输入信号共同作用下产生的输出电压。

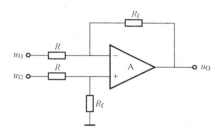

图 4 - 21　差分比例运算电路

1）u_{I1} 单独作用，u_{I2} 接地。此时电阻 R 和 R_f 并联构成平衡电阻，电路变为反相比例电路，u_{I1} 单独作用下的输出电压为 u_{O1}，则

$$u_{O1} = -\frac{R_f}{R}u_{I1}$$

2）u_{I2} 单独作用，u_{I1} 接地。因为 $i_P = 0$，此时同相输入端电压 u_P 与 u_{I2} 为分压关系，即

$$u_P = \frac{R_f}{R + R_f}u_{I2}$$

u_{I2} 单独作用下的输出电压为 u_{O2}。此时 u_{I1} 接地，u_{O2} 与 u_P 为同相比例关系，即

$$u_{O2} = \left(1 + \frac{R_f}{R}\right)u_P = \frac{R_f}{R}u_{I2}$$

3）将 u_{O1} 与 u_{O2} 叠加在一起得到两个输入信号共同作用时的输出电压为

$$u_O = \frac{R_f}{R}(u_{I2} - u_{I1}) \tag{4 - 39}$$

由式（4 - 39）可知，差分比例运算电路的输出电压与两个输入电压之间的差值成正比，因此常被用作测量放大器。差分比例放大电路的缺点是运放的输入端不是"虚地"点，电路

存在共模输入，另外该电路要求电路参数严格对称，否则会带来误差。

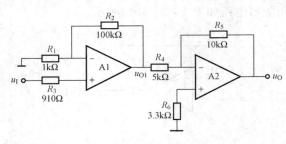

图 4-22　［例 4-2］图

【例 4-2】　如图 4-22 所示电路，试确定电路中输出电压与输入电压的运算关系。

解　该电路为两级运放构成的运算电路，因为各级运算电路的输出电阻均为零，所以后级电路并不影响前级电路的运算关系。确定运算关系时只需先计算第一级的运算关系，然后将其代入下一级即可。

A1 构成同相比例电路，其运算关系为

$$u_{O1} = \left(1 + \frac{R_2}{R_1}\right)u_I = 11u_I$$

A2 构成反相比例电路，其运算关系为

$$u_O = -\frac{R_5}{R_4}u_{O1} = -2u_{O1} = -22u_I$$

2. 求和运算电路

求和运算电路均有两个或两个以上输入信号，而且所有的输入信号均接入运放的反相输入端，或同相输入端。输入信号均接入反相输入端的求和电路称为反相求和运算电路；输入信号均接入同相输入端的求和电路称为同相求和运算电路。求和运算电路的输出电压与多个输入电压为求和关系。

（1）反相求和运算电路。图 4-23 所示电路是具有三个输入信号的反相求和电路。电路中 R_4 为平衡电阻，保证运放两个输入端对"地"的等效电阻平衡，电阻的阻值为

$$R_4 = R_1 // R_2 // R_3 // R_f \qquad (4-40)$$

反相求和运算电路运算关系分析如下：

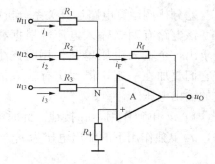

图 4-23　反相求和运算电路

1）方法一：利用"虚短""虚断"和节点电流法。与反相比例电路相同，因为 $i_P = 0$，平衡电阻 R_4 上没有电压，即 $u_P = u_N = 0$，所以 N 点为"虚地"点。N 点是一个电流节点，因为 $i_N = 0$，由基尔霍夫电流定律可知 $i_1 + i_2 + i_3 = i_F$，即

$$\frac{u_{I1}}{R_1} + \frac{u_{I2}}{R_2} + \frac{u_{I3}}{R_3} = \frac{0 - u_O}{R_f}$$

则该电路输出电压与输入电压的运算关系为

$$u_O = -R_f\left(\frac{u_{I1}}{R_1} + \frac{u_{I2}}{R_2} + \frac{u_{I3}}{R_3}\right) \qquad (4-41)$$

2）方法二：利用叠加定理。该电路有多个输入电压，可以利用叠加定理求解运算关系。

a) u_{I1} 单独作用，u_{I2}、u_{I3} 接地。将图 4-23 所示电路中的 u_{I2}、u_{I3} 接地，明显地，电阻 R_2 和 R_3 左端接地，右端为"虚地"，因电阻上没有电流可视为开路，则电路变为简单的反相比例电路，u_{I1} 单独作用下的输出电压为 u_{O1}，则

$$u_{O1} = -\frac{R_f}{R_1}u_{I1}$$

b) u_{I2} 单独作用，u_{I1}、u_{I3} 接地。同理，u_{I2} 单独作用下的输出电压为 u_{O2}，则

$$u_{O2} = -\frac{R_f}{R_2}u_{I2}$$

c) u_{I3} 单独作用，u_{I1}、u_{I2} 接地。同理，u_{I3} 单独作用下的输出电压为 u_{O3}，则

$$u_{O3} = -\frac{R_f}{R_3}u_{I3}$$

将上述三个电压相加即为三个输入信号共同作用时的输出电压。即

$$u_O = u_{O1} + u_{O2} + u_{O3} = -R_f\left(\frac{u_{I1}}{R_1} + \frac{u_{I2}}{R_2} + \frac{u_{I3}}{R_3}\right)$$

上式与式（4 - 41）相同。

反相求和电路的特点是可以十分方便地通过改变某一路输入信号的输入电阻来改变电路的比例关系，而不影响其他电路的比例关系，而且该电路和反相比例电路一样，没有共模输入信号的干扰，运算准确度高。

（2）同相求和运算电路。具有三个输入信号的同相求和运算电路如图 4 - 24 所示。

同相求和运算电路运算关系分析如下：

因为"虚断"，$i_P = 0$，同相输入端 P 为一个电流节点，该节点的电流关系为 $i_1 + i_2 + i_3 = i_4$，即

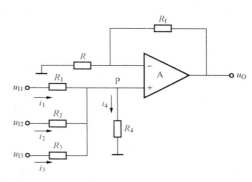

图 4 - 24 同相求和运算电路

$$\frac{u_{I1} - u_P}{R_1} + \frac{u_{I2} - u_P}{R_2} + \frac{u_{I3} - u_P}{R_3} = \frac{u_P}{R_4}$$

$$u_P = \frac{1}{\frac{1}{R_1} + \frac{1}{R_2} + \frac{1}{R_3} + \frac{1}{R_4}}\left(\frac{u_{I1}}{R_1} + \frac{u_{I2}}{R_2} + \frac{u_{I3}}{R_3}\right)$$

该电路从运放同相输入端往外看的等效电阻为 R_P，而且 $R_P = R_1 // R_2 // R_3 // R_4$，所以

$$u_P = R_P\left(\frac{u_{I1}}{R_1} + \frac{u_{I2}}{R_2} + \frac{u_{I3}}{R_3}\right)$$

由图 4 - 24 可以看出，u_O 与 u_P 是同相比例的关系，则

$$u_O = \left(1 + \frac{R_f}{R}\right)u_P = \left(\frac{R + R_f}{RR_f}\right)R_f R_P\left(\frac{u_{I1}}{R_1} + \frac{u_{I2}}{R_2} + \frac{u_{I3}}{R_3}\right)$$

该电路从运放反相输入端往外看的等效电阻为 R_N，而且 $R_N = R // R_f$，所以

$$u_O = R_f\frac{R_P}{R_N}\left(\frac{u_{I1}}{R_1} + \frac{u_{I2}}{R_2} + \frac{u_{I3}}{R_3}\right) \tag{4 - 42}$$

若 $R_P = R_N$，则同相求和电路与反相求和电路的运算关系只差一个负号，为

$$u_O = R_f\left(\frac{u_{I1}}{R_1} + \frac{u_{I2}}{R_2} + \frac{u_{I3}}{R_3}\right) \tag{4 - 43}$$

同相求和电路中，R_4 为平衡电阻，如果电路设计时 $R_1 // R_2 // R_3 = R // R_f$，则可以省去 R_4。另外，利用叠加定理也可以求解同相求和电路的运算关系，只是计算过程比较烦琐，此处不再赘述。

需要注意的是，式（4-43）成立的条件是 $R_P = R_N$。当要调节某一路电阻以改变比例系数时，R_P 或 R_N 也将随之发生改变，因此其他路的运算关系也将发生变化，此时常常需要反复调节，整个调节过程十分复杂。另外，电路中运放的输入端不是"虚地"，所以电路存在共模输入信号，运算准确度会因此而降低。由上可知，同相求和电路的应用不如反相求和电路广泛。

3. 加减运算电路

在比例和求和运算电路中，输出电压与同相输入端加入的输入信号极性相同，与反相输入端加入的信号极性相反，如果有两个或两个以上输入信号同时接入运放的同相输入端和反相输入端，那么输出信号与这些输入信号之间必然可以实现加减运算。

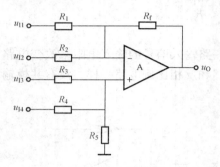

图 4-25　具有四个输入信号的
加减运算电路

具有四个输入信号的加减运算电路如图 4-25 所示。

电路运算关系分析如下：

该电路有四个输入信号，两个输入信号加在反相输入端，另外两个输入信号加在同相输入端，因此分析该电路的运算关系时最好利用叠加定理。

（1）u_{I1}、u_{I2} 单独作用，u_{I3}、u_{I4} 接地。将图 4-25 所示电路中 u_{I3}、u_{I4} 接地时，电阻 R_3、R_4 和 R_5 为并联，可视为一个电阻，此时电路变为反相求和电路，输出电压为 u_{O1}，则

$$u_{O1} = -R_f \left(\frac{u_{I1}}{R_1} + \frac{u_{I2}}{R_2} \right)$$

（2）u_{I3}、u_{I4} 单独作用，u_{I1}、u_{I2} 接地。将图 4-25 所示电路中 u_{I1}、u_{I2} 接地时，电阻 R_1 和 R_2 为并联，可视为一个电阻，此时电路变为同相求和电路，输出电压为 u_{O2}，则

$$u_{O2} = R_f \frac{R_P}{R_N} \left(\frac{u_{I3}}{R_3} + \frac{u_{I4}}{R_4} \right)$$

其中，$R_P = R_3 // R_4 // R_5$，$R_N = R_1 // R_2 // R_f$。

将上述两个电压叠加即为两组输入信号共同作用时的输出电压，若 $R_P = R_N$，则电路的输出电压为

$$u_O = u_{O1} + u_{O2} = R_f \left(-\frac{u_{I1}}{R_1} - \frac{u_{I2}}{R_2} + \frac{u_{I3}}{R_3} + \frac{u_{I4}}{R_4} \right) \tag{4-44}$$

实际上，前面介绍过的差分比例电路就是只有两个输入信号的加减运算电路，由式（4-44）也可以得到其运算关系。

单运放构成的加减运算电路的缺点是不存在"虚地"点，因此输入端存在共模信号，且运算关系的调节也很复杂。若使用两个运放构成双运放加减运算电路，则可以克服上述缺点，因为双运放构成的加减运算电路的每一级均为反相输入，且每个运放的反相输入端均为"虚地"，如例 4-3。

【例 4-3】　设计一个运算电路，实现如下运算关系 $u_O = -10u_{I1} - 10u_{I2} + 20u_{I3}$。

解　（1）方法一：利用单运放设计电路。首先观察要实现的运算关系，发现运算关系为加减运算，采用与图 4-25 类似的加减运算电路即可实现该运算。由于关系式里 u_{I1}、u_{I2} 与

u_O 反相，u_{I3} 与 u_O 同相，若用单运放来实现，只需将 u_{I1}、u_{I2} 接入运放的反相端，将 u_{I3} 接入同相端即可，接好输入信号之后，在输出端和反相输入端接入反馈电阻，电路初步设计如图 4-26 所示。

若图 4-26 所示电路中 $R_P = R_N$，则电路中输出电压与输入电压的关系为

$$u_O = R_f\left(-\frac{u_{I1}}{R_1} - \frac{u_{I2}}{R_2} + \frac{u_{I3}}{R_3}\right) = -10u_{I1} - 10u_{I2} + 20u_{I3}$$

选择 $R_f = 100\text{k}\Omega$，比较系数得 $R_1 = 10\text{k}\Omega$，$R_2 = 10\text{k}\Omega$，$R_3 = 5\text{k}\Omega$。

需要注意的是，上述设计步骤并不完善，因为输出电压与输入电压关系式是在 $R_P = R_N$ 的条件下确定的。下面设计平衡电阻 R_4，对平衡电阻的设计包括两个方面，首先是电阻接入同相输入端还是反相输入端，其次才是确定阻值。

假设图 4-26 所示电路中同相输入端对地的等效电阻为 R'_P，反相输入端对地的等效电阻为 R'_N，则

$$R'_P = R_3 = 5\text{k}\Omega$$
$$R'_N = R_1 // R_2 // R_f = 10 // 10 // 100\text{k}\Omega = 5 // 100\text{k}\Omega$$

因为 $R'_P > R'_N$，平衡电阻应接入同相输入端以保证 $R_P = R_N$，R_4 的取值为

$$R_4 = 100\text{k}\Omega$$

电路的最终设计如图 4-27 所示。

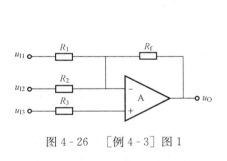

图 4-26   [例 4-3] 图 1   图 4-27   [例 4-3] 图 2

（2）方法二：利用双运放设计电路。双运放指的是电路中有两个运放 A1 和 A2，A1 的输出通过一个电阻接到 A2 的反向输入端，而且设计时每个输入信号均接入 A1 或 A2 的反向输入端。这种设计的优点是无共模信号，且参数便于调节。需要注意的是，若输入信号接在 A1 的反相输入端，因为信号过两次反相端才得到输出信号，所以该输入信号与输出信号同相；若输入信号接在 A2 的反相输入端，则输入信号与输出信号反相。明显地，要实现题目中给出的运算关系，u_{I3} 应接入 A1 的反相输入端，而 u_{I1}、u_{I2} 接入 A2 的反相输入端。电路设计如图 4-28 所示。

图中 A1 构成反相比例电路，其运算关系为

$$u_{O1} = -\frac{R_{f1}}{R_1}u_{I3}$$

A2 构成反相求和电路，运算关系为

$$u_{O2} = -\frac{R_{f2}}{R_3}u_{O1} - \frac{R_{f2}}{R_4}u_{I1} - \frac{R_{f2}}{R_5}u_{I2} = \frac{R_{f1}}{R_3} \cdot \frac{R_{f2}}{R_1}u_{I3} - \frac{R_{f2}}{R_4}u_{I1} - \frac{R_{f2}}{R_5}u_{I2}$$

若令 $R_{f1} = R_3$，则关系式与方法一类似，此时也应先选取反馈电阻，然后选取每一路输

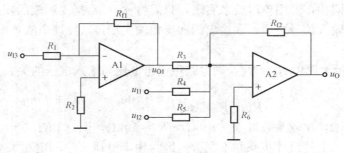

图 4-28 ［例 4-3］图 3

入信号的输入电阻。选择 $R_{f2} = 100\text{k}\Omega$，比较系数得 $R_1 = 5\text{k}\Omega$，$R_4 = 10\text{k}\Omega$，$R_5 = 10\text{k}\Omega$。因为 R_4 与 R_5 均为 $10\text{k}\Omega$，为了选取平衡电阻方便，取 $R_{f1} = R_3 = 10\text{k}\Omega$。

从图 4-29 可得平衡电阻 $R_2 \approx 3.3\text{k}\Omega$，$R_6 \approx 3.3\text{k}\Omega$。选好阻值的电路图如图 4-29 所示。

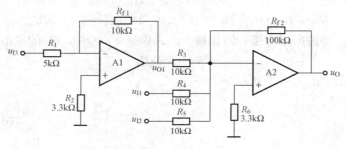

图 4-29 ［例 4-3］图 4

4. 积分运算电路

积分电路是一种应用比较广泛的模拟信号运算电路，是控制和测量系统中常用的重要单元，可以实现延时、定时以及波形的发生和变换。

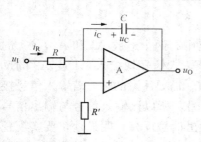

图 4-30 积分运算电路

将反相比例电路中的反馈电阻换为电容即可构成基本积分电路，如图 4-30 所示。其中 R 为输入电阻，C 为反馈电容，R' 为平衡电阻，通常取 $R' = R$。

图中，电容两端的电压 u_C 与流过电容的电流 i_C 之间存在积分关系，即

$$u_C = \frac{1}{C} \int i_C \, \mathrm{d}t$$

积分电路正是利用电容所具有的这种积分关系来实现积分运算的。

积分运算电路运算关系分析如下：

积分运算电路与反相比例电路相同，运放的反向输入端为"虚地"，又由于"虚断"，$i_N = 0$，所以反相输入端所在的电流节点的电流关系为

$$i_R = i_C = \frac{u_I}{R}$$

因为运放的反向输入端为零电位，所以

$$u_O = -u_C = -\frac{1}{C}\int i_C dt = -\frac{1}{RC}\int u_1 dt \qquad (4-45)$$

若已知积分起始时刻的输出电压值为 $u_O(t_1)$，则在 $t_1 \sim t_2$ 时间段内 u_O 和 t 之间的关系用定积分表示为

$$u_O = -\frac{1}{RC}\int_{t_1}^{t} u_1 dt + u_O(t_1) \qquad (4-46)$$

在给定输入信号波形的情况下，式（4-46）通常用于确定积分运算电路在某时间段的输出信号波形。

积分电路的在不同输入情况下的输出波形如图 4-31 所示。

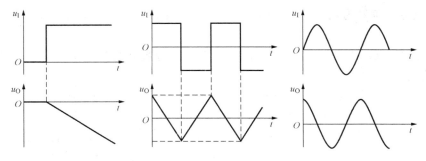

图 4-31　积分运算电路的输入输出波形

从图 4-31 可以看出，当输入信号为正阶跃信号时，输出信号是一条负斜率的直线，输入信号变化之后，过一段时间输出信号才能达到某个特定值，因此积分电路有延时作用（当输入信号为负常数信号时，输出信号是一条正斜率的线）；当输入信号为方波时，输出信号变为三角波；当输入信号为正弦波时，输出信号变为余弦波，即为超前 $\pi/2$ 的正弦波。

【例 4-4】　积分运算电路及其输入信号波形如图 4-32 所示，已知 $t=0$ 时 $u_O=0$，试根据输入信号波形画出电路的输出信号波形。

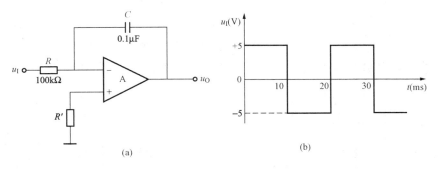

图 4-32　［例 4-4］图 1

解　该电路为典型的积分电路，其输出信号与输入信号的关系为积分关系，因为题目要求根据输入信号波形画输出信号波形，此处要用式（4-46）所示的定积分关系式表示电路的运算关系。输入信号是方波，因此每个时间段都是固定值，可将其提到积分式之外，再代入电阻和电容值，则 $t=t_1 \sim t_2$ 时间段的输出信号为

$$u_O = -\frac{1}{RC}\int_{t_1}^{t} u_1 \mathrm{d}t + u_O(t_1) = -\frac{u_1}{10^5 \times 10^{-7}}(t - t_1) + u_O(t_1) = -100u_1(t - t_1) + u_O(t_1)$$

下面开始分时间段分析输出信号。因为输入信号为周期波形，周期为 20ms，波形分析只需分析一个周期的波形即可。本例中只需分析 0～0.01s（0～10ms）和 0.01～0.02s（10～20ms）的波形即可。

(1) $t = 0$～0.01s。该时间段内 $u_1 = +5$V 且积分起始时刻的输出电压值 $u_O(0) = 0$V，则 u_O 和 t 的关系为

$$u_O = -100u_1(t - 0) + u_O(0) = -500t$$

当 $t = 0.01$s 时，$u_O(0.01) = -500 \times 0.01$V $= -5$V。

显然，当输入信号为正电压时，输出是一条负斜率的线段，且起点为坐标原点，终止点的纵坐标为 -5V。

(2) $t = 0.01$～0.02s。该时间段内 $u_1 = -5$V，积分起始时刻的数值 $u_O(0.01) = -5$V，则 u_O 和 t 的关系为

$$u_O = -100u_1(t - 0.01) + u_O(0.01) = 500t - 10$$

当 $t = 0.02$s 时，$u_O(0.02) = (500 \times 0.02 - 10)$V $= 0$V。

即当输入信号为负电压时，输出是一条正斜率的线段，且起点的纵坐标为 -5V，终止点的纵坐标为 0V。

根据以上分析画出的输出信号波形如图 4-33 所示，其他周期的波形复制第一个周期即可，即输入方波信号时，积分电路输出三角波。

需要注意的是，实用的积分运算电路往往在电容上并联一个电阻，以免低频信号放大倍数过大，如图 4-34 所示。

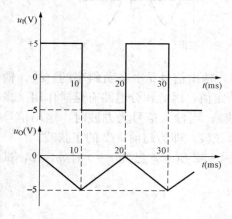

图 4-33 [例 4-4] 图 2

5. 微分运算电路

微分运算是积分运算的逆运算。微分运算电路可以将三角波变为方波，也可以将方波变为尖顶波。将基本积分电路中的电阻 R 和电容 C 互换之后即可变为基本微分电路，如图 4-35 所示。

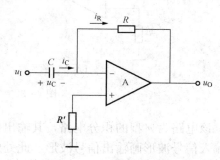

图 4-34 实用的积分运算电路 　　　　图 4-35 基本微分运算电路

基本微分电路运算关系分析如下：

因为运放的反向输入端电流 $i_N=0$，所以反相输入端电流关系为

$$i_R = i_C = C\frac{du_1}{dt}$$

该电路的反相输入端为"虚地"点，则电路的输出信号为

$$u_O = -i_R R = -RC\frac{du_1}{dt} \tag{4-47}$$

微分电路的输入输出信号波形如图 4-36 所示。

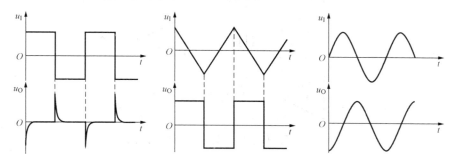

图 4-36　微分运算电路的输入输出波形

从图 4-36 可以看出，当微分运算电路的输入信号为方波时，输出信号将变为尖顶波；当输入信号为三角波时，输出信号变为方波；当输入信号为正弦波时，输出信号为滞后 $\pi/2$ 的正弦波。

基本微分电路只是一个原理性的电路，并不实用。微分电路本质上是一种高通滤波器，对于高出工作频率以上的噪声有更大的放大倍数，故高频噪声干扰很严重。另外，运算放大器本身在高频时就有滞后的附加相移，R 和 C 组成的反馈系统在高频时会进一步产生滞后的相移，此时电路将产生自激振荡，使整个系统不稳定。实用的微分运算电路如图 4-37 所示。图中输入回路串联了电阻 R_1，可以有效地消除自激振荡和抑制高频噪声的干扰，但是 R_1 的加入会影响微分电路的运

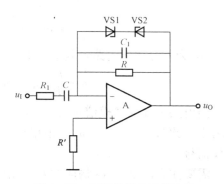

图 4-37　实用的微分运算电路

算准确度。实用的微分运算电路还在电阻 R 上并联了电容 C_1，利用其相位超前特性对电路进行相位补偿，提高电路的稳定性。反馈电阻上加入的两个稳压二极管 VS1 和 VS2 用来限制输出电压的幅度。

4.5.3　仪表放大器

仪表放大器也称为仪用放大器、精密放大器、数据放大器，在测量控制系统中常常用来放大传感器输出的微弱电压、电流或电荷信号。仪表放大器是一种精密差分电压放大器，凭借独特的结构使其具有高共模抑制比、高输入阻抗、低噪声、低线性误差、设置灵活、使用方便等特点，在数据采集、传感器信号放大、精密测量、医疗仪器和高档音响设备等方面应用广泛。

仪表放大器电路的典型结构如图 4-38 所示。电路具有差分输入、单端输出的形式，主要由两级差分放大器电路构成。其中运放 A1、A2 为同相差分输入方式，这种输入方式可以大幅度提高电路的输入阻抗，减小电路对微弱输入信号的衰减，同时，以运放 A3 为核心部件组成的差分比例电路，将差分输入转换为单端输出。差分输入加对称的电路结构使仪表放大器比简单的差分比例电路具有更好的共模抑制能力。

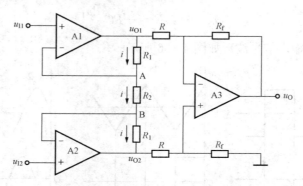

图 4-38 仪表放大器电路的典型结构

仪表放大器电路运算关系分析如下：

因为"虚短"，所以 $u_A = u_{I1}$，$u_B = u_{I2}$；又因为"虚断"，运放 A1 和 A2 的反相输入端电流均为零，u_{O1} 和 u_{O2} 之间所有电阻上的电流均为 i，因此

$$\frac{u_{O1} - u_{O2}}{2R_1 + R_2} = \frac{u_{I1} - u_{I2}}{R_2}$$

$$u_{O1} - u_{O2} = \left(1 + \frac{2R_1}{R_2}\right)(u_{I1} - u_{I2})$$

A2 为差分比例电路，其输出电压为

$$u_O = -\frac{R_f}{R}(u_{O1} - u_{O2}) = -\frac{R_f}{R}\left(1 + \frac{2R_1}{R_2}\right)(u_{I1} - u_{I2}) \tag{4-48}$$

当电路中存在共模信号 $u_{I1} = u_{I2} = u_{Ic}$ 时，电路中 A 点、B 点电位相等，电阻 R_2 上的电流为零，此时 $u_{O1} = u_{O2} = u_{Ic}$，根据式 (4-48)，输出电压 $u_O = 0$。这充分说明该电路只放大差模信号，抑制共模信号。

需要注意的是，A3 构成的差分比例电路中的四个电阻必须选用精密电阻，并且精确匹配，否则不仅使放大倍数产生误差，而且会降低电路的共模抑制比。

4.6 Multisim 应用举例

4.6.1 长尾式差分放大电路的调试和测试

1. 仿真电路

长尾式差分放大电路的仿真电路如图 4-39 所示。

2. 仿真内容

(1) 静态工作点以及差模放大倍数测试。给电路加入差模信号如图 4-39 (a) 所示。首先将输入信号短路，测量晶体管 VT1 和 VT2 的三个电极的静态电位，然后在电路的两个输

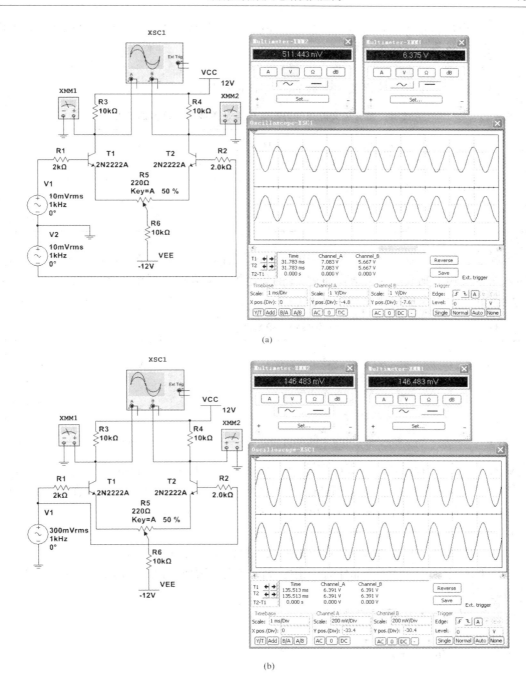

(a)

(b)

图 4-39   长尾式差分放大电路的仿真电路

（a）静态参数和差模放大倍数测试；（b）共模放大倍数测试

注：图中晶体管用 T1、T2 表示，为旧符号，文中采用新符号 VT1、VT2。

入端加入一对相位相反的 10mV、1kHz 的差模信号（$U_{id}=20\text{mV}$），分别测量 VT1 和 VT2
的集电极交流电压，从而得到该电路的差模放大倍数。

（2）共模放大倍数测试。给电路加入共模信号如图 4-39（b）所示。将电路的两个输入端连接在一起并加入 300mV、1kHz 的交流信号，分别测量 VT1 和 VT2 的集电极交流电压，得到该电路的共模放大倍数。

3. 仿真结果

电路的静态工作点及差模放大倍数的测量结果见表 4 - 2。

表 4 - 2   **长尾式差分放大电路的静态工作点及差模放大倍数的测量**

U_{C1} (V)	U_{B1} (V)	U_{E1} (V)	U_{C2} (V)	U_{B2} (V)	U_{E2} (V)	U_{id} (mV)	U_{od1} (mV)	U_{od2} (mV)	U_{od} (mV)	A_d
6.37	−0.008	−0.610	6.37	−0.008	−0.610	20	−511.4	511.4	−1023	−51.2

需要注意的是，万用表上测量出来的交流电压有效值不带正负号，由于 VT1 的集电极与输入信号反相，则 U_{od1} 为负值，而 VT2 的集电极与输入信号同相，则 U_{od2} 为正值。

电路的共模放大倍数测量结果见表 4 - 3。

表 4 - 3   **共模放大倍数测量结果**

U_{ic} (mV)	U_{oc1} (mV)	U_{oc2} (mV)	U_{oc} (mV)	A_c
300	−146.5	−146.5	0	0

从表 4 - 3 可以看出，在仿真电路里很容易就可以实现电路参数的匹配，因此用仿真电路测得的共模放大倍数为零，而实际电路一定会存在电路参数的差异，如果在实验室里调试差分电路一般都需要通过电路中的电位器 R_5 对电路进行调零操作。

4. 结论

（1）长尾式差分放大电路可以有效地放大差模信号，抑制共模信号。

（2）加入差模信号时两个晶体管的集电极的交流电压相位相反；而加入共模信号时二者相位相同。

4.6.2 积分电路的调试和测试

1. 仿真电路

积分电路的仿真电路如图 4 - 40 所示。

2. 仿真内容

观察积分电路在输入为正弦波和方波时的输出波形。

3. 仿真结果

输入输出波形如图 4 - 40 所示。

4. 结论

（1）当积分电路的输入波形为正弦波时，输出波形变为余弦波，即超前 $\pi/2$ 的正弦波，实现了移相功能。

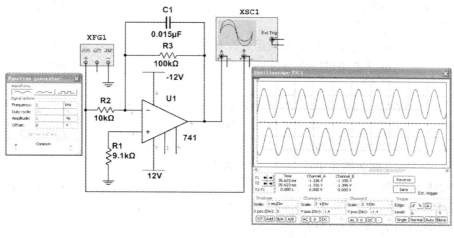

(a)

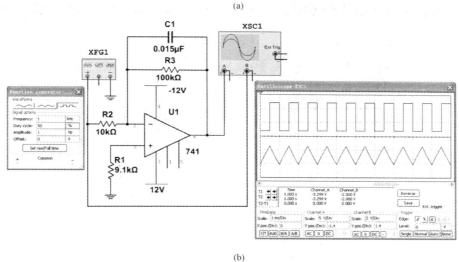

(b)

图 4-40 积分运算电路的仿真电路

（a）输入信号为正弦波时；（b）输入信号为方波时

（2）当积分电路的输入波形为方波时，输出波形变为三角波，实现了波形变换功能。

4-1 填空题。

（1）为了减小温度漂移，集成运算放大电路的输入级大多采用_____电路。

（2）差分放大电路具有电路结构_____的特点，能放大_____信号，抑制_____信号。

（3）在双端输入、双端输出差分放大电路中，若两个输入端的电压 $u_{I1} = u_{I2}$，则输出电压 $u_O =$ _____。若 $u_{I1} = +50\text{mV}$，$u_{I2} = +10\text{mV}$，则该电路的共模输入信号 $u_{Ic} =$ _____ mV，差模输入电压 $u_{Id} =$ _____ mV。

（4）集成运放有两个工作区，分别是_____工作区和_____工作区。运算电路中集成运放工作在_____工作区。

（5）_____比例运算电路中集成运放反相输入端为"虚地"，输入电阻_____。

（6）_____运算电路可以将方波转换为三角波；_____运算电路可以将三角波转换为方波。

4-2　差分放大电路如图4-41所示，已知电路参数理想对称，且$U_{BE1}=U_{BE2}=U_{BE}$，$\beta_1=\beta_2=\beta$，$r_{be1}=r_{be2}=r_{be}$，R_P的滑动端处于中点。试完成：

（1）写出晶体管的静态参数I_{C1}、I_{C2}、U_{C1}、U_{C2}的表达式。

（2）写出R_P的滑动端在中点时A_d、R_i和R_o的表达式。

4-3　电路如图4-42所示，晶体管$U_{BE}=0.7V$，$\beta=50$，$r_{bb'}=100\Omega$。试完成：

（1）计算静态时VT1和VT2的集电极电流和集电极电位。

（2）计算电路的A_d、R_i和R_o。

（3）若输入端加入的是直流电压，且$U_1=10mV$，则此时直流输出电压U_O等于多少？

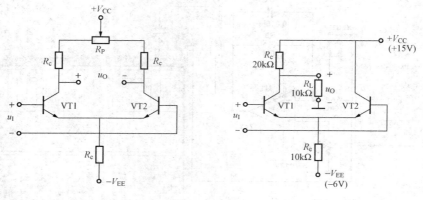

图4-41　题4-2图　　　　　图4-42　题4-3图

4-4　电路如图4-43所示，所有晶体管均为硅管，β均为60，$r_{bb'}=100\Omega$。试完成：

（1）求解静态时VT1和VT2的发射极电流。

（2）若静态$U_O=0V$，则$R_{c2}=?$

（3）求解电路的电压放大倍数、输入电阻和输出电阻。

4-5　设计一个比例运算电路，实现以下运算关系：$u_O=-5u_I$，要求画出电路原理图，估算电路中各电阻的数值（电阻值$\leqslant 100k\Omega$）。

4-6　求解图4-44所示电路输出电压和输入电压的关系。

4-7　求解图4-45所示各电路输出电压和输入电压的关系。

4-8　设计一个电路，实现以下运算关系：$u_O=-2u_{I1}+2u_{I2}+u_{I3}$。要求画出电路原理图，估算电路中各电阻的数值，要求所用电阻的数值为$1k\Omega\sim1M\Omega$。

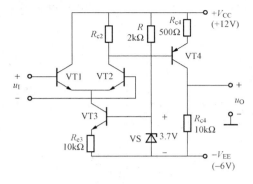

图 4 - 43 题 4 - 4 图

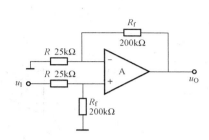

图 4 - 44 题 4 - 6 图

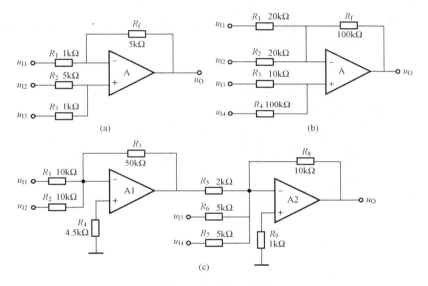

图 4 - 45 题 4 - 7 图

4 - 9 电路如图 4 - 46 所示，证明：$u_O = 2u_I$。

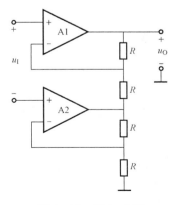

图 4 - 46 题 4 - 9 图

4-10　由理想运放构成的三极管 β 测量电路如图 4-47 所示，若电压表读数为 100mV，试分析被测三极管的 β 值是多少？

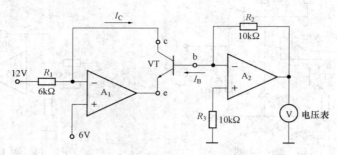

图 4-47　题 4-10 图

4-11　在图 4-48（a）所示电路中，已知输入电压 u_I 的波形如图 4-47（b）所示，当 $t=0$ 时，$u_O=0$。试画出输出电压 u_O 的波形。

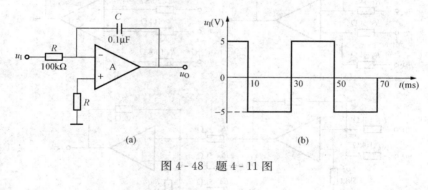

图 4-48　题 4-11 图

5　负反馈放大电路

在电子技术中，引入负反馈可以显著改善放大器的工作性能，使电路工作状态更加稳定，因此几乎所有实用的放大器都加有负反馈，以达到预期的放大效果。另外，放大器与正反馈网络配合，可以构成振荡电路产生正弦波信号、方波信号和三角波信号等，相关内容第6章会介绍。

教学目标

1. 理解反馈的基本概念，正、负反馈的概念，直流、交流反馈的概念及反馈电路的组成。

2. 熟练掌握反馈极性的判断方法（瞬时极性法），即正、负反馈的判断。

3. 熟练掌握负反馈的四种基本组态的判断：电压串（并）联负反馈、电流串（并）联负反馈。

4. 熟练掌握深度负反馈放大电路分析及深度负反馈电路电压放大倍数的近似计算方法。

5. 理解负反馈对放大电路性能的影响（稳定放大倍数，引起输入电阻、输出电阻变化等）。

6. 掌握应用：能够按照需要正确选择反馈类型，设计反馈电路。

5.1　反馈的基本概念及其判断

5.1.1　反馈的概念及判断

"反馈"一词最初只是电子系统和自动控制方面应用的术语，现已超出工程技术的范畴，被引入到许多自然科学和社会科学领域中，如生物反馈、商业信息反馈等。

在电子电路中，将输出信号（电压、电流）的一部分或全部通过一定的路径引回到输入端，并且影响净输入信号（电压、电流）以改善电路的某些性能，这种现象称为反馈。

根据反馈的概念，判断电路中是否存在反馈需具备以下条件：①放大电路中存在输入端和输出端的连接通路；②引回来的信号影响净输入信号。当上述两个条件都具备时，电路就有反馈，否则电路中不存在反馈。

【例 5-1】　对图 5-1 所示各电路进行分析，判断是否存在反馈。

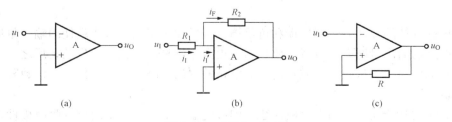

(a)　　　　　　　　　　(b)　　　　　　　　　　(c)

图 5-1　［例 5-1］图

解 （1）图 5-1（a）所示电路没有连接输入端与输出端的通路，电路无反馈。

（2）图 5-1（b）所示电路有连接输入端与输出端的通路，且反馈回来的信号 i_F 影响净输入信号 i_1'，电路存在反馈。

（3）图 5-1（c）所示电路表面有连接输入端与输出端的通路，但实际输出通过 R 接地，没有信号引回输入端来影响输入信号，电路无反馈。

5.1.2 反馈放大电路的组成、分类及判断

1. 反馈放大电路的组成

反馈放大电路由基本放大电路和反馈网络组成。图 5-2 所示为反馈放大电路的组成框图，图中，$\dot{X}_i$ 为电路的输入量；$\dot{X}_i'$ 为电路的净输入量；$\dot{X}_o$ 为电路的输出量；$\dot{A}$ 为正向传输的开环放大倍数，即基本放大倍数；$\dot{F}$ 为反向传输的反馈系数；$\dot{X}_f$ 为电路的反馈量；$\dot{A}_f$ 为反馈放大电路的放大倍数，即闭环放大倍数。

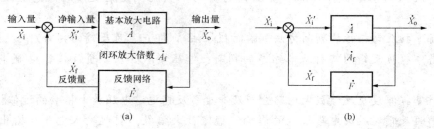

图 5-2 反馈放大电路组成框图

(a) 反馈放大电路组成框图；(b) 简化框图

2. 反馈放大电路的基本关系式（各物理量的关系）

（1）开环放大倍数 $\dot{A}$：定义为基本放大电路的输出量与净输入量的比值。其表达式为

$$\dot{A} = \frac{\dot{X}_o}{\dot{X}_i'}$$

（2）反馈系数 $\dot{F}$：定义为反馈网络输出量与输入量的比值（即电路反馈量与电路输出量的比值）。其表达式为

$$\dot{F} = \frac{\dot{X}_f}{\dot{X}_o}$$

（3）闭环放大倍数 $\dot{A}_f$：定义为电路输出量与输入量的比值。其表达式为

$$\dot{A}_f = \frac{\dot{X}_o}{\dot{X}_i}$$

3. 反馈的分类及判断

（1）根据反馈的极性分为正反馈和负反馈。当反馈量引回到输入端使净输入量增大，或者使放大电路的输出量增大，或者使放大倍数提高，这种反馈就是正反馈；反之，当反馈量引回到输入端使净输入量减小，或者使放大电路的输出量减小，或者使放大倍数降低，这种反馈就是负反馈。

反馈极性的判断通常采用瞬时极性法，即假定输入信号某一个时刻的瞬时极性，输入信号经过放大电路、反馈网络，引回到输入端，确定反馈信号的极性，最终判定反馈极性。具

体方法为：假定输入信号某一个时刻对地的瞬时极性，信号在传输过程中，如果遇到电阻、电容元件，信号极性不变。如果遇到晶体管，当输入信号由基极输入，集电极输出时，输入与输出信号极性相反；当输入信号由基极输入，发射极输出时，信号极性不变；当信号由发射极输入，集电极输出时，信号极性也不变。如果遇到集成运算放大器，当信号由同相输入端输入时，输出信号极性不变；当信号由反相输入端输入时，输入与输出信号极性相反。以此为依据，逐级判断电路中各相关点电流的流向和信号的极性，从而得到输出信号的极性；根据输出信号的极性判断反馈信号的极性。最后分析反馈信号对电路净输入信号的影响，若反馈信号使基本放大电路的净输入信号增大，则说明引入了正反馈；若反馈信号使基本放大电路的净输入信号减小，则说明引入了负反馈。

对于分立元件电路，可以通过判断输入级的净输入电压（b-e 间或 e-b 间电压）或者净输入电流（i_B 或 i_E）因反馈的引入而增大或者减小来判断反馈的极性。净输入量增大为正反馈，净输入量减小为负反馈。

图 5-3 所示电路存在反馈，并且 R_3、R_5 为本级反馈，R_3、R_6 为级间反馈（实际分析仅限级间反馈）。具体电路分析如下：设输入信号 u_1 的瞬时极性对地为"＋"，经 C_1，信号极性不变，因而 VT1 的基极电位对地为"＋"，第一级信号由 VT1 基极输入、集电极输出，集电极信号极性为"－"，VT2 的基极电位极性为"－"，第二级信号由 VT2 基极输入、集电极输出，所以 VT2 的集电极电位极性为"＋"，输出信号 u_O 的极性为上"＋"下"－"。输出信号 u_O 经 R_6 和

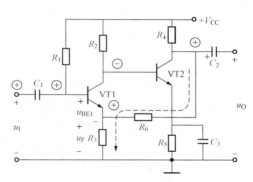

图 5-3　正、负反馈的判断

R_3 引回到输入回路，在 R_3 上产生反馈信号 u_F，同时得到 u_F 的极性为上"＋"下"－"，结果使晶体管的净输入信号 $u_{BE1}=u_1-u_F$ 减小，判定电路引入负反馈。

在图 5-4 所示电路中，图 5-4（a）电路由于 R_2、R_1 的作用，电路中存在反馈。R_2、R_1 引回输出信号 u_O，R_1 产生的反馈信号 u_F 影响净输入信号 u_D。设 u_1 瞬时极性为"＋"，输入信号经 A 传输到输出端，u_O 为"＋"，u_O 引起的电流流向地，得到 u_F 为上"＋"下"－"（对地高电位），从而使净输入信号 $u_D（u_D=u_1-u_F）$减小，电路引入负反馈。图 5-4（b）电路由于 R_2、R_1 的作用，电路中存在反馈。设 u_1 瞬时极性为"＋"，输入信号经 A 传输到输出端，u_O 为"－"，R_1 产生反馈信号 u_F，u_O 引起的电流方向由地向上，得到 u_F 为上"－"下"＋"（对地低电位），从而使净输入信号 $u_D（u_D=u_1+u_F）$增大，电路引入正反馈。图 5-4（c）电路同样由于 R_2、R_1 的作用，电路中存在反馈。设 u_1 瞬时极性为"＋"，输入信号经 A 传输到输出端，u_O 为"－"，u_O 引起的电流方向由输入到输出，得到 i_F 的方向为由输入到输出，从而使净输入信号 $i_N（i_N=i_1-i_F）$减小，电路引入负反馈。

由以上分析可以看出，对于单级运放电路反馈信号引回到同相输入端为正反馈，反之为负反馈。如图 5-4（d）、（e），不论用哪种方法判断（d）引入正反馈，（e）引入负反馈。

判断反馈极性除了上述根据定义的判断方法之外，通过对多种电路的观察和总结，还可以直接根据输入信号和反馈信号的相对位置及极性来判断，同样利用瞬时极性法，将输入信号经放大电路、反馈网络引回到输入端。具体方法为：

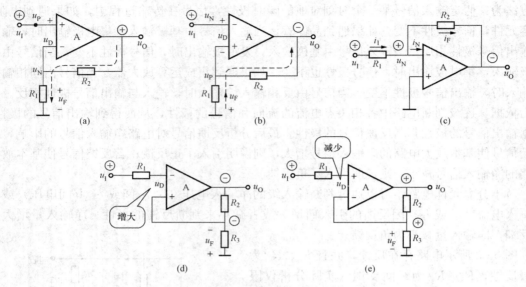

图 5-4　正、负反馈的判断

1）当反馈信号和输入信号接在同一节点时，如果反馈信号和输入信号极性相同，为正反馈；如果反馈信号和输入信号极性相反，为负反馈。

2）当反馈信号和输入信号不在同一节点时，如果反馈信号和输入信号极性相同，为负反馈；如果反馈信号和输入信号极性相反，为正反馈。

图 5-5 所示为比较有代表性的电路的正、负反馈观察判断图示，分别为集成运算放大电路，晶体管放大电路以及晶体管构成的差分放大电路。

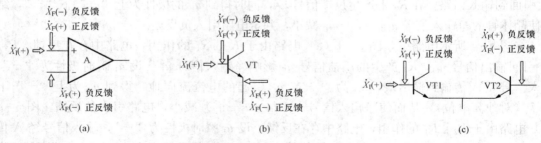

图 5-5　正、负反馈观察判断图示
（a）集成运算放大电路；（b）晶体管放大电路；（c）晶体管差分放大电路

（2）根据反馈的信号分为直流反馈和交流反馈。如果反馈信号仅含有直流成分，则为直流反馈；直流负反馈可稳定静态工作点。如果反馈信号仅含有交流成分，则为交流反馈；交流负反馈对放大电路的各项动态性能会产生不同的影响，是改善电路动态技术指标的主要手段。如果反馈信号既含有直流成分又含有交流成分，则为交、直流反馈。如图 5-6 所示，图 5-6（a）电路由于电容 C 的作用，交流信号被短路，使反馈信号只有直流信号，故为直流反馈；图 5-6（b）电路由于电容 C 隔断直流信号，使反馈信号只有交流信号，故为交流反馈；图 5-6（c）电路反馈信号既含有交流信号又含有直流信号，故为交、直流反馈。

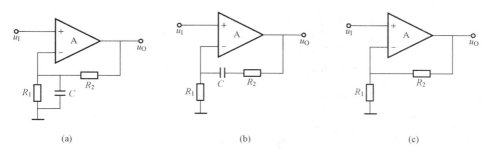

图 5-6 交、直流反馈的判断

（a）直流反馈；（b）交流反馈；（c）交、直流反馈

直流负反馈影响放大电路的直流工作性能，通常用来稳定静态工作点；交流负反馈改善放大电路的动态性能；一般情况，放大电路中交、直流反馈共存。

【例 5-2】 判断如图 5-7 电路中是否引入了反馈；若引入了反馈，是直流反馈还是交流反馈？是正反馈还是负反馈？

解 电路引入了反馈。反馈通路 R_4、R_1 既是直流通路又是交流通路，反馈信号 u_F 既有直流信号又有交流信号，所以电路中既引入了直流反馈又引入了交流反馈。信号极性

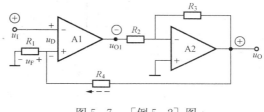

图 5-7 ［例 5-2］图

如图 5-7 所示，反馈信号使净输入电压 $u_D = u_I - u_F$ 减小，故电路中引入了负反馈（仅讨论级间反馈）。

5.1.3 负反馈放大电路的基本组态及判断

交流负反馈基本组态的分析，就是要研究交流负反馈在放大电路中的作用，以及放大电路中影响交流负反馈的相关因素，最终将负反馈应用到实际电路中以改善电路的工作性能。

根据反馈信号的采样方式、反馈信号与输入信号的叠加方式，分析负反馈放大电路的基本组态。具体分析过程如下：

反馈信号 $\dot{X}_f$ 可取输出信号 $\dot{X}_O$ 的一部分或全部，且输出信号 $\dot{X}_O$ 有电压、电流信号，提取不同的信号有不同的描述方法。

（1）如果 $\dot{X}_f$ 取自输出电压 u_O，即 $\dot{X}_f$ 与 u_O 有关，u_O 作用于反馈网络，即为电压反馈。

（2）如果 $\dot{X}_f$ 取自输出电流 i_O，即 $\dot{X}_f$ 与 i_O 有关，i_O 作用于反馈网络，即为电流反馈。

图 5-8 所示分别为电压反馈框图和电流反馈框图。

反馈信号 $\dot{X}_f$ 引回到输入端后，要影响净输入信号 $\dot{X}_i'$，且 $\dot{X}_f$ 使 $\dot{X}_i'$ 增大或减小，同样 $\dot{X}_f$、$\dot{X}_i'$ 有电压、电流信号，具体有以下描述方法。

（1）如果 $\dot{X}_f$ 与输入信号以电压的形式叠加，即 $\dot{X}_f$、$\dot{X}_i'$ 为电压信号，即为串联反馈。

（2）如果 $\dot{X}_f$ 与输入信号以电流的形式叠加，即 $\dot{X}_f$、$\dot{X}_i'$ 为电流信号，即为并联反馈。

图 5-9 所示分别为串联反馈框图和并联反馈框图。

综上所述，结合电路的输入、输出情况得到负反馈的四种基本组态：电压串（并）联负反馈；电流串（并）联负反馈。

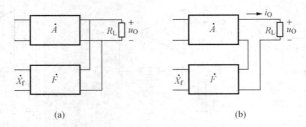

图 5 - 8　电压反馈和电流反馈框图

（a）电压反馈框图；（b）电流反馈框图

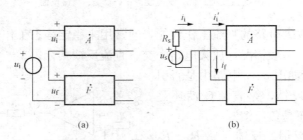

图 5 - 9　串联反馈和并联反馈框图

（a）串联反馈框图；（b）并联反馈框图

1. 四种负反馈组态框图

（1）电压串联负反馈。输出端负载与反馈网络的入口并联，输出电压作用于反馈网络，为电压反馈；在输入端反馈信号 u_f、净输入信号 u_i'、输入信号 u_i 以电压形式出现，即反馈网络的出口与基本放大电路的输入端以串联方式连接，这种连接方式称为串联反馈；根据信号极性 $u_i' = u_i - u_f$，反馈信号使净输入信号减小，为负反馈；所以反馈组态为电压串联负反馈，如图 5 - 10 所示。

（2）电流串联负反馈。输出端负载与反馈网络的入口串联，输出电流作用于反馈网络，为电流反馈；在输入端反馈信号 u_f、净输入信号 u_i'、输入信号 u_i 以电压形式出现，即反馈网络的出口与基本放大电路的输入端以串联方式连接，这种连接方式称为串联反馈；根据信号极性 $u_i' = u_i - u_f$，反馈信号使净输入信号减小，为负反馈；所以反馈组态为电流串联负反馈，如图 5 - 11 所示。

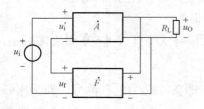
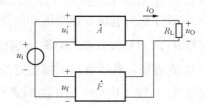

图 5 - 10　电压串联负反馈框图　　　　　图 5 - 11　电流串联负反馈框图

（3）电压并联负反馈。输出端负载与反馈网络的入口并联，输出电压作用于反馈网络，为电压反馈；在输入端反馈信号 i_f、净输入信号 i_i'、输入信号 i_i 以电流形式出现，即反馈网络的出口与基本放大电路的输入端以并联方式连接，这种连接方式称为并联反馈；根据信号极性 $i'_i = i_i - i_f$，反馈信号使净输入信号减小，为负反馈；所以反馈组态为电压并联负反馈，如图 5-12 所示。

（4）电流并联负反馈。输出端负载与反馈网络的入口串联，输出电流作用于反馈网络，为电流反馈；在输入端反馈信号 i_f、净输入信号 i'_i、输入信号 i_i 以电流形式出现，即反馈网络的出口与基本放大电路的输入端以并联方式连接，这种连接方式称为并联反馈；根据信号极性 $i'_i = i_i - i_f$，反馈信号使净输入信号减小，为负反馈；所以反馈组态为电流并联负反馈，如图 5-13 所示。

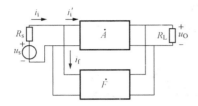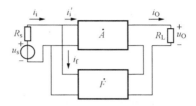

图 5-12　电压并联负反馈框图　　　　　图 5-13　电流并联负反馈框图

2. 负反馈放大电路四种基本组态举例

（1）电压串联负反馈。如图 5-14 所示电路，电路存在反馈，利用瞬时极性法判断电路为负反馈，即净输入信号 $u_D = u_I - u_F$，且 $u_F = \dfrac{R_1}{R_1 + R_2} u_O$。

从输出端看 u_F 与 u_O 成正比，说明是电压反馈；从输入端看 u_F 与 u_D 叠加，说明是串联反馈；综合上述分析，电路引入的反馈为电压串联负反馈。

如果忽略 u_D，则有 $u_O \approx \left(1 + \dfrac{R_2}{R_1}\right) u_I$，$u_O$ 与负载 R_L 无关，说明电路带负载能力强，具有稳定输出电压的特性。

（2）电流串联负反馈。如图 5-15 所示电路，电路存在反馈，利用瞬时极性法判断电路为负反馈，即 $u_D = u_I - u_F$，且 $u_F = R i_O$。

从输出端看 u_F 与 i_O 成正比，说明是电流反馈；从输入端看 u_F 与 u_D 叠加，说明是串联反馈；综合上述分析，电路引入电流串联负反馈。

如果忽略 u_D，则有 $i_O \approx u_I / R$，i_O 与负载 R_L 无关，说明电路具有稳定输出电流的特性。

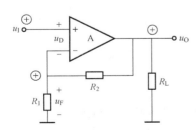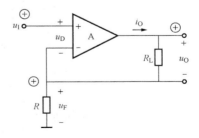

图 5-14　电压串联负反馈电路　　　　　图 5-15　电流串联负反馈电路

（3）电压并联负反馈。如图 5-16 所示电路，电路存在反馈，利用瞬时极性法判断电路为负反馈，即 $i_D = i_I - i_F$，且 $i_F = -u_O / R$。

从输出端看 i_F 与 u_O 成正比，说明是电压反馈；从输入端看 i_F 与 i_D 叠加，说明是并联反馈；综合上述分析，电路引入电压并联负反馈。

如果忽略 i_D，则有 $u_O \approx -i_1 R$，u_O 与负载 R_L 无关，说明电路具有稳定输出电压的特性。

（4）电流并联负反馈。如图 5-17 所示电路，电路存在反馈，利用瞬时极性法判断电路为负反馈，即 $i_D = i_1 - i_F$，且 $i_F = -\dfrac{R_2}{R_1 + R_2} i_O$。

从输出端看 i_F 与 i_O 成正比，说明是电流反馈；从输入端看 i_F 与 i_D 叠加，说明是并联反馈；综合上述分析，电路引入的反馈为电流并联负反馈。

如果忽略 i_D，则有 $i_O \approx -\left(1 + \dfrac{R_1}{R_2}\right) i_1$，$i_O$ 与负载 R_L 无关，说明电路具有稳定输出电流的特性。

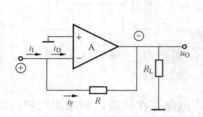

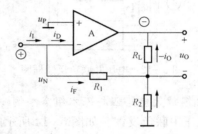

图 5-16　电压并联负反馈电路　　　　　图 5-17　电流并联负反馈电路

串联负反馈 R_i 大，输入电流 i_1 小，适用于电源为恒压源或近似恒压源的情况；并联负反馈 R_i 小，输入电流 i_1 大，适用于电源为恒流源或近似恒流源的情况。

由以上分析可知：放大电路引入反馈的方式取决于负载和信号源。如果负载欲取得稳定电压，要引入电压负反馈；如果负载欲取得稳定电流，要引入电流负反馈。如果信号源是恒压源，需要引入串联负反馈；如果信号源是恒流源，需要引入并联负反馈。

下面利用观察法对反馈组态进行判断。

（1）从输出端看，反馈网络直接从输出端引回（引回电压信号），则为电压反馈；反馈网络未直接从输出端引回（引回电流信号），则为电流反馈。

对于晶体管放大电路，电压、电流反馈判断示意图如图 5-18 所示。

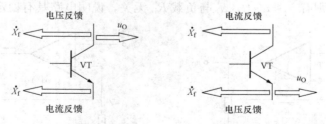

图 5-18　晶体管放大电路电压、电流反馈判断示意图

如果是集成运算放大电路，电压、电流反馈判断示意图如图 5-19 所示。

（2）从输入端看，反馈信号与输入信号接在同一节点，则为并联反馈；反馈信号与输入信号不接在同一节点，则为串联反馈。如图 5-20 所示。

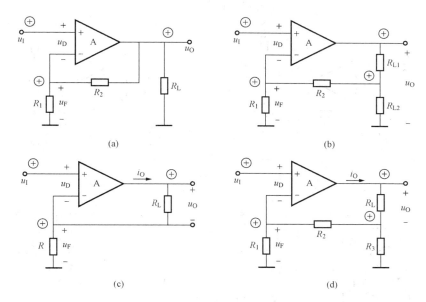

图 5-19 集成运算放大电路电压、电流反馈判断示意图

(a)、(b) 电压反馈；(c)、(d) 电流反馈

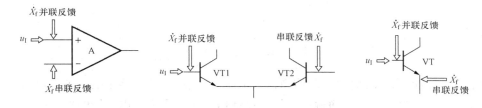

图 5-20 串、并联反馈判断示意图

【例 5-3】 试分析图 5-21 所示电路中是否引入了反馈；若有反馈，则说明引入的是直流反馈还是交流反馈？是正反馈还是负反馈？若为交流负反馈，说明反馈的组态。电容对交流信号视为短路。

解 (1) 如图 5-21 (a) 所示，电阻 R_2 连接了输出、输入回路，电路引入了反馈，反馈网络由 R_1、R_2、R_3 组成。因为反馈信号既有直流信号又有交流信号，所以电路中引入了交、直流反馈。

利用瞬时极性法，反馈信号 u_F 使净输入电压 u_D 减小，故电路中引入了负反馈。

从输入端看，输入信号、净输入信号、反馈信号为电压量，以电压的形式叠加，且 $u_D = u_1 - u_F$，所以是串联反馈。

从输出端看，输出电流作用于反馈网络，且 $u_F = \dfrac{R_3}{R_1 + R_2 + R_3} R_1 i_O$，$u_F$ 与输出电流有关，故电路中引入的是电流反馈。因此反馈组态为电流串联负反馈。

(2) 如图 5-21 (b) 所示，电阻 R_2 连接了输出、输入回路，电路引入了反馈，反馈网络由 R_1、R_2 组成。因为反馈信号既有直流信号又有交流信号，所以电路中引入了交、直流反馈。

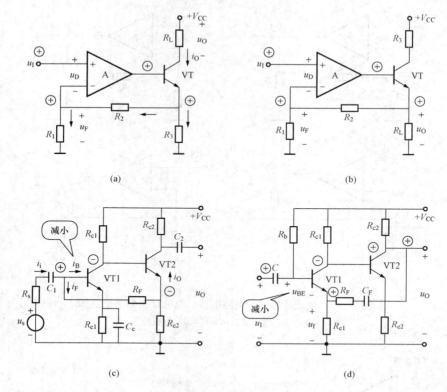

图 5-21　［例 5-3］图

利用瞬时极性法，反馈信号 u_F 使净输入电压 u_D 减小，故电路中引入了负反馈。

从输入端看，输入信号、净输入信号、反馈信号为电压量，以电压的形式叠加，且 $u_D = u_I - u_F$，所以是串联反馈；从输出端看，输出电压作用于反馈网络，且 $u_F = \dfrac{R_1}{R_1 + R_2} u_O$，$u_F$ 与输出电压 u_O 有关，故电路中引入的是电压反馈。因此反馈组态为电压串联负反馈。

（3）如图 5-21（c）所示，电阻 R_F 连接了输出与输入端，电路引入了反馈，反馈网络由 R_F、R_{e2} 组成。因为反馈信号既有直流信号又有交流信号，所以电路中引入了交、直流反馈。

利用瞬时极性法，反馈信号 i_F 使净输入电压 i_B 减小，故电路中引入了负反馈。

从输入端看，输入信号、净输入信号、反馈信号为电流量，以电流的形式叠加，且 $i_B = i_i - i_F$，所以是并联反馈；从输出端看，输出电流作用于反馈网络，且 $i_F = \dfrac{R_{e2}}{R_F + R_{e2}} i_O$，$i_F$ 与输出电流 i_O 有关，故电路中引入的是电流反馈。因此反馈组态为电流并联负反馈。

（4）如图 5-21（d）所示，电阻 R_F、C_F 连接了输入、输出回路，电路引入了反馈，反馈网络由 C_F、R_{e1}、R_F 组成。因为反馈信号只有交流信号，所以电路中引入了交流反馈。

利用瞬时极性法，反馈信号 u_f 使净输入电压 u_{be} 减小，故电路中引入了负反馈。

从输入端看，输入信号、净输入信号、反馈信号为电压量，以电压的形式叠加，且 $u_{be} = u_i - u_f$，所以是串联反馈；从输出端看，输出电压作用于反馈网络，且 $u_f = \dfrac{R_{e1}}{R_{e1} + R_F} u_o$，

u_f 与输出电压 u_o 有关，故电路中引入的是电压反馈。因此，反馈组态为电压串联负反馈。

【例 5 - 4】 试分析图 5 - 22 电路中是哪种组态的交流负反馈。

解 利用瞬时极性法，得到 u_F 使差分放大电路的净输入电压 $u_{b1b2} = u_1 - u_F$ 减小，且输入信号与反馈信号不在同一节点，故电路中引入了串联负反馈；输出电压作用到反馈网络，且 $u_F = \dfrac{R_2}{R_2 + R_4} u_O$，故电路

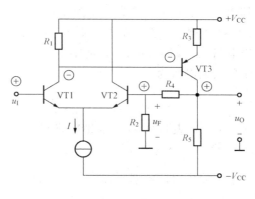

图 5 - 22 ［例 5 - 4］图

中引入的是电压负反馈；所以电路引入了电压串联负反馈。

5.2 深度负反馈放大电路放大倍数的分析

实际应用中放大电路多引入深度负反馈，分析负反馈放大电路的重点是从电路中分离出反馈网络，并求解反馈系数 $\dot{F}$，求解不同组态负反馈放大电路的电压放大倍数 $\dot{A}_{uf}$。下面介绍具有深度负反馈放大电路放大倍数的估算方法。

5.2.1 负反馈放大电路框图及一般表达式

1. 负反馈放大电路框图

如图 5 - 23 所示，在中频段，A、A_f、F 均为实数，因此物理量不再用相量形式表示。

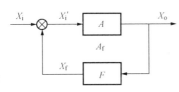

图 5 - 23 负反馈放大电路框图

图中，X_i 为电路的输入量；X_i' 为电路的净输入量；X_o 为电路的输出量；A 为正向传输的开环放大倍数，即基本放大倍数；F 为反向传输的反馈系数；X_f 为电路的反馈量；A_f 为反馈放大电路的放大倍数，即闭环放大倍数。

2. 一般表达式

图 5 - 23 中各物理量的关系如下

$$X_i' = X_i - X_f$$

$$A = \frac{X_o}{X_i'}$$

则

$$X_o = AX_i'$$

$$F = \frac{X_f}{X_o}$$

环路放大倍数

$$AF = \frac{X_f}{X_i'}$$

则

$$X_f = AFX_i'$$

闭环放大倍数

$$A_f = \frac{X_o}{X_i} = \frac{AX_i'}{X_i' + X_f} = \frac{AX_i'}{X_i' + AFX_i'} = \frac{A}{1 + AF} \tag{5 - 1}$$

其中，$|1+AF|$ 称为反馈深度；当 $|1+AF|>1$ 时，$|A_f|<|A|$ 引入负反馈；当 $|1+AF|<1$ 时，$|A_f|>|A|$ 引入正反馈；当 $|1+AF|=0$ 时，$|A_f|$ 趋于无穷大，当电路 $u_i=0$ 时，$u_o≠0$；适用于自激振荡电路。当 $|1+AF|≫1$ 时，电路为深度负反馈，闭环放大倍数为

$$A_f=\frac{A}{1+AF}≈\frac{1}{F} \tag{5-2}$$

式（5-2）表明 A_f 仅与反馈网络有关，与基本放大电路无关。

3. 深度负反馈的实质

由上述分析可知，对于深度负反馈放大电路，有 $A_f≈\frac{1}{F}=\frac{X_o}{X_f}$，且 $A_f=\frac{X_o}{X_i}$。对比上面这两个关系式，分子相同，分母就要 $X_i≈X_f$，实际中 $X_i'=X_i-X_f$，得到 $X_i'≈0$。很明显，深度负反馈的实质是在近似分析中忽略净输入量，即 $X_i'≈0$，$X_i≈X_f$。

对于不同的电路净输入信号不同。当电路引入串联深度负反馈时，净输入信号 X_i' 为净输入电压 u_i'，晶体管为基极到发射极之间的电压 u_{be}，集成运放为同相输入端到反相输入端之间的电压 u_D，净输入电压可忽略不计，且有 $u_i≈u_f$。当电路引入并联深度负反馈时，净输入信号 X_i' 为净输入电流 i_i'，共射、共集放大电路为基极电流 i_b，共基放大电路为发射极电流 i_e，集成运放为输入端电流 i_D，净输入电流可忽略不计，且有 $i_i≈i_f$。当电路工作在深度负反馈时，根据电路的具体情况忽略微小量，进行近似计算，得到电压放大倍数 A_{uf}（很明显计算过程会更简单）。

5.2.2 反馈网络与深度负反馈放大电路电压放大倍数的分析

反馈网络连接放大电路输出、输入端，并且引回反馈量。反馈网络与放大倍数的分析就是找到反馈网络，正确判断反馈组态，利用反馈系数 F 的定义求解 F、计算电压放大倍数 A_{uf}。下面以具体电路进行分析。

1. 电压串联负反馈电路

如图 5-14 所示电路，反馈网络由 R_1、R_2 组成，输出信号为 u_O；反馈信号为 u_F；电路为电压串联负反馈放大电路。所以有

$$F_{uu}=\frac{u_F}{u_O}=\frac{R_1}{R_1+R_2}$$

$$A_{uf}=\frac{u_O}{u_I}≈\frac{u_O}{u_F}=\frac{1}{F_{uu}}=1+\frac{R_2}{R_1}$$

2. 电流串联负反馈

如图 5-15 所示电路，反馈网络由 R 组成，输出信号为 i_O；反馈信号为 u_F；电路为电流串联负反馈放大电路。所以有

$$F_{ui}=\frac{u_F}{i_O}=\frac{i_O R}{i_O}=R$$

$$A_{uf}=\frac{u_O}{u_I}≈\frac{i_O R_L}{u_F}=\frac{R_L}{F_{ui}}=\frac{R_L}{R}$$

3. 电压并联负反馈

如图 5-24 所示电路，反馈网络由 R 组成，输出信号为 u_O；反馈信号为 i_F；电路为电压并联负反馈放大电路。所以有

$$F_{iu} = \frac{i_F}{u_O} = \frac{-\dfrac{u_O}{R}}{u_O} = -\frac{1}{R}$$

$$u_S = i_1 R_s \approx i_F R_s$$

$$A_{usf} = \frac{u_O}{u_s} \approx \frac{u_O}{i_F R_s} = \frac{1}{F_{iu}} \cdot \frac{1}{R_s} = -\frac{R}{R_s}$$

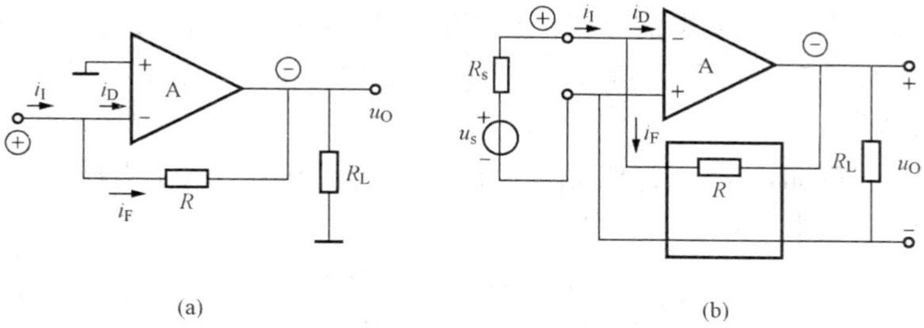

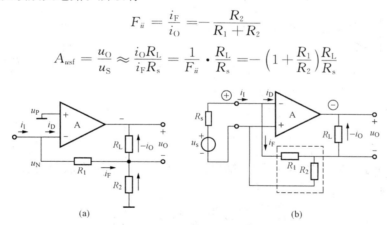

图 5-24　电压并联负反馈放大电路及加实际信号源的电压并联负反馈放大电路
(a) 电压并联负反馈放大电路；(b) 加实际信号源的电压并联负反馈放大电路

4. 电流并联负反馈

如图 5-25 所示电路，反馈网络由 R_1、R_2 组成，输出信号为 i_O；反馈信号为 i_F；电路为电流并联负反馈放大电路。所以有

$$F_{ii} = \frac{i_F}{i_O} = -\frac{R_2}{R_1 + R_2}$$

$$A_{usf} = \frac{u_O}{u_S} \approx \frac{i_O R_L}{i_F R_s} = \frac{1}{F_{ii}} \cdot \frac{R_L}{R_s} = -\left(1 + \frac{R_1}{R_2}\right)\frac{R_L}{R_s}$$

图 5-25　电流并联负反馈放大电路及加实际信号源的电流并联负反馈放大电路
(a) 电流并联负反馈放大电路；(b) 加实际信号源的电流并联负反馈放大电路

由以上分析可知，因为 X_F 仅取决于 X_O，F 由反馈网络决定，所以 F 与电路的输入、输出性质及负载 R_L 无关。如果电路为并联负反馈，计算电压放大倍数时要考虑的是对信号源信号的放大倍数。

需要注意的是：并联负反馈时，信号源内阻 R_s 必不可少。没有内阻，电源为恒压源，反馈将不起作用。所以并联负反馈适用于电源为恒流源的电路，且内阻越大反馈作用越明显。

综上所述，求解深度负反馈放大电路放大倍数的一般步骤如下：

（1）找出反馈网络，正确判断反馈组态。

（2）求解反馈系数 F。

（3）求解电压放大倍数 A_{uf}（或 A_{usf}），$A_{uf} = \dfrac{u_O}{u_1}\left(\text{或}\dfrac{u_O}{u_s}\right)$。

如果电路引入串联负反馈，则 $u_1 \approx u_F$；如果电路引入并联负反馈，大多情况 $u_s \approx i_F R_s$；如果电路引入电压负反馈，u_O 即为输出电压；如果电路引入电流负反馈，则 $u_O = i_O R_L'$。

需要注意的是，输入、输出信号相位相同时，F 和 A_{uf} 均为正；反之为负。

【例 5 - 5】 如图 5 - 26 所示电路，已知 $R_1 = 10\text{k}\Omega$，$R_2 = 100\text{k}\Omega$，$R_3 = 2\text{k}\Omega$，$R_L = 5\text{k}\Omega$。求解深度负反馈条件下的 A_{uf}。

解 由图 5 - 26 可知，R_1、R_2 组成了反馈网络。且电路引入了电压串联负反馈；u_1、u_O 相位相同，A_{uf} 为正，则

$$A_{uf} = \frac{u_O}{u_1} \approx \frac{u_O}{u_F} = \frac{R_1 + R_2}{R_1} = 11$$

【例 5 - 6】 如图 5 - 27 所示电路中，已知 $R_2 = 10\text{k}\Omega$，$R_4 = 100\text{k}\Omega$。求解深度负反馈条件下的电压放大倍数 A_{uf}。

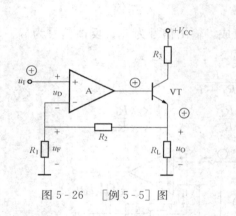 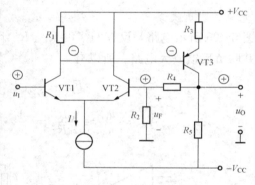

图 5 - 26　［例 5 - 5］图　　　　　图 5 - 27　［例 5 - 6］图

解 由图可知，R_2、R_4 组成了反馈网络。电路引入电压串联负反馈；u_1、u_O 相位相同，A_{uf} 为正，则

$$A_{uf} = \frac{u_O}{u_1} \approx \frac{u_O}{u_F} = \frac{R_2 + R_4}{R_2} = \frac{10 + 100}{10} = 11$$

图 5 - 28　［例 5 - 7］图

【例 5 - 7】 电路如图 5 - 28 所示。试完成：

（1）判断电路引入了哪种组态的交流负反馈。

（2）求解 F 及在深度负反馈条件下的 A_{uf}。

解 （1）R_{e1}、R_f 组成了反馈网络，利用瞬时极性法得到净输入信号 $u_{BE} = u_1 - u_F$，电路引入负反馈；从输出端看，输出电压作用于反馈网络，为电压反馈；从输入端看，输入信号、净输入信号和反馈信号以电压的形式叠加，为串联反馈。所以电路中引入了电压串联负反馈。

（2）由图 5-28 可知 u_I、u_O 相位相同，所以 F、A_{uf} 均为正，则

$$F_{uu} = \frac{u_F}{u_O} = \frac{R_{e1}}{R_{e1} + R_f}$$

$$A_{uf} = \frac{u_O}{u_I} \approx \frac{u_O}{u_F} = \frac{R_{e1} + R_f}{R_{e1}} = 1 + \frac{R_f}{R_{e1}}$$

5.3　负反馈对放大电路性能的影响

放大电路引入负反馈以后，虽然放大倍数有所下降，但放大电路的稳定性有所提高，而且采用负反馈还能够改善放大电路的许多性能。如减小非线性失真，提高放大倍数的稳定性，改变电路的输入、输出电阻，展宽通频带等。

5.3.1　负反馈对放大电路性能的影响

1. 减小非线性失真

对于理想的放大电路，其输出信号与输入信号之间应完全呈线性关系，但是，由于放大器件本身的非线性特性，所以各种放大电路在对信号放大的过程中，一定会出现不同程度的失真，引入负反馈可以减小这种非线性失真。

下面利用框图进行简单分析说明。假设由于放大电路器件本身的非线性，使输入的正弦信号产生了上大下小的失真信号，如图 5-29 所示。

引入负反馈以后，失真信号通过反馈网络送到放大电路的输入端，和输入信号叠加（相减）后，净输入信号变成了上小下大的信号，经过放大电路，将使输出信号得到矫正，如图 5-30 所示，从而利用负反馈可以减小电路的非线性失真。

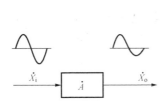

图 5-29　非线性器件使放大电路产生失真

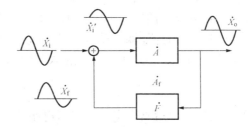

图 5-30　利用负反馈减小非线性失真

2. 提高放大倍数的稳定性

放大电路引入负反馈以后，得到的最直接、最显著的效果就是提高了放大倍数的稳定性。当放大电路引入深度负反馈时，$A_f \approx 1/F$，A_f 几乎取决于反馈网络，而反馈网络通常由电阻、电容组成，因而可获得较好的稳定性。下面就一般情况下闭环放大倍数的关系式进行定量分析。

在中频段，A_f、A 和 F 均为实数，A_f 的表达式为

$$A_f = \frac{A}{1 + AF}$$

对上式求微分

$$dA_f = \frac{(1 + AF)dA - AFdA}{(1 + AF)^2} = \frac{dA}{(1 + AF)^2}$$

两边同时除以 A_f，得到

$$\frac{\mathrm{d}A_f}{A_f} = \frac{1}{1+AF} \cdot \frac{\mathrm{d}A}{A} \tag{5-3}$$

即闭环放大倍数的相对变化量等于开环放大倍数相对变化量的 $1/(1+AF)$ 倍。换句话说，电路引入负反馈以后，放大倍数降低了 $(1+AF)$ 倍，但同时放大倍数的稳定性也提高了 $(1+AF)$ 倍。

【例 5-8】   一个负反馈放大电路，放大倍数 $A=10^4$，反馈系数 $F=0.01$，如果由于某种原因 A 的相对变化量变化了 10%，求解 A_f 的相对变化量是多少？

解   根据 $\dfrac{\mathrm{d}A_f}{A_f} = \dfrac{1}{1+AF} \cdot \dfrac{\mathrm{d}A}{A}$，得到

$$\frac{\mathrm{d}A_f}{A_f} = \frac{1}{1+AF} \cdot \frac{\mathrm{d}A}{A} = \frac{1}{1+10^4 \times 0.01} \times 10\% \approx 0.1\%$$

结果表明，在 A 变化 10% 的情况下，A_f 只变化了 0.1%，即 A_f 由原来的 100 下降到 99.9 或上升到 100.1，变化量减小，稳定性提高。值得注意的是，A_f 的稳定性是以损失放大倍数为代价的，即 A_f 减小到 A 的 $1/(1+AF)$ 倍，才使其稳定性提高到 A 的 $1+AF$ 倍。

3. 改变输入、输出电阻

放大电路引入不同组态的负反馈后，对输入、输出电阻将产生不同的影响，所以在实际应用中，经常通过引入不同组态的负反馈来改变放大电路的输入电阻和输出电阻，以满足各种场合的需要。

（1）负反馈对输入电阻的影响。输入电阻是从放大电路输入端看进去的等效电阻，因而负反馈对输入电阻的影响取决于基本放大电路与反馈网络在输入端的连接方式，即取决于电路引入的是串联反馈还是并联反馈。

1）串联负反馈使输入电阻增大。图 5-31 所示是一个串联负反馈放大电路框图。由图可见，反馈信号与外加输入信号以电压形式叠加，且反馈电压 u_F 将削弱输入信号 u_I 的作用，使净输入电压 u_D 减小。根据输入电阻的定义，基本放大电路的输入电阻为

$$R_{id} = \frac{U_d}{I_i}$$

引入负反馈以后整个电路的输入电阻为

$$R_{if} = \frac{U_i}{I_i} = \frac{U_d + U_f}{I_i}$$

其中 $U_f = AFU_d$，代入上式得

$$R_{if} = \frac{U_d + AFU_d}{I_i} \doteq (1+AF)R_{id} \tag{5-4}$$

式（5-4）表明：电路引入串联负反馈后，放大电路的输入电阻将增大为无反馈时的 $1+AF$ 倍，而与反馈信号的采样方式无关。

2）并联负反馈使输入电阻减小。图 5-32 所示是一个并联负反馈放大电路框图。由图可见，反馈信号与外加输入信号以电流形式叠加，且反馈信号 i_F 将削弱输入信号 i_I 的作用，使净输入电压 i_D 减小。根据输入电阻的定义，基本放大电路的输入电阻为

$$R_{id} = \frac{U_d}{I_d} = \frac{U_i}{I_d}$$

引入负反馈以后整个电路的输入电阻为

$$R_{if} = \frac{U_i}{I_i} = \frac{U_i}{I_d + I_f}$$

其中 $I_f = AFI_d$，代入上式得

$$R_{if} = \frac{U_i}{I_d(1+AF)} = \frac{R_{id}}{(1+AF)} \tag{5-5}$$

式（5-5）表明：电路引入并联负反馈后，放大电路的输入电阻将减小（$1+AF$）倍。

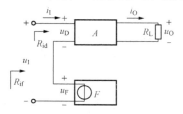
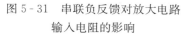

图 5-31　串联负反馈对放大电路
输入电阻的影响

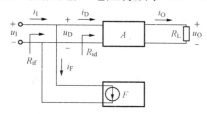

图 5-32　并联负反馈对放大电路
输入电阻的影响

（2）负反馈对输出电阻的影响。输出电阻是从放大电路输出端看进去的等效电阻，因而负反馈对输出电阻的影响取决于基本放大电路与反馈网络在放大电路输出端的连接方式，即取决于电路引入的是电压反馈还是电流反馈。利用加压求流法计算输出电阻，所有的电源置零（电流源断路，电压源短路，即将独立源置零，而保留受控源），$R_o = U_o / I_o$。

1）电压负反馈使输出电阻减小。电压负反馈的作用是稳定输出电压，从电路输出电阻考虑，等同于减小输出电阻。电压负反馈放大电路的框图如图 5-33 所示。

利用加压求流法，当输入信号为 0，负载为无穷大时，在输出端加电压 u_o，产生电流 i_o，输出电阻为

$$R_{of} = U_o / I_o$$

其中 U_o 作用于反馈网络，得到反馈量 $X_f = FU_o$，净输入信号 $X_d = X_i - X_f = -X_f = -FU_o$ 作用于基本放大电路，基本放大电路的输出电阻为 R_o，因为在基本放大电路中已经考虑了反馈网络的负载效应，所以不再重复考虑反馈网络的影响，因此 R_o 通过的电流为 I_o，则有

$$U_o = I_o R_o + AX_d = I_o R_o - AFU_o$$

整理可得

$$R_{of} = \frac{U_o}{I_o} = \frac{R_o}{1+AF} \tag{5-6}$$

式（5-6）表明：电压负反馈使输出电阻减小（$1+AF$）倍，与反馈信号和输入信号的叠加方式无关。

2）电流负反馈使输出电阻增大。电流负反馈的作用是稳定输出电流，使输出电阻增大。电流负反馈放大电路框图如图 5-34 所示。当输入信号为 0，负载为无穷大时，在输出端加电压 u_o，产生电流 i_o，输出电阻为 $R_{of} = U_o / I_o$。

其中 I_o 作用于反馈网络，得到反馈量 $X_f = FI_o$，净输入信号 $X_d = X_i - X_f = -X_f = -FI_o$ 作用于基本放大电路。R_o 为基本放大电路的输出电阻，同样在基本放大电路中已经考虑了反馈网络的负载效应，所以不再重复考虑反馈网络的影响，因此 R_o 两端的电压为 u_o。不考虑反馈网络输入端的作用，则

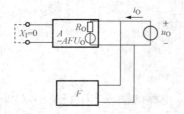 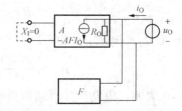

图 5-33　电压负反馈对放大电路　　　　图 5-34　电流负反馈对放大电路
　　　　　输出电阻的影响　　　　　　　　　　　输出电阻的影响

$$I_o \approx \frac{U_o}{R_d} + AX_d = \frac{U_o}{R_o} - AFI_o$$

整理可得

$$R_{of} = \frac{U_o}{I_o} = (1+AF)R_o \qquad (5-7)$$

式（5-7）表明：电流负反馈使输出电阻增大（1+AF）倍。

综上所述，负反馈对放大电路输入、输出电阻的影响规律是：对输入电阻的影响取决于反馈信号与输入信号的叠加方式，与采样方式无关，串联负反馈使输入电阻增大，并联负反馈使输入电阻减小。对输出电阻的影响取决于反馈信号的采样方式，与叠加方式无关，电压负反馈使输出电阻减小，电流负反馈使输出电阻增大。由上述分析可知，负反馈对输入、输出电阻改变的量值都是（1+AF）倍。

4. 展宽通频带

引入负反馈以后，放大倍数的稳定性得到了提高，同时放大倍数减小。下面具体分析当引起放大倍数的不稳定因素是频率时，负反馈对放大电路通频带的影响。

在放大电路的频率响应中，以单管基本放大电路为例，其高频特性为

$$\dot{A}_h = \dot{A}_m \frac{1}{1+j\dfrac{f}{f_H}}$$

引入负反馈以后，电路放大倍数为

$$\dot{A}_{hf} = \frac{\dot{A}_h}{1+\dot{A}_h \dot{F}} = \frac{\dot{A}_m \dfrac{1}{1+j\dfrac{f}{f_H}}}{1+\dot{A}_m \dfrac{1}{1+j\dfrac{f}{f_H}} \dot{F}} = \frac{\dot{A}_m}{1+j\dfrac{f}{f_H}+\dot{A}_m \dot{F}}$$

$$= \frac{\dfrac{\dot{A}_m}{1+\dot{A}_m \dot{F}}}{1+j\dfrac{f}{(1+\dot{A}_m \dot{F})f_H}} = \frac{\dot{A}_{mf}}{1+j\dfrac{f}{f_{Hf}}}$$

式中　$\dot{A}_{mf}$——负反馈中频放大倍数；

　　　f_{Hf}——负反馈放大电路的上限截止频率，且

$$f_{Hf} = (1+\dot{A}_m \dot{F})f_H \qquad (5-8)$$

式（5-8）表明，引入负反馈以后，上限截止频率增大到基本放大电路的（$1+\dot{A}_m \dot{F}$）倍。

同理，利用上述推导方法，在低频特性中，下限截止频率的表达式为 $f_{Lf} = \dfrac{f_L}{1 + \dot{A}_m \dot{F}}$，表明引入负反馈以后，下限截止频率减小 $(1 + \dot{A}_m \dot{F})$ 倍。

由以上分析可以看出，引入负反馈后，上限截止频率增大，下限截止频率减小，通频带变宽且为基本放大电路的 $(1 + \dot{A}_m \dot{F})$ 倍。

图 5-35 所示为通频带变宽示意图。图中基本放大电路的上限截止频率 f_H，下限截止频率 f_L，通频带为 f_{bw}；反馈放大电路的上限截止频率为 f_{Hf}，下限截止频率为 f_{Lf}，通频带为 f_{bwf}。

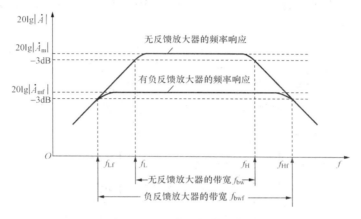

图 5-35　展宽通频带示意图

5.3.2　放大电路引入负反馈的一般原则

放大电路引入负反馈以后，可以使其多方面的性能得到改善，且反馈组态不同，对放大电路性能的影响不同。所以引入负反馈时，应根据不同的目的、不同的要求，引入合适的负反馈组态。一般遵循以下原则：

（1）为了稳定静态工作点，需引入直流负反馈；为了改善电路的动态性能，应引入交流负反馈。

（2）为了充分利用信号源或提高信号源的利用率，根据信号源的性质引入串联负反馈或并联负反馈。当信号源为恒压源或内阻较小的电压源时，引入串联负反馈；当信号源为恒流源或内阻较大的电流源时，引入并联负反馈。

（3）根据负载对放大电路输出量的要求引入电压或电流负反馈。当负载需要稳定的电压信号时，引入电压负反馈；当负载需要稳定的电流信号时，引入电流负反馈。

（4）在需要进行信号变换时，选择合适的组态。若将电流信号转换成电压信号，应引入电压并联负反馈；若将电压信号转换成电流信号，应引入电流串联负反馈；若将电流信号转换成与之成比例的电流信号，应引入电流并联负反馈；若将电压信号转换成与之成比例的电压信号，应引入电压串联负反馈。

【例 5-9】　以集成运放作为放大电路，引入合适的负反馈，分别达到下列目的，要求画出相应的电路图。

（1）实现电流—电压转换电路。

（2）实现电压—电流转换电路。

（3）实现输入电阻高、输出电压稳定的电压放大电路。

（4）实现输入电阻低、输出电流稳定的电流放大电路。

解　根据题目要求，设计相应电路如图 5 - 36 所示。

（1）实现电流—电压转换电路引入电压并联负反馈，如图 5 - 36 （a）所示。

（2）实现电压—电流转换电路引入电流串联负反馈，如图 5 - 36 （b）所示。

（3）实现输入电阻高、输出电压稳定的电压放大电路引入电压串联负反馈，如图 5 - 36 （c）所示。

（4）实现输入电阻低、输出电流稳定的电流放大电路引入电流并联负反馈，如图 5 - 36 （d）所示。

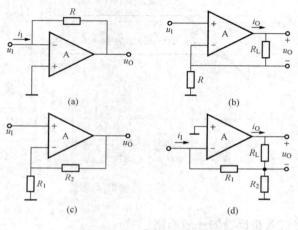

图 5 - 36　　［例 5 - 9］图

5.4　负反馈放大电路的稳定性

从 5.3 节可知，引入负反馈能改善放大电路的性能。理论上，反馈越深，性能改善得越好。并且放大电路性能改善和提高的程度取决于反馈深度（$1+AF$）的大小，一般情况下，反馈深度（$1+AF$）越大，负反馈的效果越好，但如果电路设计不合理，反馈过深，将有可能在某一频率上出现自激振荡，此时电路将不能正常工作，不但不能改善放大电路的性能，反而使电路产生自激振荡而不能稳定工作。

负反馈电路产生自激振荡的原因如下：如放大电路在高频段时，输出电压和输入电压之间会产生随频率变化的附加相位差，如果在某一个频率附加相位差达到 180°，经过反馈网络之后，将使反馈信号改变极性，使负反馈变成正反馈，当正反馈达到一定强度时，就会产生自激振荡。此外，电路的分布参数（如耦合电容、分布电容等）也会使信号产生附加相位差而出现正反馈。实际应用中，负反馈电路在高频段比在低频段更容易产生自激振荡。

电路产生自激振荡以后，可以采用相应的补偿方法进行消除。常用的方法是在电路中接入校正网络（电容或电容—电阻网络）进行补偿，其原理是改变电路的高频特性，使附加相位差在 180°时的反馈强度降低，进而破坏自激振荡产生的条件——幅值振荡条件。

关于校正网络在电路的接入位置及参数设置等问题，一般情况要先进行理论分析，然后通过实验或仿真来确定。

下面先进行理论分析。在反馈放大电路的适当位置接入一个电容，构成电容补偿电路，如图 5-37 所示，该电容在低、中频时由于容抗很大，基本不起作用；在高频时，容抗减小，使前一级放大电路的增益下降，从而破坏了自激振荡产生的幅值振荡条件，进而消除自激振荡。

电容补偿简单，并且能够达到一定的效果，但这种方法往往以牺牲放大电路的通频带为代价，使得电路的高频特性减弱。RC 补偿电路在原理上与电容补偿相似，而且能够减小通频带的损失。其基本电路如图 5-38 所示。

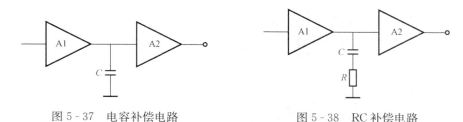

图 5-37　电容补偿电路　　　　　　　　图 5-38　RC 补偿电路

在实际应用中，无论哪种补偿方法，都可以用很简单的电路来实现，关键是要正确理解消除自激振荡的基本原理。至于元件参数的计算，可以借助计算机仿真软件来完成。需要注意的是，任何设计方案，最终都要通过实验测试才能达到预期效果，这也是学习电子技术的基本规则。

5.5　Multisim 应用举例

本节用 Multisim 仿真实现引入负反馈对放大电路动态性能的影响。

1. 仿真电路

仿真电路如图 5-39 所示。

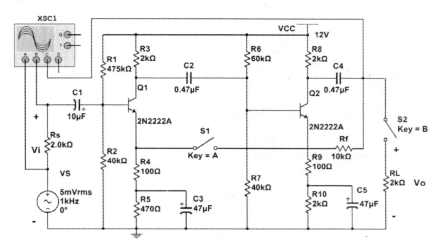

图 5-39　负反馈放大电路仿真电路

2. 仿真内容

引入负反馈后对放大电路动态性能的影响如图5-40所示。接通±12V电源，测试有、无反馈时的输入、输出电阻，电压放大倍数等动态参数的变化，用测试数据说明负反馈对电路性能的影响。

3. 仿真结果

仿真结果如表5-1所示。

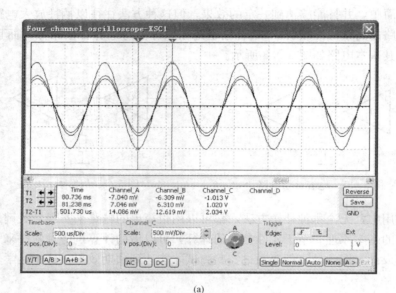

(a)

(b)

图5-40　引入反馈前后的各路波形（一）

（a）开环无负载各路波形；（b）开环加负载各路波形

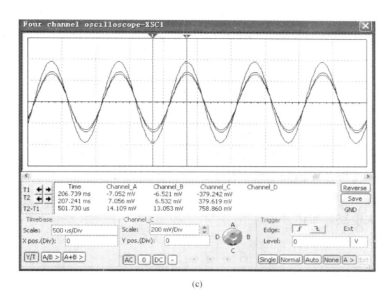

(c)

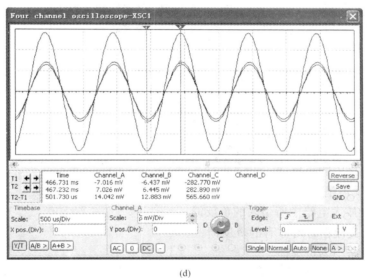

(d)

图 5 - 40　引入反馈前后的各路波形（二）

（c）引入负反馈、无负载各路波形；（d）引入反馈、加负载的各路波形

表 5 - 1				仿　真　结　果				
信号源 V_S （mV）	S1 状态	S2 状态	输入电压 V_i （mV）	输出电压 V_o （mV）	电压放大 倍数	R_i （kΩ）	R_o （kΩ）
5	打开	打开	4.46	719.24	161.26	16.52	1.88
5	打开	闭合	4.43	368.10	83.09	15.54	1.88
5	闭合	打开	4.62	268.34	60.17	24.32	0.74
5	闭合	闭合	4.56	200.02	43.86	20.73	0.74

4. 结论

电路引入了电压串联负反馈，Multisim 仿真结果表明，串联负反馈使输入电阻增大；电压负反馈使输出电阻减小；负反馈使放大倍数减小等。

习　题

5-1　什么是反馈？什么是正反馈和负反馈？什么是交流反馈和直流反馈？什么是电压反馈和电流反馈？什么是串联反馈和并联反馈？为什么要引入反馈？如何判断反馈组态？什么是深度负反馈？深度负反馈的实质是什么？

5-2　选择题

（1）对于放大电路，所谓开环是指_____。

A. 无信号源　　　　　　　　　　　　B. 无反馈通路

C. 无电源　　　　　　　　　　　　　D. 无负载

而所谓闭环是指_____。

A. 考虑信号源内阻　　　　　　　　　B. 存在反馈通路

C. 接入电源　　　　　　　　　　　　D. 接入负载

（2）在输入量不变的情况下，若引入反馈后_____，则说明引入的反馈是负反馈。

A. 输入电阻增大　　　　　　　　　　B. 输出量增大

C. 净输入量增大　　　　　　　　　　D. 净输入量减小

（3）直流负反馈是指_____。

A. 直接耦合放大电路中所引入的负反馈

B. 只有放大直流信号时才有的负反馈

C. 在直流通路中的负反馈

（4）交流负反馈是指_____。

A. 阻容耦合放大电路中所引入的负反馈

B. 只有放大交流信号时才有的负反馈

C. 在交流通路中的负反馈

（5）为了稳定静态工作点，应引入_____；为了稳定放大倍数，应引入_____；为了改变输入电阻和输出电阻，应引入_____；为了抑制温漂，应引入_____；为了展宽频带，应引入_____。

A. 直流负反馈　　　　　　　　　　　B. 交流负反馈

（6）为了稳定放大电路的输出电压，应引入_____负反馈；为了稳定放大电路的输出电流，应引入_____负反馈；为了增大放大电路的输入电阻，应引入_____负反馈；为了减小放大电路的输入电阻，应引入_____负反馈；为了增大放大电路的输出电阻，应引入_____负反馈；为了减小放大电路的输出电阻，应引入_____负反馈。

A. 电压　　　　　　B. 电流　　　　　　C. 串联　　　　　D. 并联

5-3　判断题

（1）只要在放大电路中引入反馈，就一定能使其性能得到改善。　　　　　　（　　）

（2）放大电路的级数越多，引入的负反馈越强，电路的放大倍数也就越稳定。　（　　）

（3）反馈量仅仅取决于输出量。　　　　　　　　　　　　　　　　　（　　）

（4）既然电流负反馈稳定输出电流，那么必然稳定输出电压。　　　（　　）

5-4　分析图5-41所示各电路是否存在反馈？如果有反馈，是正反馈还是负反馈？是交流反馈还是直流反馈？是电压反馈还是电流反馈？如果电路有交流负反馈，判断反馈组态（多级放大电路，只判断级间反馈）；计算深度负反馈条件下的电压放大倍数A_{uf}或$\dot{A}_{usf}$。假设图中所有电容对交流信号均可视为短路。

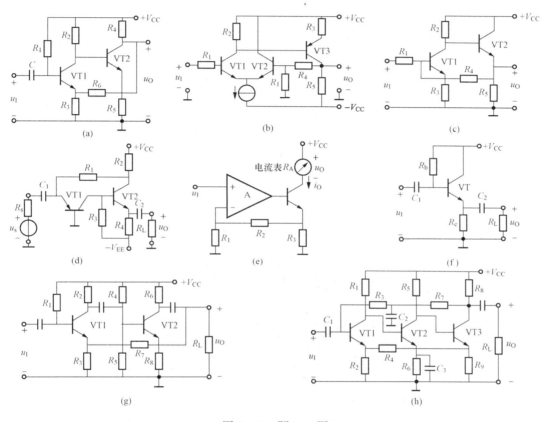

图5-41　题5-4图

5-5　分析图5-42所示各电路是否存在反馈？如果有反馈，是正反馈还是负反馈？是交流反馈还是直流反馈？是电压反馈还是电流反馈？如果电路有交流负反馈，判断反馈组态（多级放大电路，只判断级间反馈）；计算深度负反馈条件下的电压放大倍数A_{uf}或$\dot{A}_{usf}$。设图中所有电容对交流信号均可视为短路。

5-6　电路如图5-43所示，为了达到以下目的，分别说明应引入哪种组态的反馈以及电路如何连接，并计算深度负反馈条件下的电压放大倍数。

（1）减小放大电路从信号源索取的电流并增强电路带负载能力。

（2）将输入电流i_1转换成与之成稳定线性关系的输出电流i_O。

（3）将输入电流i_1转换成稳定的输出电压u_O。

（4）将输入电压u_1转换成稳定的输出电流i_O。

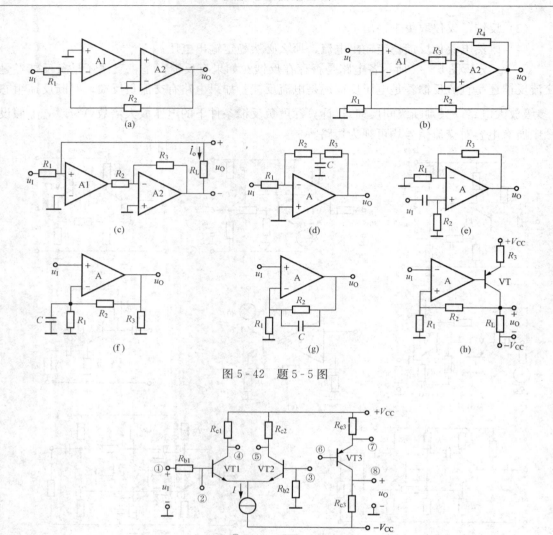

图 5 - 42 题 5 - 5 图

图 5 - 43 题 5 - 6 图

6 信 号 发 生 电 路

在电子电路中，常常需要各种各样的波形信号，如正弦波、方波、三角波等作为测试信号或控制信号。产生各种信号的电路称之为振荡电路。振荡电路是在没有外加输入信号的情况下，依靠电路自身振荡而产生输出信号的电路。如果产生的信号为正弦信号，则电路为正弦波振荡电路；如果产生的信号为脉冲信号，则电路为脉冲波振荡电路。产生的信号不同，对应的振荡电路也不同。

教学目标

1. 理解正弦波振荡电路的基本组成和工作原理。
2. 学会分析 RC 正弦波振荡电路、掌握振荡频率的计算及负反馈网络元件大小的选择。
3. 掌握 LC 正弦波振荡电路的分析以及判断能否产生正弦波振荡的方法。
4. 熟练掌握电压比较器的分析方法。
5. 了解非正弦波振荡电路的构成和工作原理。

6.1 正弦波振荡电路

正弦波振荡电路是在没有外加输入信号的情况下，依靠电路自激振荡而产生正弦波信号的电路。主要用于自动控制、无线通信、测量等领域，在模拟电子技术中作为测试信号。

6.1.1 产生正弦波振荡的条件

图 6-1 所示是一个正弦波振荡电路框图。图 6-1（a）电路中，当电路开关 1、3 相连时，放大电路 $\dot{A}$ 有 $\dot{U}_i$ 输入，则输出信号 $\dot{U}_o = \dot{A}\dot{U}_i$，$\dot{U}_o$ 经反馈网络后，产生反馈信号 $\dot{U}_f = \dot{F}\dot{U}_o$。在一定条件下，如果 $\dot{U}_f = \dot{U}_i$，即两信号大小相等、相位相同，则电路引入正反馈。输入端的开关由 1 转换到 2 时，如图 6-1（b）中 2、3 相连，反馈信号 $\dot{U}_f$ 取代 $\dot{U}_i$，此时电路不再有外加输入信号，电路本身产生的信号就能保证输出端有 $\dot{U}_o$ 信号，从而形成了基本振荡电路。

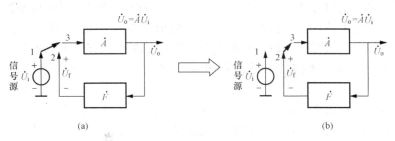

图 6-1　正弦波振荡电路框图

（a）引入反馈框图；（b）反馈信号代替输入信号框图

根据上述分析，有

$$\dot{U}_f = \dot{U}_i$$

$$\dot{U}_\circ = \dot{A}\dot{U}_i$$

$$\dot{U}_f = \dot{F}\dot{U}_\circ = \dot{A}\dot{F}\dot{U}_i$$

从而得到电路产生正弦波振荡的平衡条件

$$\dot{A}\dot{F} = 1 \tag{6-1}$$

将式（6-1）写成模和相角的形式，得到产生正弦波振荡的幅值平衡条件和相位平衡条件。其中

幅值平衡条件

$$|\dot{A}\dot{F}| = 1 \tag{6-1a}$$

相位平衡条件

$$\varphi_A + \varphi_F = 2n\pi(n\,取整数) \tag{6-1b}$$

为保证电路输出端产生信号 $\dot{U}_\circ$，电路刚开始工作时，需要一个初始信号（通常为电扰动或噪声等，如开关闭合，其中含有各种频率、不同幅值的正弦信号，而且一定会有一个频率信号满足相位条件，实际振荡电路中无初始信号），初始信号幅值往往比较小，如果希望信号能够达到足够大，则要求

$$|\dot{A}\dot{F}| > 1 \tag{6-2}$$

式（6-2）为电路振荡起振的幅值条件，可以保证 $\dot{U}_f > \dot{U}_i$，使 $\dot{U}_\circ$ 增大。由于晶体管的非线性，当 $\dot{U}_\circ$ 达到一定程度以后，放大倍数 $\dot{A}$ 下降，最终使电路达到动态平衡。从而得到产生正弦波振荡的幅值条件

$$|\dot{A}\dot{F}| \geqslant 1 \tag{6-3}$$

同时要满足相位条件

$$\varphi_A + \varphi_F = 2n\pi(n\,取整数)$$

6.1.2　正弦波振荡电路的组成和分类

1. 正弦波振荡电路的组成

正弦波信号是具有一定频率、按正弦规律变化的信号，要想产生正弦波信号，正弦波振荡电路除满足以上振荡条件，即包含放大电路、反馈网络（正反馈）以外，电路中还要有选频网络。也就是说，通过选频网络，使振荡信号的频率唯一确定。同时自激振荡本身是一个不稳定的过程，理论上讲，振荡所产生的信号的幅值是不稳定的，所以需要一个稳幅环节，以保证获得幅值稳定的信号。所以，正弦波振荡电路的组成共有以下四个部分。

（1）放大电路。保证电路能够从起振到动态平衡的过程，使电路获得一定幅值的输出量。

（2）选频网络。确定电路的振荡频率，保证电路产生正弦波振荡。

（3）正反馈网络。引入正反馈，使放大电路的输入信号等于反馈信号。

（4）稳幅环节。即非线性环节，其作用是使输出信号幅值稳定。

在实际应用中，常将选频网络和正反馈网络合二为一。同时由于放大电路中晶体管的非线性，信号的幅值不可能无限增大，因此对分立元件放大电路，不再加稳幅环节，而是依靠

晶体管特性的非线性起到稳幅的作用。

2. 正弦波振荡电路类型

正弦波振荡电路常用选频网络所用元件来命名，分为 RC 正弦波振荡电路、LC 正弦波振荡电路和石英晶体正弦波振荡电路。其中，RC 正弦波振荡电路的振荡频率较低，一般在 1MHz 以下；LC 正弦波振荡电路的振荡频率多在 1MHz 以上；石英晶体正弦波振荡电路也可等效为 LC 正弦波振荡电路，其特点是振荡频率非常稳定。

3. 判断电路能否产生正弦波振荡的方法和步骤

（1）观察电路的组成。是否包含放大电路、选频网络、正反馈网络和稳幅环节四个组成部分。

（2）判断放大电路的工作情况。包括：①是否有合适的静态工作点；②动态信号能否正常放大。

（3）利用瞬时极性法判断电路是否满足正弦波振荡的相位条件，判断反馈网络的反馈极性。具体判断方法为：如图 6-2 所示，从放大电路的输入端断开反馈，假定放大电路输入信号 $\dot{U}_i$，并设 $\dot{U}_i$ 瞬时极性，经放大电路 $\dot{A}$，确定输出信号 $\dot{U}_o$ 极性，信号经反馈网络 $\dot{F}$ 引回到输入端产生反馈信号 $\dot{U}_f$，确定 $\dot{U}_f$ 的极性。如

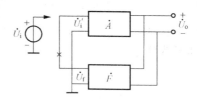

图 6-2　反馈网络的反馈极性的判断

果 $\dot{U}_f$、$\dot{U}_i$ 极性相同，则为正反馈，具备振荡条件；反之，$\dot{U}_f$、$\dot{U}_i$ 极性相反，则为负反馈，不具备振荡条件。

（4）判断电路是否满足幅值条件，即是否满足振荡条件，在相位条件满足的情况下，求解电路中的 $\dot{A}$、$\dot{F}$。如果 $|\dot{A}\dot{F}| \geqslant 1$，电路可以振荡，否则 $|\dot{A}\dot{F}| < 1$，电路不能够振荡。一般情况，电路只要满足相位条件，$|\dot{A}\dot{F}| \geqslant 1$ 较易实现。

6.1.3　RC 正弦波振荡电路

RC 正弦波振荡电路形式多样，本书仅介绍 RC 桥式正弦波振荡电路，又称为文氏桥式振荡电路。

1. RC 串并联选频网络

将电阻 R_1 与电容 C_1 串联、电阻 R_2 与电容 C_2 并联所组成的网络称为 RC 串并联选频网络。网络中 R、C 可以相等，也可以不等，通常情况下 $R_1 = R_2 = R$，$C_1 = C_2 = C$。在正弦波振荡电路中，RC 串并联选频网络既为选频网络，又为正反馈网络，如图 6-3 所示，其输入信号为 $\dot{U}_o$，输出信号为 $\dot{U}_f$。

对于 RC 串并联网络，当电路信号频率很低时，等效电路及相量图如图 6-3（b）所示，利用电路相量分析可知，$\dot{U}_f$ 超前 $\dot{U}_o$。当频率接近于零时，相位超前趋近于 90°，且 $|\dot{U}_f|$ 趋近于 0。也就是说，输出信号 $\dot{U}_f$ 将随信号频率的降低而减小；当电路信号频率足够高时，等效电路及相量图如图 6-4（a）所示。利用电路相量分析可知，$\dot{U}_f$ 滞后 $\dot{U}_o$，当频率接近于无穷大时，相位滞后趋近于 90°，且 $|\dot{U}_f|$ 趋近于 0。即输出信号 $\dot{U}_f$ 将随信号频率的升高而减小。由以上分析可知，当信号频率达到某一确定值时，输出信号 $\dot{U}_f$ 将达到最大值，意味着该网络具有选频特性。

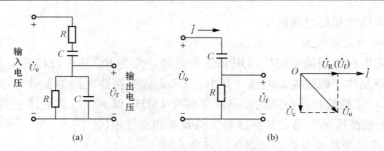

图 6-3　RC 串并联选频网络和低频等效电路及相量图
(a) RC 串并联电路；(b) 低频等效电路及相量图

对比图 6-3（b）、图 6-4（a），如果以 $\dot{U}_f$ 作为参考相量，得到全频相量图如图 6-4（b）所示。当信号频率由低向高变化时，$\dot{U}_f$ 与 $\dot{U}_o$ 的相位差的变化范围为 $90° \rightarrow -90°$，其中必有一个频率 $f = f_0$ 使得 $\dot{U}_f$ 和 $\dot{U}_o$ 相位相同，电路呈纯电阻性质，而且输出信号 $|\dot{U}_f|$ 最大，此时 F 为实数。

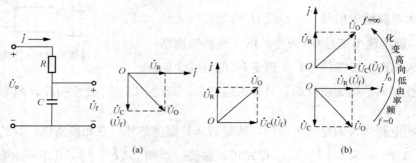

图 6-4　RC 串并联选频网络高频等效电路及相量图
(a) 高频等效电路及相量图（右侧相量图为左侧相量图转 $90°$）；(b) 全频相量图

下面针对 f_0 进行定量分析。电路的频率特性表达式为

$$\dot{F} = \frac{\dot{U}_f}{\dot{U}_o} = \frac{R // \dfrac{1}{j\omega C}}{R + \dfrac{1}{j\omega C} + R // \dfrac{1}{j\omega C}} = \frac{1}{3 + j\left(\omega RC - \dfrac{1}{\omega RC}\right)}$$

令 $\omega_0 = \dfrac{1}{RC}$，则有 $f_0 = \dfrac{1}{2\pi RC}$，f_0 即为电路的固有频率，又称为振荡频率。整理上述表达式可得

$$\dot{F} = \frac{1}{3 + j\left(\dfrac{\omega}{\omega_0} - \dfrac{\omega_0}{\omega}\right)} = \frac{1}{3 + j\left(\dfrac{f}{f_0} - \dfrac{f_0}{f}\right)} \tag{6-4}$$

上式用模值和相角表示可得幅频特性和相频特性为

$$\begin{cases} |\dot{F}| = \dfrac{1}{\sqrt{3^2 + \left(\dfrac{f}{f_0} - \dfrac{f_0}{f}\right)^2}} \\ \varphi_F = -\arctan\dfrac{1}{3}\left(\dfrac{f}{f_0} - \dfrac{f_0}{f}\right) \end{cases}$$

当 $f=f_0$ 时，有

$$f_0 = \frac{1}{2\pi RC} \tag{6-5}$$

$$|\dot{F}|_{max} = \frac{1}{3} \tag{6-6}$$

此时 $|\dot{U}_f| = \frac{1}{3} |\dot{U}_o|$，且 $\varphi_F = 0°$。F 为实数，输出信号 $\dot{U}_f$ 最大，网络呈电阻性质。

RC 串并联选频网络的频率特性曲线如图 6-5 所示。

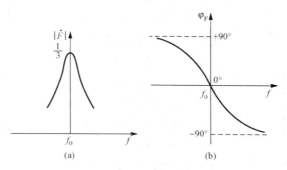

图 6-5 RC 串并联选频网络的频率特性曲线
(a) 幅频特性；(b) 相频特性

2. RC 桥式正弦波振荡电路

根据正弦波振荡电路振荡条件 $\dot{A}\dot{F} \geq 1$，利用 RC 串并联选频网络（同时又是正反馈网络），当 $f=f_0$ 时，$F=1/3$，$\varphi_F=0°$。选用与之相对应的满足电路振荡条件的放大电路和 RC 串并联选频网络结合起来，即可组成 RC 桥式正弦波振荡电路，并且保证放大电路 $|A| \geq 3$（因为 $\dot{A}\dot{F} \geq 1$，$F_{max}=1/3$）。即放大电路要满足幅值条件 $|A| \geq 3$，相位条件 $\varphi_A = 2n\pi$（n 取整数）。

实际应用中，所选用的放大电路往往要求 R_i 尽可能大，R_o 尽可能小，以减小放大电路对选频特性的影响，使振荡频率 f_0 几乎取决于选频网络。所以根据上述要求，放大电路常常引入电压串联负反馈。

由 RC 串并联选频网络和同相比例运算放大电路构成的 RC 桥式正弦波振荡电路如图 6-6 所示。

从图 6-6 所示电路可以看出，放大电路引入了一定的负反馈，其目的是为了改善电路输出信号的质量，减小非线性失真。另外，通过深度负反馈的作用，能够很准确地控制放大电路的电压放大倍数。

RC 串并联选频网络在 $f=f_0$ 时，$F=1/3$，$\varphi_F=0°$。电路满足 $\dot{A}\dot{F} \geq 1$，$\varphi_A + \varphi_F = 2n\pi$ 时，放大电路只要满足 $|A| \geq 3$，$\varphi_A = 2n\pi$，就可以产生正弦波信号。而电路

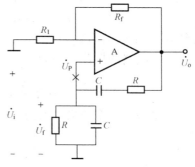

图 6-6 RC 桥式正弦波振荡电路

$A_u = 1 + \frac{R_f}{R_1}$ 很容易满足 $|A| \geq 3$，此时电路已满足 $\dot{U}_i$、$\dot{U}_f$ 同相位，只要保证 $R_f \geq 2R_1$，电

路即为正弦波振荡电路。

综上所述，正弦波振荡电路的振荡频率（选频网络的固有频率）为 $f_0 = \dfrac{1}{2\pi RC}$，放大电路的电压放大倍数需满足 $A_u = 1 + \dfrac{R_f}{R_1} \geqslant 3$ 即可。

3. 稳幅环节

通常情况下，集成运放的输入、输出具有良好的线性关系，要想利用元件的非线性实现

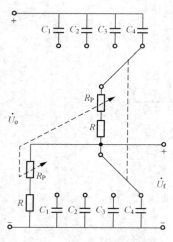

图 6-7　振荡频率可调的
RC 串并联选频网络

稳幅，只要将 R_f 或 R_1 换成热敏电阻即可（R_f 或 R_1 为负温度系数电阻，也可用二极管作为非线性环节）。当温度变化时，R_f 或 R_1 的阻值随温度发生变化。起振时 $\dot{A}\dot{F} > 1$，使 $u_o \uparrow \to i_o \uparrow \to t \uparrow \to R_f \downarrow \to A_u \downarrow$，经过一段时间以后，最后 $\dot{A}\dot{F} = 1$ 达到动态平衡。

4. 振荡频率可调的 RC 桥式正弦波振荡电路

为了使振荡频率连续可调，常在 RC 串并联选频网络中，用双层波段开关连接不同的电容作为振荡频率 f_0 的粗调；用同轴电位器实现 f_0 的微调。如图 6-7 所示，电路振荡频率的可调范围为几赫兹到几百千赫兹。

因为 $f_0 = \dfrac{1}{2\pi RC}$，只要改变 R 或 C 任何一个元件的大小，f_0 就会随之变化，从而实现 f_0 的可调。其中，R 可以用电位器 R_P 代替，常用于实现 f_0 的细调；C 采用分挡电容，常用于实现 f_0 的粗调。

【例 6-1】　电路如图 6-8 所示，求解：

（1）R'_P 的下限值。

（2）振荡频率的调节范围。

解　（1）根据电路的振荡条件 $|\dot{A}\dot{F}| \geqslant 1$，又有 $F_{max} = 1/3$；于是要求：$A \geqslant 3$，即

$$R_f + R'_P \geqslant 2R$$

$$R'_P \geqslant 2\text{k}\Omega$$

得到 R'_P 的下限值为 $2\text{k}\Omega$。

（2）电路的振荡频率为

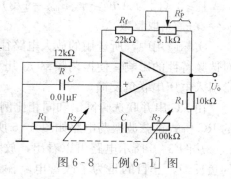

图 6-8　[例 6-1] 图

$$f_0 = \frac{1}{2\pi(R_1 + R_2)C}$$

电路振荡频率的最大值为

$$f_{0max} = \frac{1}{2\pi R_1 C} \approx 1.6\text{kHz}$$

电路振荡频率的最小值为

$$f_{0min} = \frac{1}{2\pi(R_1 + R_2)C} \approx 145\text{Hz}$$

所以振荡频率的调节范围为 $145\text{Hz} \sim 1.6\text{kHz}$。

6.1.4　LC正弦波振荡电路

当需要高频正弦波信号时，一般采用LC正弦波振荡电路。从电路的工作原理可知，它与RC振荡电路相似，都是利用正反馈的方法实现振荡，其中选频网络由LC电路组成。

1. LC并联电路的频率特性

常见的LC正弦波振荡电路中的选频网络多采用LC并联网络，如图6-9所示。当信号频率较低时，电容的容抗很大，网络呈电感性；当信号频率较高时，电感的感抗很大，网络呈电容性；只有当信号频率 $f=f_0$ 时，网络呈纯电阻性，且阻抗无穷大。这时电路产生电流谐振，电容的电场能和电感的磁场能相互转换。

利用电路相量分析方法求解LC并联网络的振荡频率。如图6-10所示，当电路元件LC并联时，以电压作为参考相量。其中

$$\dot{I}_C = \frac{\dot{U}}{X_C} = \frac{\dot{U}}{\frac{1}{2\pi f C}} = 2\pi f C \dot{U}$$

$$\dot{I}_L = \frac{\dot{U}}{X_L} = \frac{\dot{U}}{2\pi f L}$$

当 $\dot{I}_C = \dot{I}_L$ 时，电路工作在谐振状态，此时有

$$f = f_0 = \frac{1}{2\pi \sqrt{LC}} \tag{6-7}$$

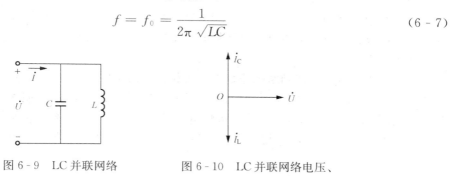

图6-9　LC并联网络　　　　图6-10　LC并联网络电压、
　　　　　　　　　　　　　　　电流相量分析图

LC并联网络呈纯电阻性，$\varphi=0$，$\dot{U}$ 和 $\dot{I}$ 同相位，且阻抗无穷大。如果将LC并联选频网络作为共射放大电路的集电极负载，则构成选频放大电路，如图6-11所示。

2. 选频放大电路（谐振放大电路）

当工作信号频率与LC电路的固有频率 f_0 相同，即 $f=f_0$ 时，LC电路产生谐振，其阻抗 Z 达到最大值，此时电路呈纯电阻性，放大电路的电压放大倍数 $\dot{A}_u = -\beta \dfrac{Z}{r_{be}}$ 最大，且无附加相位。而对

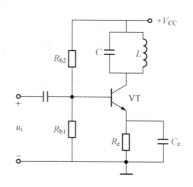

图6-11　选频放大电路

于其他频率的信号，LC电路失谐，电路阻抗减小，放大电路的放大作用也减小。放大电路中的集电极负载电阻用LC并联选频网络代替，从而电路具有了选频特性。如果放大电路引入正反馈，并能用反馈电压取代输入信号 u_i，则电路构成了正弦波振荡电路。

根据引入反馈方式的不同，LC 正弦波振荡电路可分为变压器反馈式正弦波振荡电路、电感反馈式正弦波振荡电路、电容反馈式正弦波振荡电路三种电路方式。

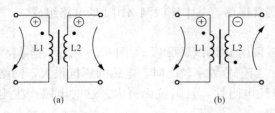

图 6 - 12　变压器绕组同名端和异名端的
相位关系图
(a) 同名端；(b) 异名端

3. 变压器反馈式正弦波振荡电路

变压器绕组两端的信号极性和变压器同名端、异名端有关，两端极性相同为同名端（用相同的符号表示）；两端极性相反为异名端（用不同的符号表示）。变压器线圈同名端和异名端的相位关系如图 6 - 12 所示。同名端输出和输入极性（相位）相同，异名端输出和输入极性（相位）相反。

变压器反馈式正弦波振荡电路如图 6 - 13 (a) 所示。利用变压器的二次绕组将 u_f 引回到输入端代替输入信号 u_i。

下面从变压器反馈式正弦波振荡电路的工作原理具体分析电路能否实现正弦波振荡。

(1) 观察电路组成。电路由以下四部分组成：①晶体管构成的共射放大电路；②LC 并联电路构成的选频网络；③变压器引回反馈信号的正反馈网络；④晶体管的非线性实现稳幅。由此可见，电路满足基本的组成条件。

(2) 判断电路的工作情况。图 6 - 13 中放大电路是典型的静态工作点稳定放大电路，只要电路参数设置合适，电路具有合适的静态工作点，同时对交流信号能够正常放大，放大电路就能正常工作。

(3) 利用瞬时极性法判断电路是否满足相位平衡条件。具体方法为：①断开反馈与输入端的连接；②加入 u_i 信号，设 u_i 上"＋"下"－"，信号经晶体管得到 N_1 上"＋"下"－"，利用变压器同名端，N_2 信号极性为上"＋"下"－"，该极性即为 u_f 的极性，比较 u_f 与 u_i 极性，可以看出，u_f 与 u_i 相位相同，引入了正反馈，满足相位平衡条件，如图 6 - 13 (b) 所示。

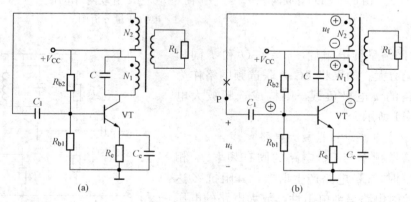

图 6 - 13　变压器反馈式正弦波振荡电路及反馈极性的判断
(a) 变压器反馈式正弦波振荡电路；(b) 反馈极性的判断

(4) 存在稳幅环节。利用晶体管的非线性实现稳幅。当电路参数选择合适时，幅值条件极易满足。电路的振荡频率为 $f_0 = \dfrac{1}{2\pi\sqrt{LC}}$。

变压器反馈式正弦波振荡电路的优点是易于产生振荡，输出电压的波形失真小，应用范围广泛；其缺点是变压器一、二次线圈耦合不紧密，即输出电压与反馈电压耦合不紧密，损耗较大，振荡频率的稳定性不高。

4. 电感反馈式正弦波振荡电路

在实用电路中，为了避免变压器反馈式正弦波振荡电路的缺点，同时便于绕制线圈，可采用自耦形式的接法，即电感反馈式正弦波振荡电路，如图 6-14 所示。该电路克服了变压器一、二次线圈耦合不紧密的缺点。

判断电感反馈式正弦波振荡电路能否产生正弦波振荡，具体方法如下：首先观察电路，如图 6-14 所示，电路包含了放大电路、选频网络、反馈网络和非线性元件（晶体管）四个组成部分，而且放大电路能够正常工作。然后，利用瞬时极性法判断电路是否满足正弦波振荡的相位条件：断开反馈与输入端的连接，加入频率为 f_0 的输入信号 u_i，经电路传输判断出从 N_2 上获得的反馈信号 u_f 与输入信号 u_i 极性相同，故电路满足正弦波振荡的相位条件，各点瞬时极性见图 6-14。只要电路参数选择合适，电路就可以满足幅值条件，从而产生正弦波振荡。

设 N_1 的电感量为 L_1，N_2 的电感量为 L_2，N_1 与 N_2 的互感为 M，则电路的振荡频率为

$$f_0 = \frac{1}{2\pi \sqrt{(L_1 + L_2 + 2M)C}} \tag{6-8}$$

电感反馈式正弦波振荡电路具有以下优点：N_1 与 N_2 之间耦合紧密；当 C 采用可变电容时，可以获得调节范围较宽的振荡频率，最高振荡频率可达几十兆赫兹。其缺点是输出电压波形中常含有高次谐波。电感反馈式正弦波振荡电路常用在对波形要求不高的场合，如高频加热器、接收机的本机振荡器等。

5. 电容反馈式正弦波振荡电路

为了获取较好的输出电压波形，如果将电感反馈式振荡电路中的电容换成电感，电感换成电容，并在置换后将两个电容的公共端接地，且增加集电极电阻 R_c，就得到电容反馈式振荡电路。如图 6-15 所示。因为两个电容的三个端分别连接晶体管的三个极，故也称之为电容三点式电路。

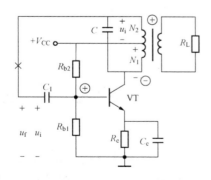

图 6-14　电感反馈式正弦波振荡电路

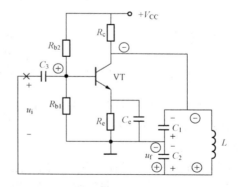

图 6-15　电容反馈式正弦波振荡电路

根据正弦波振荡电路的判断方法，电容反馈式正弦波振荡电路包含了放大电路、选频网络、反馈网络和非线性元件——晶体管四个组成部分，而且放大电路能够正常工作。利用瞬

时极性法判断电路能否满足正弦波振荡的相位条件：断开反馈与输入端的连接，加入频率为 f_0 的输入信号 u_i，经电路传输判断出从 C_2 上获得的反馈信号 u_f 与输入信号 u_i 极性相同，故电路满足正弦波振荡的相位条件，各点瞬时极性见图 6 - 15。只要电路参数选择合适，就可以满足幅值条件，从而产生正弦波振荡。

电容反馈式正弦波振荡电路的振荡频率为

$$f_0 = \frac{1}{2\pi\sqrt{L\dfrac{C_1 C_2}{C_1 + C_2}}} \tag{6-9}$$

电容反馈式振荡电路输出电压波形好，常应用在固定振荡频率的场合，在振荡频率可调节范围不大的情况下采用该电路。

需要注意的是：在分析电路时，幅值条件在电路参数合适时极易满足。所以判断电路是否为振荡电路，只需判断以下条件：①正确判断电路的形式，电路是否正常工作；②确定 u_f 与 u_i 的相位关系，判断电路的相位平衡条件；③最后确定电路是否能够构成振荡电路。在单管放大电路中，共射放大电路、共基放大电路的电压放大倍数较大，幅值条件易满足，能够构成振荡电路；共集放大电路（射极输出器）由于 $A_u \leqslant 1$，幅值条件不易满足，所以，一般不用共集放大电路作为振荡电路的放大电路。

6.2　非正弦波振荡电路

在电子技术、通信及自动化控制领域除了常见的正弦波以外，经常用到矩形波（方波）、三角波、锯齿波、尖脉冲波和阶梯波等非正弦波，如图 6 - 16 所示。

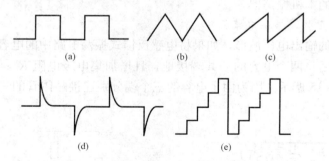

(a)　　　　　　　(b)　　　　　　　(c)

(d)　　　　　　　　　(e)

图 6 - 16　几种常见的非正弦波
（a）矩形波（方波）；（b）三角波；（c）锯齿波；（d）尖脉冲波；（e）阶梯波

下面主要介绍构成非正弦波振荡电路的基本单元电路——电压比较器及由电压比较器实现的矩形波和三角波发生电路。

6.2.1　电压比较器

振荡电路除了前面分析的正弦波振荡电路，还有非正弦波振荡电路，如方波、矩形波、三角波和脉冲信号等，产生非正弦波信号的电路称为非正弦波振荡电路，构成非正弦波振荡电路的基本单元电路是电压比较器。

1. 电压比较器的电压传输特性和种类

电压比较器是对输入信号进行鉴幅与比较的电路，将输入电压和一个参考电压进行比较并将比较的结果对外输出，是组成非正弦波电路的基本单元。其中输入信号 u_1 可以是模拟信号，输出信号 u_O 只有两种状态：输出高电平 U_{OH}，输出低电平 U_{OL}。如图 6 - 17 所示。

（1）电压比较器的电压传输特性。电压比较器输出信号 u_O 与输入信号 u_1 的关系 $u_O = f(u_1)$ 用曲线来描述，称为电压传输特性，如图 6 - 18 所示。在电压比较器中，u_1 可以是模拟信号，而 u_O 只有两种可能的状态：U_{OH} 和 U_{OL}，用来表示比较的结果。当 u_O 从 U_{OH} 跃变为 U_{OL}，或从 U_{OL} 跃变为 U_{OH} 时，对应的输入电压 u_1 称为阈值电压，或转折电压，记作 U_T。

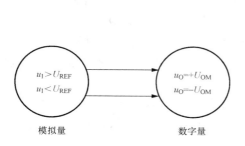

图 6 - 17　电压比较器的输入、输出信号

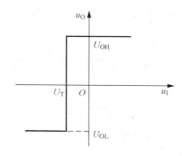

图 6 - 18　电压比较器的电压传输特性图例

描述电压比较器电压传输特性的三要素为：

1）输出信号 u_O 的高、低电平 U_{OH}、U_{OL}。

2）阈值电压 U_T：当 u_O 从 U_{OH} 跃变为 U_{OL}，或从 U_{OL} 跃变为 U_{OH} 时（即 $u_O = 0$），对应的输入电压 u_1。

3）u_1 经过 U_T 时 u_O 的跃变方向。

为了正确画出电压比较器的电压传输特性，必须先求出电压比较器的三要素，即：①输出信号 u_O 的高电平 U_{OH} 和低电平 U_{OL} 的数值（一般有限幅）；②阈值电压 U_T 的数值，即 $u_O = 0$ 时对应的 u_1；③正确判断当 u_1 变化且经过 U_T 时 u_O 的跃变方向，即 u_O 是从 U_{OH} 跃变为 U_{OL}，还是由 U_{OL} 跃变为 U_{OH}。

（2）集成运算放大器的非线性工作区。电压比较器中基本放大电路是集成运算放大器，集成运算放大器在电压比较器中工作在非线性区。集成运算放大器工作在非线性区的工作条件为：电路开环或引入正反馈，如图 6 - 19 所示。

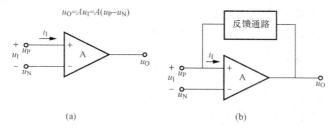

图 6 - 19　集成运算放大器工作在非线性区的工作电路

（a）开环工作情况；（b）引入正反馈工作情况

理想运算放大器非线性工作区具有以下工作特点：①由于差模增益无穷大，u_O 只有 U_{OH} 和 U_{OL}；只要 $u_P \neq u_N$，当 $u_P > u_N$ 时，$u_O = +U_{OM}$；当 $u_P < u_N$ 时，$u_O = -U_{OM}$，u_O 与 u_1（$u_P \neq u_N$）呈非线性关系。如图 6 - 20 所示。②由于输入电阻无穷大，$i_P = i_N \approx 0$。

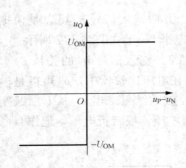

图 6-20 集成运算放大器工作
在非线性区输入、输出的关系图

（3）集成运放构成电压比较器时 u_O、u_I 对应的三要素（参考图 6-20）为：

1）输出信号 u_O 的高、低电平 U_{OH}、U_{OL}：$U_{OH} = +U_{OM}$，$U_{OL} = -U_{OM}$。

2）阈值电压 U_T：当 $u_P = u_N$（即 $u_O = 0$）时，$u_I = U_T$。

3）u_O 的跃变方向：当 u_I 由小到大变化经 U_T 时，u_O 由 $-U_{OM}$ 跳变到 $+U_{OM}$；当 u_I 由大到小变化经 U_T 时，u_O 由 $+U_{OM}$ 跳变到 $-U_{OM}$，上述即为 u_O 的跃变方向。

（4）电压比较器的种类。根据阈值电压 U_T 及输出信号 u_O 的情况，电压比较器分为单限电压比较器、滞回电压比较器、窗口电压比较器三种。

1）单限电压比较器。输入信号 u_I 单一方向变化时，输出信号 u_O 只跃变一次，即由低电平 U_{OL} 跳变到高电平 U_{OH} 或由高电平 U_{OH} 跳变到低电平 U_{OL}，电路只有一个阈值电压 U_T。如图 6-21 所示。

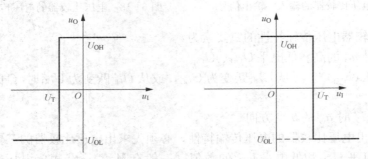

图 6-21 单限电压比较器的电压传输特性

2）滞回电压比较器。输入信号 u_I 单一方向变化时，输出信号 u_O 跃变一次，但电路中有两个阈值电压 U_{T1}、U_{T2}。输出信号跳变时输入信号对应的阈值电压取决于输入信号的变化趋势。滞回电压比较器的电压传输特性如图 6-22 所示。当输入信号由小向大变化，输出信号由高电平 U_{OH} 跳变到低电平 U_{OL} 时，输入信号 u_I 对应的阈值电压为 U_{T2}；如果输入信号由大向小变化，输出信号由低电平 U_{OL} 跳变到高电平 U_{OH} 时，输入信号 u_I 对应的阈值电压为 U_{T1}。

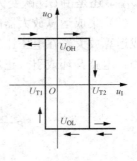

图 6-22 滞回电压比较器
的电压传输特性

3）窗口电压比较器。电路有两个阈值电压，输入信号 u_I 单一方向变化时，输出电压 u_O 跳变两次。图 6-23 所示为窗口电压比较器的电压传输特性。图 6-23（a）中，当输入信号 u_I 由小向大变化时，u_I 经过 U_{T1} 时，输出信号由高电平 U_{OH} 跳变到低电平 U_{OL}；u_I 继续增大经过 U_{T2} 时，输出信号由低电平 U_{OL} 跳变到高电平 U_{OH}。图 6-23（b）中，当输入信号 u_I 由小向大变化时，u_I 经过 U_{T1} 时，输出信号由低电平 U_{OL} 跳变到高电平 U_{OH}；u_I 继续增大经过 U_{T2} 时，输出信号由高电平 U_{OH} 跳变到低电平 U_{OL}。

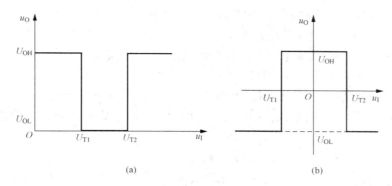

图 6-23　窗口电压比较器的电压传输特性

2. 单限电压比较器

（1）过零比较器。过零比较器是指阈值电压 $U_T=0V$ 的电压比较器。反相输入的过零比较器电路如图 6-24（a）所示，集成运放工作在开环状态，输出电压为 $+U_{OM}$ 或 $-U_{OM}$。

过零比较器电路反相输入端输入信号，同相输入端接地，当 $u_I>0$ 时，$u_O=-U_{OM}$；$u_I<0$ 时，$u_O=+U_{OM}$。电压传输特性如图 6-24（b）所示；如果电路同相输入端输入信号，反向输入端接地，当 $u_I>0$ 时，$u_O=+U_{OM}$；$u_I<0$ 时，$u_O=-U_{OM}$。同相输入的过零比较器电路如图 6-25（a）所示，电压传输特性如图 6-25（b）所示。

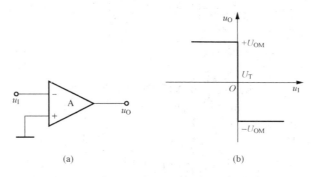

图 6-24　反相输入的过零比较器及其电压传输特性
（a）电路；（b）电压传输特性

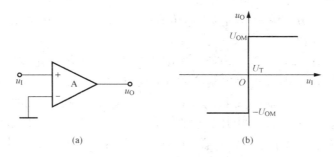

图 6-25　同相输入的过零比较器及其电压传输特性
（a）电路；（b）电压传输特性

以上两种过零电压比较器无论是同相输入还是反相输入，阈值电压 $U_T = 0V$，但由于输入信号 u_I 位置不同导致其电压传输特性不同。分析发现，当输入信号 u_I 在反向输入端输入时，如果输入信号 u_I 小于阈值电压 U_T，则输出信号 u_O 为高电平 $+U_{OM}$；如果输入信号 u_I 大于阈值电压 U_T，则输出信号 u_O 为低电平 $-U_{OM}$。反之，当输入信号 u_I 在同向输入端输入时，如果输入信号 u_I 小于阈值电压 U_T，则输出信号 u_O 为低电平 $-U_{OM}$；如果输入信号 u_I 大于阈值电压 U_T，则输出信号 u_O 为高电平 $+U_{OM}$。上述结论同样适合其他类型的电压比较器。

下面介绍几种常见的比较器限幅保护电路。

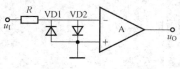

图 6-26　电压比较器输入级
保护电路

1）电压比较器输入级的保护电路。如图 6-26 所示，为了限制集成运放的差模输入电压，利用二极管的单向导电性以及导通压降 U_D，两个二极管双向限幅，集成运放输入端电压在 $\pm U_D$ 之间，保护其输入级。

2）电压比较器的输出限幅电路。在实用电路中，为了满足负载的需要，常常在集成运放的输出端加入稳压二极管限幅电路，以获得合适的 U_{OL} 和 U_{OH}，如图 6-27 所示。

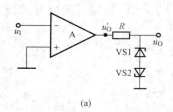
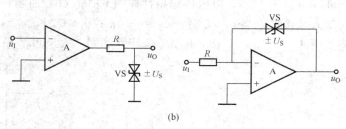

(a)　　　　　　　　　　　　　　(b)

图 6-27　电压比较器输出限幅电路
(a) 输出电压不对称电路；(b) 输出电压对称电路

图 6-27 (a) 中，当 $u_I > 0$ 时，$u_O' = -U_{OM}$，VS1 工作在正向导通状态，VS2 工作在稳压状态，所以 $u_O = U_{OL} = -(U_{S2} + U_D)$；当 $u_I < 0$ 时，$u_O' = +U_{OM}$，VS2 工作在正向导通状态，VS1 工作在稳压状态，所以 $u_O = U_{OH} = +(U_{S1} + U_D)$。如果要求 $U_{OH} = -U_{OL}$，输出电压对称，可采用图 6-27 (b) 所示电路，输入信号在集成运放的反向输入端，当 $u_I > 0V$ 时，$u_O = U_{OL} = -U_S$；当 $u_I < 0V$ 时，$u_O = U_{OH} = +U_S$。

对于电压比较器的分析就是得到其电压传输特性，即 u_O、u_I 的关系。

(2) 一般单限电压比较器。

1）具有参考电压的单限电压比较器。过零比较器是单限电压比较器中最基本、最简单的一种。通常情况下，单限电压比较器需要外加参考电压 U_{REF}，即基准电压。如图 6-28 (a) 所示，阈值电压 $U_T = U_{REF}$，如果 $U_T > 0$，对应的电压传输特性如图 6-28 (b) 所示。

2）具有参考电压的一般单限电压比较器。如图 6-29 所示，分析电压传输特性的三要素，就可以得到图 6-29 所示电压比较器的电压传输特性。电压传输特性的三要素包括：

a）输出信号 u_O 的高、低电平 U_{OH}、U_{OL}。其中，$U_{OH} = +U_S$，$U_{OL} = -U_S$。

b）求解阈值电压 U_T。阈值电压 U_T 指 u_O 由高到低、或由低到高变化时对应的 u_I。对于运放而言，u_O 跃变时，$u_D = 0$，即 $u_P = u_N$。如图 6-29 所示，很明显电路中

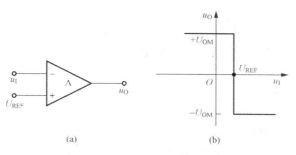

(a)　　　　　　　　　(b)

图 6 - 28　具有参考电压的单限电压比较器及其电压传输特性

(a) 电路；(b) 电压传输特性

$$u_P = 0$$

$$u_N = \frac{R_1}{R_1 + R_2} u_1 + \frac{R_2}{R_1 + R_2} U_{REF}$$

令 $u_N = u_P = 0$，阈值电压 U_T 为

$$U_T = -\frac{R_2}{R_1} U_{REF} \qquad (6 - 10)$$

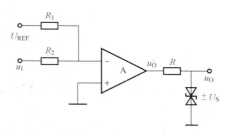

图 6 - 29　具有参考电压的一般单限
电压比较器

如果 $U_{REF} < 0$，$U_T > 0$，如图 6 - 30 所示；反之，$U_T < 0$。

c) 确定 u_1 经过 U_T 时，u_O 的跃变方向（u_1 在反相输入端）。当 $u_1 < U_T$ 时，$u_N < u_P$，$u_O = +U_S$；当 $u_1 = U_T$ 时，$u_N = u_P$，$u_O = 0$；当 $u_1 > U_T$ 时，$u_N > u_P$，$u_O = -U_S$。

d) 画出电压传输特性，如图 6 - 31 所示（设 $U_{REF} < 0$，则 $U_T > 0$）。

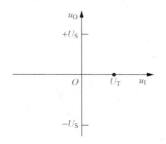　　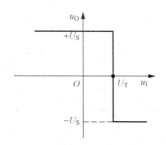

图 6 - 30　在坐标系中画出 U_T　　　图 6 - 31　对应图 6 - 29 电路 $U_{REF} < 0$
时的电压传输特性

综上所述，分析电压传输特性三要素的方法步骤如下：

（1）通过集成运放输出端所连接的限幅电路来确定电压比较器的输出低电平 U_{OL} 和高电平 U_{OH}。

（2）写出集成运放同相、反相输入端电位，即 u_P 和 u_N 的表达式，令 $u_P = u_N$，求解得出输入信号就是阈值电压 U_T。

（3）输出信号 u_O 在 u_1 过 U_T 时的跃变方向取决于 u_1 作用于集成运放的哪个输入端。若 u_1 从反相输入端输入（或通过电阻接反相输入端），当 $u_1 < U_T$ 时，$u_O = U_{OH}$；当 $u_1 > U_T$ 时，$u_O = U_{OL}$。若 u_1 从同相输入端输入（或通过电阻接同相输入端），当 $u_1 < U_T$ 时，$u_O = U_{OL}$；

当 $u_I > U_T$ 时，$u_O = U_{OH}$。

利用电压比较器可以实现波形变换。

【例 6 - 2】　电路如图 6 - 32 所示，已知电路的输入信号波形如图 6 - 32（b）所示。要求画出输出信号的波形。

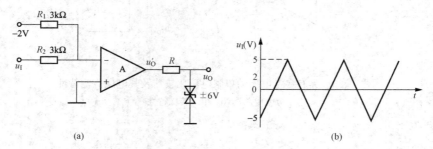

图 6 - 32　［例 6 - 2］电路图及输入信号波形
(a) 电路图；(b) 输入信号波形

解　根据题目要求，首先要画出对应电路的电压传输特性，对应电路电压传输特性三要素为：

（1）输出电压的高、低电平：$u_O = \pm 6V$。

（2）阈值电压 U_T：当 $u_P = u_N = 0$ 时，$U_T = -\dfrac{R_2}{R_1} U_{REF} = 2V$。

（3）输入信号在电路的反向输入端，所以电压传输特性如图 6 - 33（a）所示。

对应输入信号的输出信号波形如图 6 - 33（b）所示，在输入信号上找到阈值电压，根据电压传输特性，输入信号大于阈值电压输出低电平，小于阈值电压输出高电平。三角波变换成矩形波。

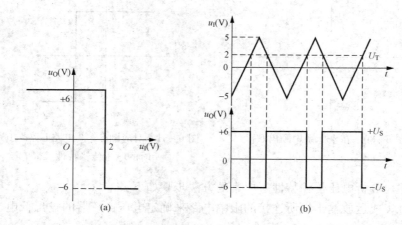

图 6 - 33　对应图 6 - 32 电路的电压传输特性和输入、输出波形
(a) 电压传输特性；(b) 输入、输出信号波形

3. 滞回电压比较器——施密特触发器

u_I 单一方向变化时，u_O 具有一定的惯性，一定程度上提高了比较器的抗干扰能力。

（1）阈值电压对称的滞回电压比较器。如图 6 - 34 所示，电路从反相输入端输入信号，且引入正反馈。

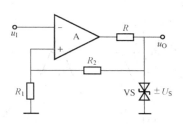

图 6-34 阈值电压对称的滞回
电压比较器

根据图 6-34 所示电路分析其电压传输特性如下：

1）输出信号 u_O 的高、低电平 U_{OH}、U_{OL}：$U_{OH} = +U_S$；$U_{OL} = -U_S$。

2）求解阈值电压 U_T。根据电路得

$$u_N = u_I$$

$$u_O = \pm U_S$$

$$u_P = \frac{R_1}{R_1 + R_2} u_O = \pm \frac{R_1}{R_1 + R_2} U_S$$

令 $u_N = u_P$，阈值电压为

$$u_I = U_T = \pm \frac{R_1}{R_1 + R_2} U_S \qquad (6-11)$$

U_T 有两个值，分别为 $U_{T1} = +\dfrac{R_1}{R_1 + R_2} U_S$；$U_{T2} = -\dfrac{R_1}{R_1 + R_2} U_S$。两个阈值电压在坐标系中的位置如图 5-35（a）所示。

3）确定 $u_I = U_T$ 时 u_O 的跃变方向。具体分析过程如下：① 如果 $u_O = +U_S$，则 $U_{T1} = +\dfrac{R_1}{R_1 + R_2} U_S = +U_T$，输入信号由小到大变化时，当 $u_I < U_{T1}$，$u_O = +U_S$；当 $u_I = U_{T1}$，$u_O = 0$；输入信号继续增大，当 $u_I > U_{T1}$，$u_O = -U_S$；跳变点为 U_{T1}。如图 6-35（b）所示。② 如果 $u_O = -U_S$，则 $U_{T2} = -\dfrac{R_1}{R_1 + R_2} U_S = -U_T$，输入信号由大到小变化时，当 $u_I > U_{T2}$，$u_O = -U_S$；当 $u_I = U_{T2}$，$u_O = 0$；输入信号继续减小，当 $u_I < U_{T2}$，$u_O = +U_S$；跳变点为 U_{T2}。如图 6-35（c）下左部分画线。需要注意的是：u_O 从 $+U_S$ 到 $-U_S$ 和从 $-U_S$ 到 $+U_S$ 的变化过程中，输入信号 u_I 对应的 U_T 不同。

4）画出电路的电压传输特性如图 6-35（c）所示。当 $-U_T < u_I < +U_T$ 时，u_O 可能是 $+U_S$，也可能是 $-U_S$，具体取决于 u_O 的初始值以及 u_I 的变化方向。

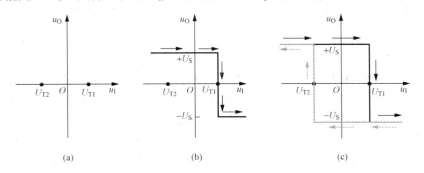

图 6-35 阈值电压对称的滞回电压比较器电压传输特性

（a）U_{T1}、U_{T2} 在坐标系中的位置；（b）u_I 由小向大变化时，u_O 跳变时对应的跳变点；

（c）u_I 由大向小变化时，u_O 跳变时对应的跳变点及完整电压传输特性

【例 6-3】 电路及电压传输特性如图 6-34、图 6-35 所示，已知电路的输入信号为三角波，如图 6-36 所示，要求画出输出信号的波形。

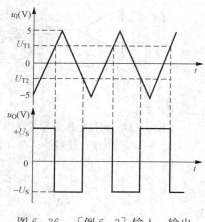

图 6 - 36　　［例 6 - 3］输入、输出
信号波形

解　输入信号由小向大变化，输出信号跳变时对应的输入信号的跳变点在 U_{T1}；输入信号由大向小变化，输出信号跳变时对应的输入信号的跳变点在 U_{T2}；而且当 $-U_T<u_1<+U_T$ 时，u_O 可能是 $+U_S$，也可能是 $-U_S$，具体取决于 u_O 的初始值以及 u_1 的变化方向。

由以上分析可以看出，并不是所有阈值电压和输入电压的交点都是输出跳变点。

【例 6 - 4】　　已知电路如图 6 - 34 所示，$R_1=50\text{k}\Omega$，$R_2=100\text{k}\Omega$，稳压二极管 $U_S=\pm9\text{V}$，输入电压 u_1 的波形如图 6 - 37 所示，试画出 u_O 的波形。

解　电路的传输特性三要素分析如下：

1）输出信号高、低电平

$$u_O=\pm U_S=\pm9\text{V}$$

2）阈值电压

$$U_T=\frac{R_1}{R_1+R_2}(\pm U_S)=\frac{50}{50+100}(\pm9)\text{V}=\pm3\text{V}$$

3）确定 $u_1=U_T$ 时 u_O 的跃变方向。由于输入信号在集成运放的反相输入端，对应的电压传输特性如图 6 - 38 所示。

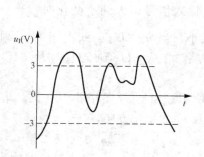

图 6 - 37　　［例 6 - 4］输入信号波形

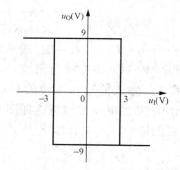

图 6 - 38　　［例 6 - 4］对应的电压传输特性

4）根据电压传输特性中输入、输出的对应关系，在输入信号基础上画出输出信号波形。如图 6 - 39 所示。a - b 段：输入信号由小到大变化，输入信号初始值 $<-3\text{V}$，输出为高电平 $+9\text{V}$，当输入信号达到 -3V 时，在惯性作用下，输出信号保持高电平，一直到输入信号增大到 $+3\text{V}$（b 点）时，输出信号由高电平 $+9\text{V}$ 跳变到低电平 -9V；b - c 段：输入信号仍然是由小变大，但输入信号 $>+3\text{V}$，输出为低电平 -9V；c - d 段：输入信号由大向小变化，同样在惯性作用下，输入信号达到 $+3\text{V}$ 时，输出信号保持低电平 -9V，一直到 d 点，d 点输入信号的电压值在两个阈值电压之间，由于输出信号在此过程中取值为低电平 -9V，使得输出电压仍然为 -9V，保持不变；d - e 段：输入信号又由小变大，输出信号的初始值为低电平 -9V，使得输出保持低电平 -9V 不变；e - f 段、f - g 段与上述分析类似，输出保持在低电平 -9V；直到输入信号到达 g 点以后，输入信号由大减小到 $<-3\text{V}$，输出信号由低电平 -9V 跳变到高电平 $+9\text{V}$。

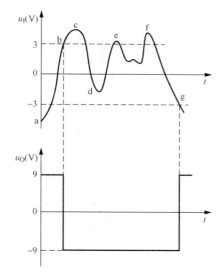

本例题中需要注意的是，在整个过程中，并不是输入信号经过阈值电压时输出信号都会发生跳变。

（2）加参考电压的滞回电压比较器。如图 6 - 40 所示，在反相输入端电路输入信号在同相输入端加入参考电压，且引入正反馈。

根据图 6 - 40 电路电压传输特性分析如下：

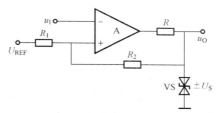

图 6 - 39　［例 6 - 4］输入、输出信号波形　　　图 6 - 40　加参考电压的滞回电压比较器电路

1）输出信号 u_O 的高、低电平 U_{OH}、U_{OL}：$U_{OH} = +U_S$；$U_{OL} = -U_S$。

2）求解阈值电压 U_T。根据电路得

$$u_N = u_1$$

$$u_O = \pm U_S$$

$$u_P = \frac{R_2}{R_1 + R_2} U_{REF} \pm \frac{R_1}{R_1 + R_2} U_S$$

令 $u_N = u_P$，阈值电压为

$$u_1 = U_T = \frac{R_2}{R_1 + R_2} U_{REF} \pm \frac{R_1}{R_1 + R_2} U_S \tag{6 - 12}$$

U_T 有两个值分别为：$U_{T1} = \dfrac{R_2}{R_1 + R_2} U_{REF} + \dfrac{R_1}{R_1 + R_2} U_S$，$U_{T2} = \dfrac{R_2}{R_1 + R_2} U_{REF} - \dfrac{R_1}{R_1 + R_2} U_S$。两个阈值电压在坐标系中的位置如图 6 - 41（a）所示。

3）确定 $u_1 = U_T$ 时 u_O 的跃变方向。具体分析过程如下：①如果 $u_O = +U_S$，则 $U_T = U_{T1}$，输入信号由小到大变化时，当 $u_1 < U_{T1}$ 时，$u_O = +U_S$；当 $u_1 = U_{T1}$ 时，$u_O = 0$；输入信号继续增大，当 $u_1 > U_{T1}$ 时，$u_O = -U_S$；跳变点为 U_{T1}。②如图 6 - 41（b）所示，如果 $u_O = -U_S$，则 $U_T = U_{T2}$，输入信号由大到小变化时，当 $u_1 > U_{T2}$ 时，$u_O = -U_S$；当 $u_1 = U_{T2}$ 时，$u_O = 0$；输入信号继续减小，当 $u_1 < U_{T2}$ 时，$u_O = +U_S$；跳变点为 U_{T2}。如图 6 - 41（c）所示下左画线。需要注意的是：u_O 从 $+U_S$ 到 $-U_S$ 和从 $-U_S$ 到 $+U_S$ 的变化过程中，输入信号 u_1 对应的 U_T 不同。

4）画出电路的电压传输特性如图 6 - 41（c）所示。

4. 窗口电压比较器

图 6 - 42（a）所示电路为一种窗口电压比较器，外加参考电压 $U_{RH} > U_{RL}$，电阻 R_1、R_2 和稳压二极管 VS 构成限幅电路。

当输入电压 $u_I > U_{RH}$ 时，必然有 $u_I > U_{RL}$，所以集成运放 A1 的输出 $u_{O1} = +U_{OM}$，A2 的

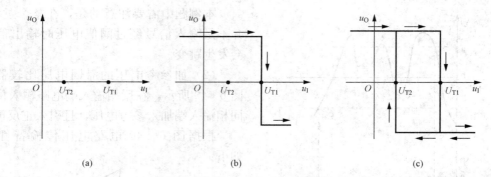

图 6-41　加参考电压的滞回比较器的电压传输特性

（a）U_{T1}、U_{T2} 在坐标系中的位置；（b）u_1 由小向大变化时，u_O 跳变时对应的跳变点 U_{T1}；
（c）u_1 由大向小变化时，u_O 跳变时对应的跳变点 U_{T2} 及完整电压传输特性

输出 $u_{O2}=-U_{OM}$，使得二极管 VD1 导通，VD2 截止，电路通路见图 6-42（a）中实线标注，稳压二极管工作在稳压状态，输出电压 $u_O=+U_S$。

当输入电压 $u_1<U_{RL}$ 时，必然有 $u_1<U_{RH}$，所以集成运放 A1 的输出 $u_{O1}=-U_{OM}$，A2 的输出 $u_{O2}=+U_{OM}$，使得二极管 VD1 截止，VD2 导通，电路通路见图 6-42（a）中虚线标注，稳压二极管仍然工作在稳压状态，输出电压 $u_O=+U_S$。

当 $U_{RH}<u_1<U_{RL}$ 时，$u_{O1}=u_{O2}=-U_{OM}$，使得二极管 VD1、VD2 都截止，稳压二极管工作在截止状态，输出电压 $u_O=0V$。

上述分析过程中，U_{RH} 和 U_{RL} 分别为窗口电压比较器的两个阈值电压，设 U_{RH}、U_{RL} 均大于 0，则电路的电压传输特性如图 6-42（b）所示。

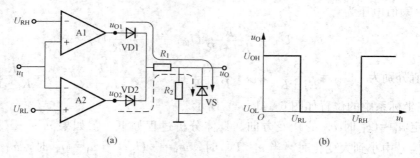

图 6-42　窗口电压比较器及其电压传输特性

（a）窗口电压比较器；（b）电压传输特性

通过以上三种电压比较器的对比分析，可以看出：

（1）在电压比较器中，集成运放工作在非线性工作区，输出信号只有高、低电平两种可能情况。

（2）电压比较器的电压传输特性用来描述输出信号和输入信号的函数关系。

（3）电压传输特性的三要素包括：输出信号的高、低电平；阈值电压；输入信号经过阈值电平时，输出信号的跃变方向。输出信号的高、低电平取决于限幅电路；$u_P=u_N$ 时对应的 u_1 即为阈值电压；u_1 等于阈值电压时输出信号的跃变方向取决于输入信号作用于集成运放的同相输入端还是反相输入端。

6.2.2 矩形波发生电路

矩形波发生电路是其他非正弦波发生电路的基础。当在积分运算电路的输入端加入方波信号时，输出信号为三角波信号；如果改变积分电路的积分时间常数，使某一方向的积分时间常数趋于零，得到的输出信号为锯齿波信号等。

1. 电路组成及工作原理

因为矩形波信号只有两种状态，即高电平或低电平，所以电压比较器是矩形波发生电路的重要组成部分；又因为需要产生振荡，即输出信号的两种状态需要相互自动转换，所以电路中必须引入反馈，由反馈信号来代替输入信号；同时要求输出信号按一定的时间间隔交替变化，所以电路中需要有延迟环节来确定每种状态维持的时间。综上所述，可得矩形波发生电路如图 6-43 所示，电路由反向输入的滞回电压比较器和 RC 回路组成。其中，RC 回路既是延迟环节又是反馈网络，通过 RC 的充、放电实现输出状态的自动转换。

图 6-43 中，滞回电压比较器的输出电压 $u_O = \pm U_S$，阈值电压 $U_T = \pm \dfrac{R_1}{R_1 + R_2} U_S$，电压传输特性如图 6-44 所示。

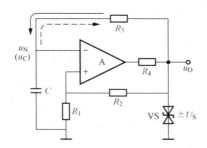

图 6-43 矩形波发生器电路

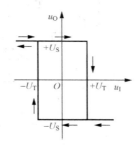

图 6-44 矩形波发生器电压传输特性

设某一时刻电路输出电压 $u_O = +U_S$，则集成运放同相输入端的电位 $u_P = +U_T$，u_O 通过 R_3 对电容 C 充电，如图 6-43 电路中实线箭头方向，使得集成运放反相输入端的电位 u_N 随时间 t 的增加逐渐升高，当 u_N 趋于 $+U_T$ 时，再稍增大，u_O 就从 $+U_S$ 跃变到 $-U_S$，与此同时 u_P 从 $+U_T$ 变为 $-U_T$。随后，C 通过 R_3 放电，如图 6-43 电路中虚线箭头方向，使得集成运放反相输入端的电位 u_N 随时间 t 的增加逐渐降低，当 u_N 趋于 $-U_T$ 时，再稍减小，u_O 就从 $-U_S$ 跃变到 $+U_S$，与此同时 u_P 从 $-U_T$ 变为 $+U_T$，电容又开始正向充电。上述过程周而复始，电路产生自激振荡，输出端产生矩形波。

2. 波形分析

图 6-43 所示电路中，电容充、放电的时间常数均为 R_3C，充、放电的幅值也相等，且在一个周期内 $u_O = +U_S$ 的时间和 $u_O = -U_S$ 时间也相等，所以 u_O 为对称的方波，电路为方波发生器。电容电压 u_C 和电路输出电压 u_O 的波形如图 6-45 所示。

由以上分析可以看出，如果调整电压比较器的电路参数 R_1 和 R_2 可以改变 u_C 的幅值；调整电阻 R_1、R_2、R_3 和电容 C 的数值可以改变电路的振荡频率；

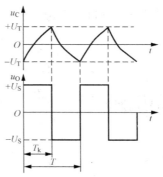

图 6-45 方波发生器电路信号波形

而要调整输出电压 u_O 的振幅，则需要更换稳压二极管以改变 U_S，此时 u_C 的幅值也会随之改变。

通过数学分析得到信号振荡周期为

$$T = 2R_3 C \ln\left(1 + \frac{2R_1}{R_2}\right) \tag{6-13}$$

矩形波的正脉冲宽度 T_K 与周期 T 之比称为占空比 q。若 u_O 的占空比 $q = 1/2$，则波形为方波；若 u_O 的占空比 $q > 1/2$，则波形为正脉冲宽的矩形波；若 u_O 的占空比 $q < 1/2$，则波形为负脉冲宽的矩形波。占空比的大小取决于充、放电回路的时间常数，可以通过改变充、放电的回路调整电路的占空比。

图 6-46 所示为占空比可调的矩形波发生电路及其信号波形。

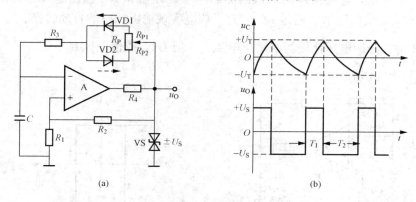

图 6-46　占空比可调的矩形波发生电路及其信号波形

利用二极管的单向导电性来控制电路充、放电回路，通过改变 R_P 上滑动触头的位置调整占空比的大小，从而使电路产生不同占空比的矩形波。

当 $u_O = +U_S$ 时，u_O 通过 R_{P1}、VD1、R_3 对电容 C 充电，忽略二极管的导通电阻，则充电时间常数为

$$\tau_1 \approx (R_{P1} + R_3)C \tag{6-14}$$

当 $u_O = -U_S$ 时，C 通过 R_{P2}、VD2、R_3 放电，忽略二极管的导通电阻，则放电时间常数为

$$\tau_2 \approx (R_{P2} + R_3)C \tag{6-15}$$

通过数学分析，可得

$$T_1 \approx \tau_1 \ln\left(1 + \frac{2R_1}{R_2}\right) \tag{6-16}$$

$$T_2 \approx \tau_2 \ln\left(1 + \frac{2R_1}{R_2}\right) \tag{6-17}$$

信号周期为

$$T = T_1 + T_2 \approx (R_P + 2R_3)C \ln\left(1 + \frac{2R_1}{R_2}\right) \tag{6-18}$$

占空比为

$$q = \frac{T_1}{T} \approx \frac{R_{P1} + R_3}{R_P + 2R_3} \tag{6-19}$$

式（6-18）、式（6-19）表明，通过改变电位器的滑动端可以改变占空比，但周期不变。

6.2.3 三角波发生电路

1. 积分运算电路和方波发生器组成的三角波发生器

由积分运算电路和方波发生器组成的三角波发生器及其输出信号波形如图6-47所示。

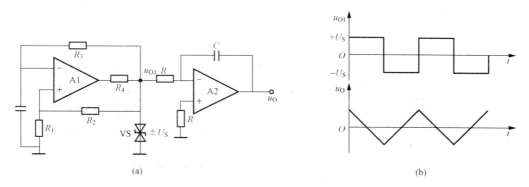

图 6-47 三角波发生器及其输出信号波形

(a) 电路图；(b) 输出信号波形

图 6-47 电路中输入信号 u_{O1} 为方波，幅值为 $\pm U_S$，输出信号 u_O 为三角波。当电压 u_{O1} 为正时，u_O 对应斜率为负的直线；当电压 u_{O1} 为负时，u_O 对应斜率为正的直线，利用电容两端电压不能突变的原理，使得输出 u_O 为三角波，且

$$u_O = -\frac{1}{RC}\int_{t_1}^{t_2} u_{O1}\,\mathrm{d}t = -\frac{u_{O1}}{RC}(t_2 - t_1) + u_{O1}(t_1) \tag{6-20}$$

2. 积分运算电路和滞回电压比较器组成的三角波发生器

由积分运算电路和滞回电压比较器组成的三角波发生器及其输出信号波形如图6-48所示。

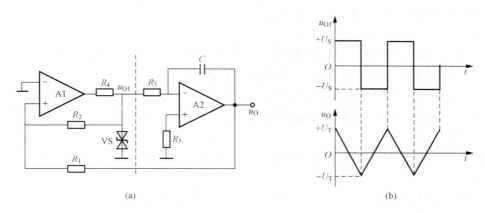

图 6-48 三角波发生器及其输出信号波形

(a) 电路图；(b) 输出信号波形

图 6-48 电路中输入信号 u_{O1} 为方波，幅值为 $\pm U_S$，输出信号 u_O 为三角波，幅值为 $\pm U_T$，而且 u_O 输出的三角波信号同时作为滞回电压比较器的输入信号。

6.3   Multisim 应用举例

6.3.1   RC 正弦波发生器的调试和测试

1. 仿真电路

仿真电路如图 6-49 所示。

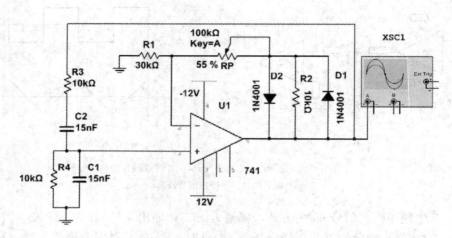

图 6-49   RC 正弦波发生器仿真电路

2. 仿真内容

接通±12V 电源，调节电位器 RP，使输出波形从无到有，正弦波由失真到不失真变化，记录正弦波信号最大不失真输出波形及 RP 值，并读出输出信号的幅值、周期及频率。

3. 仿真结果

仿真结果如图 6-50 所示。

4. 结论

(1) 在实际实验用的元件等受到限制，而在 Multisim 仿真中，可以任意试用不同型号的元器件，直到电路达到最好的效果，为实际工作做好准备。

(2) 在实际实验中很难观察到振荡电路的起振过程，用仿真电路可以看到。

6.3.2   滞回电压比较器电压传输特性的测试

1. 仿真电路

滞回电压比较器电压传输特性的测试仿真电路如图 6-51 所示。

2. 仿真内容

观察滞回电压比较器的电压传输特性，并测量阈值电压及输出电压的幅值。

3. 仿真结果

仿真结果如图 6-51 所示。

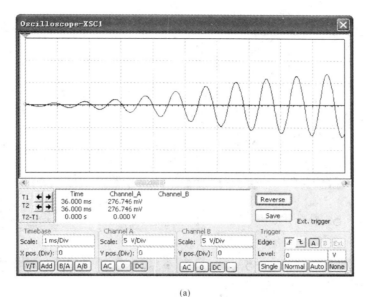

(a)

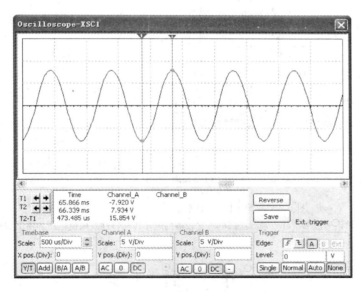

(b)

图 6-50　RC 正弦波发生器输出信号波形

（a）起振过程输出信号波形；（b）稳定振荡输出信号波形

4. 结论

（1）与实验方法相同，在示波器 X 输入端接输入电压、在示波器 Y 输入端加输出电压，将扫描时间区块 Timebase 的显示方式设置为 B/A 方式，即可测得电压传输特性。

（2）为便于观察电压传输特性的变化，输入信号应设置为低频正弦波信号。输入信号峰值应大于 $\pm U_\mathrm{T}$，从而可以显示出完整的电压传输特性。

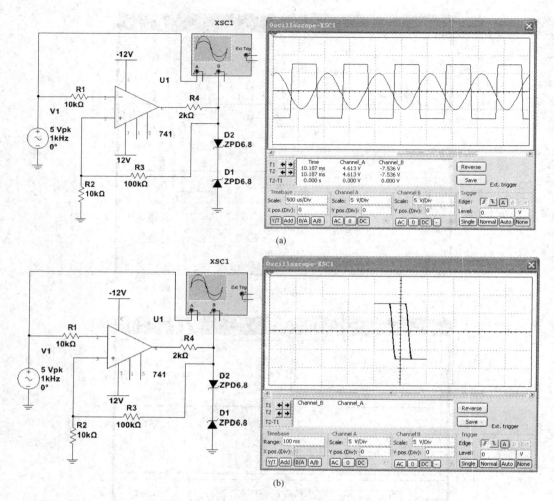

(a)

(b)

图 6-51 滞回电压比较器电压传输特性的测试

（a）观测输入、输出信号波形；（b）观测滞回电压比较器的电压传输特性及阈值电压和输出信号的高、低电平

习　题

6-1　判断题

（1）在图 6-52 所示框图中，若 $\varphi_F=180°$，则只有当 $\varphi_A=\pm180°$ 时，电路才能产生正弦波振荡。（　　）

（2）在 RC 桥式正弦波振荡电路中，若 RC 串并联选频网络中的电阻均为 R，电容均为 C，则其振荡频率 $f_0=1/RC$。（　　）

（3）电路只要满足 $|\dot{A}\dot{F}|=1$，就一定会产生正弦波振荡。（　　）

（4）当集成运放工作在非线性区时，输出电压不是高电平就是低电平。（　　）

（5）一般情况下，在电压比较器中，集成运放不是工作在开环状态，就是仅仅引入了正反馈。（　　）

（6）在输入信号从足够低逐渐增大到足够高的过程中，单限比较器和滞回比较器的输出信号均只跃变一次。 （　　）

（7）单限比较器比滞回比较器抗干扰能力强，而滞回比较器比单限比较器灵敏度高。

（　　）

6-2　设 A 为理想运算放大器，试分析如图 6-53 所示电路。

（1）为满足正弦波振荡条件，在图中标注运放 A 的同相、反相输入端。

（2）电阻 R_P 和 R_2 之和取多大值时电路起振？

（3）电路的振荡频率 $f_0＝$？

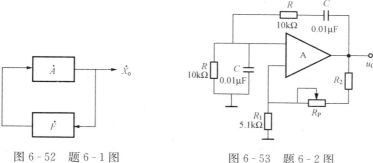

图 6-52　题 6-1 图　　　　　图 6-53　题 6-2 图

6-3　电路如图 6-54 所示。试：

（1）将图中 A、B、C、D 四点正确连接，使其成为正弦波振荡电路。

（2）根据给定的参数，估算振荡频率 f_0。

（3）为了保证电路起振，电阻 R_2 应为多大？

6-4　电路如图 6-55 所示。试：

（1）为使电路产生正弦波振荡，在图中标注集成运放的"＋"和"－"；并说明电路是哪种振荡电路。

（2）若 R_1 短路，则电路将产生什么现象？

（3）若 R_1 断路，则电路将产生什么现象？

（4）若 R_f 短路，则电路将产生什么现象？

（5）若 R_f 断路，则电路将产生什么现象？

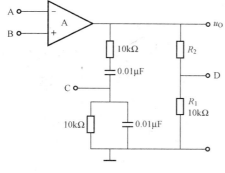

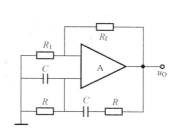

图 6-54　题 6-3 图　　　　　图 6-55　题 6-4 图

6-5　判断图 6-56 所示各电路是否满足正弦波振荡条件；如果不满足，简单说明原因并改正电路中的错误，使电路可能产生正弦波振荡，要求不能改变放大电路的基本接法（共射、共基、共集）。

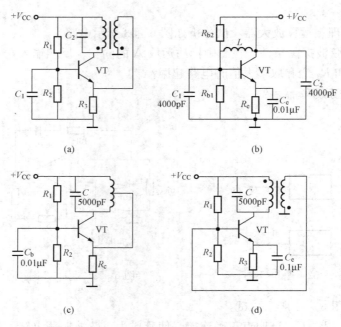

图 6-56　题 6-5 图

6-6　已知运放最大输出电压为 ±12V，$U_R = 2V$，试分别画出图 6-57 所示各电路的电压传输特性。如果输入信号 $u_I = 10\sin\omega t$（V），试画出各电路的输出信号波形。

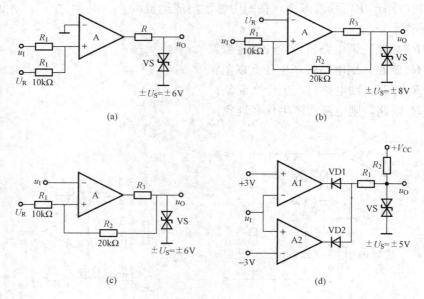

图 6-57　题 6-6 图

6-7　已知三个电压比较器的电压传输特性分别如图 6-58（a）～（c）所示，对应的输入信号波形如图 6-58（d）所示，试画出 u_{O1}、u_{O2} 和 u_{O3} 的波形。

6-8　设计三个电压比较器，使其电压传输特性分别如图 6-58（a）～（c）所示。要求合理选择电路中各电阻的阻值，限定最大值为 50kΩ。

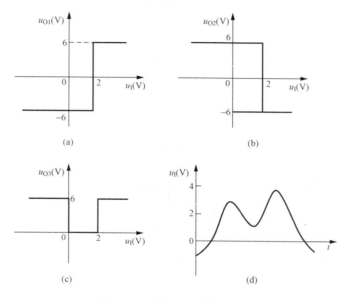

图 6-58　题 6-7、题 6-8图

6-9　图 6-59 所示电路为某同学所连接的方波发生电路，试找出图中的三个错误，并改正。

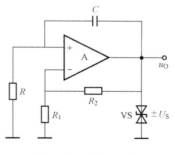

图 6-59　题 6-9图

6-10　已知图 6-60（a）所示框图各点的波形如图 6-60（b）所示，填写各电路的名称：电路 1 为＿＿＿＿，电路 2 为＿＿＿＿，电路 3 为＿＿＿＿，电路 4 为＿＿＿＿；并定性画出相应电路。

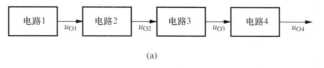

(a)

图 6-60　题 6-10图（一）

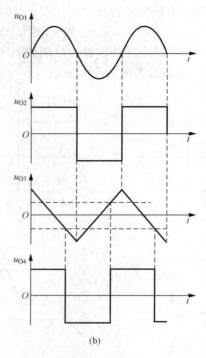

(b)

图 6-60　题 6-10 图（二）

7 功 率 放 大 电 路

以上分析的电路主要解决了信号的不失真放大，如共射、共基放大电路均具有电压放大作用，共集电路具有电流放大作用。在实用电路中，往往不单单追求某一电路参数的放大，而是要求电路具有一定的功率输出用来驱动负载，即要求电路具有功率放大作用。这种能给负载提供足够大功率的放大电路称为功率放大电路，简称功放。

教学目标

1. 熟悉功率放大电路的特点及其分类。
2. 熟练掌握 OCL 电路的工作原理及其参数分析。
3. 了解交越失真的概念，掌握功率放大电路消除交越失真的方法。
4. 熟练掌握估算功率放大电路输出功率和效率的方法，了解选择功放用晶体管（简称功放管）的方法。

7.1 功 率 放 大 电 路 概 述

7.1.1 功率放大电路的特点

功率放大电路与其他放大电路本质上没有区别，不同之处在于该放大电路既不单纯追求输出高电压，也不单纯追求输出大电流，而是追求在电源电压一定的情况下，输出尽可能大的功率。功率放大电路的具体要求包括以下几个方面。

（1）要求输出功率尽可能大。为了获得大功率输出，功放管的电压和电流都要求有足够大的输出幅值，因此功放管通常工作在接近极限状态。而正由于功放管长期处于大信号下工作，功放电路的分析通常采用图解法。

（2）效率要高。功率放大电路因其输出功率大，导致直流偏置电源消耗的功率也大，从而存在效率问题。效率是指负载获得的有用功率与电源供给的直流功率之比，比值越大，效率就越高。

（3）非线性失真要小。功率放大电路中功放管通常在极限状态（大信号）下工作，不可避免地会产生非线性失真，而且同一功放管输出功率越大，非线性失真就越严重，这使得输出功率和非线性失真成为一对主要矛盾。因此必须注意电路参数不能超过功放管的极限值，以尽量减小非线性失真。

（4）功放管的散热问题。功放电路中消耗的功率大部分消耗在功放管的集电结上，导致结温和管壳温度升高。为了在允许管耗下使功放管输出尽可能大的功率，功放管的散热就成为一个重要问题。另外，为了输出较大的功率，功放管承受的电压要高，通过的电流要大，从而使功放管损坏的可能性增大，因此功放管的损坏与保护问题不容忽视。

7.1.2 功率放大电路的分类

通常在加入输入信号后，按输出级晶体管集电极电流导通情况的不同，将功率放大器分为以下类型。

1. 甲类功放

甲类功放又称 A 类功放。甲类功放中晶体管在信号的一个周期内都处于导电状态，如图 7-1 所示。也就是说，不管有无输入信号输出晶体管都处于导通状态。甲类功放的工作方式具有最佳的线性，缺点是效率低。

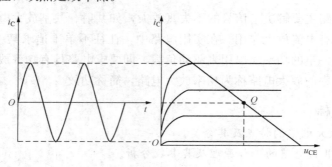

图 7-1　晶体管甲类工作状态

2. 乙类功放

乙类功放又称 B 类功放。乙类功放中晶体管在信号的一个周期内只有半个周期处于导电状态，如图 7-2 所示。乙类功放放大的工作方式是当无输入信号时，输出晶体管不导电，所以不消耗功率；当有输入信号时，每对输出晶体管各放大一半波形，彼此一开一关轮流工作完成一个全波放大。乙类功放的优点是直流电源的静态功耗为零，效率高；缺点是会出现交越失真。

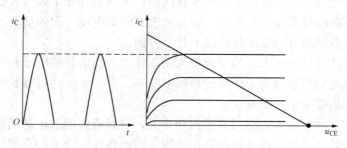

图 7-2　晶体管乙类工作状态

3. 甲乙类功放

甲乙类功放又称 AB 类功放。甲乙类功放中晶体管在信号的一个周期内导电时间大于半个周期，如图 7-3 所示。甲乙类功放管静态电流大于零，但非常小，与甲、乙两类功放相比，甲乙类功放通常有两个偏压，在无输入信号时也有少量电流通过输出晶体管。输入信号较小时，工作在甲类模式，获得最佳线性；输入信号提高到某一电平时，自动转为乙类工作模式，以获得较高的效率。同时消除乙类功放出现的失真现象。

此外，根据功放电路输出端组成的不同，功放电路又可分为：

（1）变压器耦合功放。

（2）无输出变压器功放（OTL）。

（3）无输出电容 C 功放（OCL）。

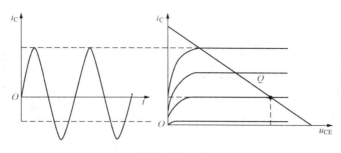

图7-3 晶体管甲乙类工作状态

（4）桥式推挽功放。

7.1.3 功率放大器的主要指标

1. 最大输出功率 P_{om}

最大输出功率 P_{om} 是指功率放大器的额定输出功率。在电路参数确定的情况下负载可能获得的最大交流功率。

2. 转换效率 η

功率放大器的最大输出功率与电源提供的功率之比称为转换效率，比值越大，效率就越高。

3. 失真

失真是指放大器输入信号与输出信号的波形不完全一样，失去原有的音色。失真分线性失真与非线性失真，优质功率放大器的失真度一般控制在 0.1% 或者更小一些。

4. 动态范围

通常，信号源的动态范围是指信号中可能出现的最高电压与最低电压之比，以 dB 表示；而放大器的动态范围则是指其最高不失真输出电压与无信号时输出噪声电压之比。显然，放大器的动态范围必须大于信号的动态范围，从而才能获得高保真的重放效果。目前 CD 唱片的动态范围已达 85dB 以上，这就要求功率放大器的动态范围要更大。

7.2 功率放大电路分析

7.2.1 甲类功放电路分析

甲类功放晶体管工作时任何时刻都有电流流过，信号可以完整地得到传输，因此具有最佳的线性。功放管 VT 的 Q 点设置在负载线的中部，在输入信号的整个周期内，VT 都导电。甲类工作状态的共射放大电路及其图解分析如图7-4所示。

（1）晶体管静态功耗。晶体管静态功耗 $P_T = U_{CEQ} I_{CQ}$，即图7-4（b）中所示矩形 $AQDO$ 的面积；电源提供的平均功率 $P_V = U_{CC} I_{CQ}$，即图7-4（b）中所示矩形 $ABCO$ 的面积；集电极负载电阻 R_C 的功率损耗为 $I_{CQ} U_{RC}$，即图7-4（b）中所示矩形 $QBCD$ 的面积，若 $U_{CEQ} = \frac{1}{2} V_{CC}$，则 $P_T = R_{PC} = \frac{1}{2} V_{CC} I_{CQ}$ 晶体管功耗和负载静态功耗相等，最大转换效率 $\eta = 50\%$。

（2）晶体管动态功耗。当输入正弦信号时，输出最大功率 $P_{om} = \left(\dfrac{I_{CQ}}{\sqrt{2}}\right)^2 \times R'_L =$

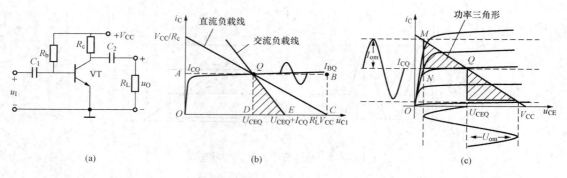

图 7 - 4　甲类工作状态的共射放大电路及其图解分析

$\dfrac{1}{2}I_{CQ}(I_{CQ}R'_L)$，即图 7 - 4（c）所示 $\triangle QDE$ 的面积。电源提供的平均功率不变，即 $P_V = \dfrac{1}{2\pi}\int_0^{2\pi}V_{CC}i_Cd(\omega t) = \dfrac{1}{2\pi}\int_0^{2\pi}V_{CC}(I_{CQ}+I_{CM}\sin\omega t)d(\omega t) = V_{CC}I_{CQ}$。电路的最高转换效率为 $\eta = \dfrac{P_{om}}{P_V} \approx$ 0.25。实际应用中转换效率 η 更小，这是因为 R_L 越小，交流负载线越陡，$I_{CQ}R'_L$ 越小，电路的转换效率从而更小。

由此可见甲类功放电路输出信号线性好，但静态功耗大，输出功率小，效率低。

7.2.2　乙类互补推挽功放电路分析

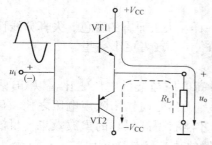

图 7 - 5　乙类互补推挽 OCL 功放电路

放大管工作在乙类状态时，功耗小，有利于提高效率。如果用两个对称的异型管（一个 NPN 型，一个 PNP 型），使之都工作在乙类放大状态，其中一个在输入信号正半周期工作，另一个在负半周期工作，同时使两电路输出加到同一负载，从而在负载上得到一个稳定完整的波形，即可组成乙类互补对称功率放大电路，如图 7 - 5 所示，也称为无输出电容的功放电路，简称 OCL 功放电路。

（1）工作原理。静态时，互补对称管 VT1、VT2 均截止，输出电压为 0，功耗为 0。动态时，如果忽略晶体管发射结导通压降，当 $u_i > 0$ 时，即正弦输入信号的正半周期，NPN 管 VT1 因发射结正偏而导通，在负载上出现输出电压 u_o 的正半周期，而 PNP 管 VT2 因发射结反偏而截止；当 $u_i < 0$ 时，即正弦输入信号的负半周期，NPN 管 VT1 因发射结反偏而截止，而 PNP 管 VT2 因发射结正偏而导通，在负载上出现输出电压 u_o 的负半周期。综上所述，负载在输入信号的整个周期中通过 VT1、VT2 交替工作都有电流流过，从而使输出电压是一个完整的正弦波，如图 7 - 6 所示。

乙类功放电路中，负载上最大不失真电压 $U_{om} = V_{CC} - U_{CES}$。

（2）交越失真。实际由两个射极输出器组成的乙类互补推挽功放电路中，由于没有直流偏置电压，而晶体管必须在 $|u_{BE}|$ 大于某一数值（即开启电压 U_{ON}，硅管约为 0.7V，锗管约为 0.2V）时才能正常工作。当输入信号 u_i 低于这一数值时，VT1 和 VT2 都截止，i_{C1} 和 i_{C2} 基本为 0，负载上无电流流过，输出电压出现一段死区，这种现象称为交越失真。图 7 - 7 所示为乙类功率放大电路的交越失真。

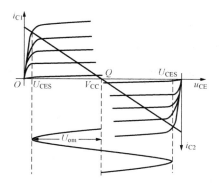

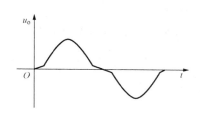

图 7-6　乙类功放电路的图解分析　　　　　图 7-7　乙类功率放大电路的交越失真

为了消除交越失真，应当设置合适的静态工作点 Q，静态时保证 VT1、VT2 均工作在临界导通或微导通状态，即甲乙类工作状态。由于电路的对称性，电路在静态时，$u_o=0$。

7.2.3　消除交越失真的功率放大电路

1. 甲乙类双电源互补推挽 OCL 功放电路分析

图 7-8 甲乙类双电源互补推挽功放电路。图中 R_2、VD1、VD2 为晶体管提供合适的偏置电压，使 VT1、VT2 静态时处于微导通状态，从而消除交越失真。

静态时，直流电流从 $+V_{CC}$ 经 R_1、R_2、VD1、VD2、R_3 流向 $-V_{CC}$，使 VT1 和 VT2 两基极之间的电压 $U_{B1B2}=U_{R2}+U_{D1}+U_{D2}$ 略大于 VT1 和 VT2 发射结开启电压之和，从而使 VT1、VT2 处于微导通状态。静态时调节 $R_1(R_3)$ 使发射极电位 $U_E=0$，即 $u_o=0$。

动态时，如果 u_i 为正弦信号，由于二极管 VD1、VD2 的动态电阻很小，R_2 的阻值也较小，所以可认为 $U_{B1}\approx U_{B2}\approx u_i$，当 $u_i>0$ 且逐渐增大时，U_{BE1} 增大，VT1 导通，U_{BE2} 减小且减小到一定数值时使 VT2 截止，R_L 有正向电流流过；当 $u_i<0$ 且逐渐减小时，U_{EB2} 逐渐增大，

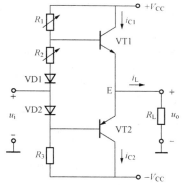

图 7-8　甲乙类双电源互补推挽功放 OCL 功放电路

VT2 导通，U_{BE1} 减小且减小到一定数值时使 VT1 截止，R_L 有负向电流流过。可见，u_i 很小时总能保证至少有一个晶体管导通，从而消除了交越失真。输入信号的正半周主要由 VT1 的发射极驱动负载，而负半周主要由 VT2 的发射极驱动负载，且 VT1、VT2 的导通时间都比输入信号的半个周期长，因此两晶体管工作在甲乙类工作状态。

需要注意的是，假如静态工作点失调，如 R_2、VD1、VD2 中任一元器件虚焊，则从 $+V_{CC}$ 经 R_1、VT1 发射结、VT2 发射结、R_3 到 $-V_{CC}$ 形成一个通路，并且有较大的基极电流 I_{B1} 和 I_{B2} 流过，从而使两晶体管形成很大的集电极直流电流，导致 VT1、VT2 可能因功耗过大而损坏。故常在输出回路中接入熔断器以保护功放管和负载。电路参数分析如下：

（1）静态时，$U_E=0$，$u_o=0$。

（2）动态时，输入正弦信号，负载上最大不失真输出电压有效值为

$$U_{om}=\frac{V_{CC}-U_{CES}}{\sqrt{2}}$$

$$(7-1)$$

（3）最大不失真输出功率为

$$P_{om} = \frac{U_{om}^2}{R_L} = \frac{(V_{CC} - U_{CES})^2}{2R_L} \qquad (7\text{-}2)$$

（4）电源提供的电流 $i_C = \dfrac{V_{CC} - U_{CES}}{R_L}\sin\omega t$，在忽略基极回路电流的情况下，负载获得最大 P_{om} 时，电源所消耗的平均功率为

$$P_V = \frac{1}{\pi}\int_0^\pi \frac{V_{CC} - U_{CES}}{R_L}\sin\omega t\, V_{CC}\, d(\omega t) = \frac{2}{\pi}\frac{V_{CC}(V_{CC} - U_{CES})}{R_L}$$

转换效率为

$$\eta = \frac{P_{om}}{P_V} = \frac{\pi}{4}\frac{V_{CC} - U_{CES}}{V_{SS}} \qquad (7\text{-}3)$$

最高效率 η_{max} 指理想情况（$U_{om} \approx V_{CC}$）时，即忽略 U_{CES}（认为 $U_{CES} = 0$），$\eta_{max} = \dfrac{\pi}{4} \approx 78.5\%$。

需要注意的是，大功率晶体管 $U_{CES} = 2 \sim 3\text{V}$，一般不可忽略。

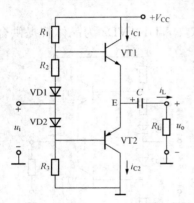

图 7-9 甲乙类单电源互补推挽
　　　　OTL 功放电路

2. 甲乙类单电源互补推挽 OTL 功放电路分析

图 7-9 所示为甲乙类单电源互补推挽 OTL 功放电路。电路参数分析如下：

（1）静态时，$U_E = V_{CC}/2$，$u_O = 0$。

（2）动态时，输出电压最大幅值为 $\dfrac{1}{2}V_{CC} - U_{CES}$，有效值为

$$U_{om} = \frac{\frac{1}{2}V_{CC} - U_{CES}}{\sqrt{2}} \qquad (7\text{-}4)$$

最大输出功率为

$$P_{om} = \frac{U_{om}^2}{R_L} = \frac{\left(\frac{1}{2}V_{CC} - U_{CES}\right)^2}{2R_L} \qquad (7\text{-}5)$$

（3）转换效率为

$$\eta = \frac{P_{om}}{P_V} = \frac{\pi}{2}\frac{\frac{V_{CC}}{2} - |U_{CES}|}{V_{CC}} \qquad (7\text{-}6)$$

7.2.4 OCL 电路中晶体管的选择

为了保证晶体管正常工作，选择晶体管时要考虑晶体管的极限参数。

1. 最大管压降

OCL 电路中晶体管最大管压降为

$$u_{CE2max} = 2V_{CC} - U_{CES1}$$
$$u_{CE1max} = 2V_{CC} - U_{CES2}$$
$$u_{CEmax} \approx 2V_{CC} \qquad (7\text{-}7)$$

2. 集电极最大电流

OCL 电路中晶体管集电极最大电流为

$$I_{\text{Cmax}} \approx I_{\text{Emax}} = \frac{V_{\text{CC}} - U_{\text{CES}}}{R_{\text{L}}}$$

$$I_{\text{Cmax}} \approx \frac{V_{\text{CC}}}{R_{\text{L}}} \tag{7-8}$$

3. 集电极最大功耗

功放管集电极所损耗的最大功率用 P_{Tmax} 表示，利用数学中的微积分理论推导可得

$$P_{\text{Tmax}} \approx \frac{V_{\text{CC}}^2}{\pi^2 R_{\text{L}}} \tag{7-9}$$

如果 $U_{\text{CES}} \approx 0$，则有 $P_{\text{Tmax}} \approx \dfrac{2}{\pi^2} P_{\text{om}} \approx 0.2 P_{\text{om}}$。

选择晶体管时，需查阅相关手册，要求晶体管参数满足以下条件

$$U_{\text{(BR)CEO}} > 2V_{\text{CC}} = U_{\text{CEmax}}$$

$$I_{\text{CM}} > \frac{V_{\text{CC}}}{R_{\text{L}}} = I_{\text{Cmax}}$$

$$P_{\text{CM}} > 0.2 P_{\text{om}}$$

【例 7-1】　如图 7-8 所示电路中，已知 $V_{\text{CC}} = 12\text{V}$，输入电压为正弦波，晶体管的饱和压降为 2V，负载电阻 $R_{\text{L}} = 4\Omega$，电路的电压放大倍数为 1。试完成：

(1) 求解负载上可能获得的最大功率和转换效率。

(2) 若输入电压最大有效值为 6V，则负载上能够获得的最大功率为多少？

解　(1) 负载上可能获得的最大功率和转换效率为

$$P_{\text{om}} = \frac{(V_{\text{CC}} - U_{\text{CES}})^2}{2R_{\text{L}}} = \frac{(12-2)^2}{2 \times 4}\text{W} = 12.5\text{W}$$

$$\eta = \frac{\pi}{4} \cdot \frac{V_{\text{CC}} - U_{\text{CES}}}{V_{\text{CC}}} \approx \frac{12-2}{12} \times 78.5\% = 65.4\%$$

(2) 若输入电压最大有效值为 6V，$U_{\text{O}} \approx U_{\text{i}}$，$U_{\text{om}} \approx 6\text{V}$；则负载上能够获得的最大功率为

$$P_{\text{om}} = \frac{U_{\text{om}}^2}{R_{\text{L}}} = \left(\frac{6^2}{4}\right)\text{W} = 9\text{W}$$

【例 7-2】　图 7-10 所示电路中，$V_{\text{CC}} = \pm 15\text{V}$，晶体管 $|U_{\text{CES}}| = 1\text{V}$，运放的最大输出电压幅值为 $U_{\text{OM}} = \pm 10\text{V}$（峰值）。试完成：

(1) 在图中画出 VT1、VT2 的极性（NPN、PNP）。

(2) 为提高输入电阻，稳定输出电压，且减小非线性失真，应怎样引入负反馈？写出连接关系。

(3) 说明 R_{P1}、R_{P2} 各有什么作用？

(4) 若输入电压幅值足够大，则电路的最大输出功率为多少？

(5) 若 $U_{\text{i}} = 0.1\text{V}$，$U_{\text{o}} = 5\text{V}$，则 R_4 应取多大？

解　(1) VT1、VT2 的极性和连接方式如图 7-11 所示。

(2) 引入电压串联负反馈连接如图 7-11 所示。

(3) R_{P1} 的作用是为 VT1、VT2 提供基极电流通路，也为 R_{P2} 提供电流通路，同时调节 U_{E} 的电位。R_{P2} 的作用是为 VT1、VT2 提供静态偏置电压使晶体管处于甲乙类工作状态，消除交越失真。

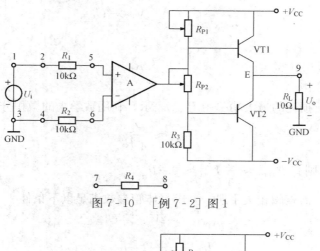

图 7 - 10　　[例 7 - 2] 图 1

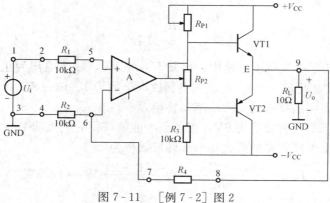

图 7 - 11　　[例 7 - 2] 图 2

（4）最大输出功率

因为
$$U_{omax} \approx 10V$$

所以
$$P_{om} = \frac{U_{omax}^2}{2R_L} \approx 5W$$

（5）若 $U_i = 0.1V$，$U_o = 5V$，由电路电压放大倍数
$$A_u = \frac{U_o}{U_i} = 1 + \frac{R_4}{R_2} = \frac{5}{0.1}$$

可得
$$R_4 = 49R_2 = 490k\Omega$$

7.3　集成功率放大器简介

集成功率放大器简称集成功放，分为通用型和专用型两大类。使用时，注意了解其内部电路组成特点及各管脚作用，以便合理使用集成功率放大器。

7.3.1　集成功放的性能特点

与分立器件构成的功率放大器相比，集成功放具有体积小、质量轻、成本低、外接元件少、调试简单、使用方便、温度稳定性好、功耗低、电源利用率高、失真小及具有过电流保护、过热保护、过电压保护及自启动、消噪等优点。

7.3.2　集成功放的结构特点

对于不同规格、型号的集成功率放大器，其内部组成电路千差万别。但总体上可大致分为前置放大级（输入级），中间放大级，互补或准互补输出级，过电流、过电压、过热保护电路等部分。其内部电路为直接耦合多级放大器。

7.4　Multisim　应　用　举　例

Multisim 实现 OCL 功率放大电路仿真。

1. 仿真电路

OCL 功率放大电路的仿真电路如图 7-12 所示。

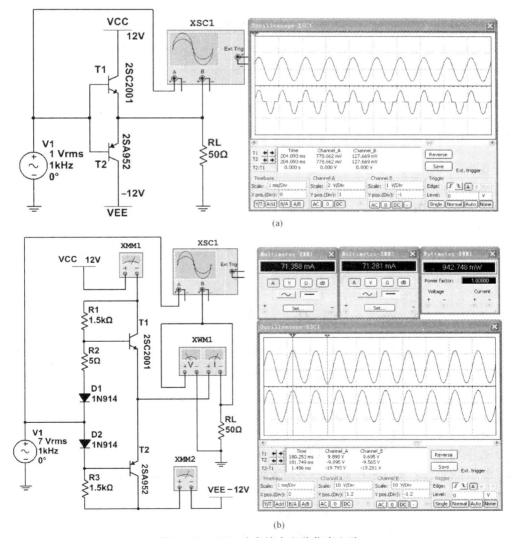

(a)

(b)

图 7-12　OCL 功率放大电路仿真电路

（a）存在交越失真的 OCL 功率放大电路；（b）消除交越失真的 OCL 功率放大电路

2. 仿真内容

(1) 观察 OCL 功率放大电路交越失真的情况。

(2) 当输入信号为 7V、1kHz 正弦波信号时，测量电源提供的电流及 P_O，计算 P_V 及效率 η。

3. 仿真结果

仿真结果及仿真数据处理见表 7-1、表 7-2。

表 7-1　　　　　　　　　　仿 真 结 果

输入信号（V）	直流电流 I_1（mA）	直流电流 I_2（mA）	功率表读数 P_O（mW）	输出信号峰值电压（V）
7	71.358	71.281	942.748	9.695，−9.565

表 7-2　　　　　　　　　　仿 真 数 据 处 理

输入电压 7V	V_{CC}功耗（mW）	V_{EE}功耗（mW）	电源总功耗 P_V（mW）	效率（%）
计算公式	$V_{CC}I_1$	$V_{EE}I_2$	$V_{CC}I_1+V_{EE}I_2$	P_O/P_V
计算结果	856.296	855.372	1711.668	55.08

4. 结论

(1) 两管基极之间如无偏置电压，输出信号会产生交越失真，但偏置电压不能过大，否则会大大增加互补电路的静态功耗。可通过尝试改变 R_2 的大小来调节偏置电压，仿真数据会有明显变化。

(2) 输出信号正、负向的峰值电压不对称是由所选用的晶体管的特性不是理想对称造成的。

习　题

7-1　乙类功率放大电路中，功放晶体管静态电流 $I_{CQ}=$_____，静态时的电源功耗 $P_V=$_____。这类功放的能量转换效率在理想情况下，可达到_____，但这种功放有_____失真。

7-2　与甲类功率放大电路相比，乙类互补对称功放的主要优点是（　　）。

A. 不用输出变压器　　　　　B. 不用输出端大电容

C. 效率高　　　　　　　　　D. 无交越失真

7-3　在 OCL 乙类功放电路中，若最大输出功率为 1W，则电路中功放管的集电极最大功耗约为_____。

A. 1W　　　　　　　　　　B. 0.5W　　　　　　　　　　C. 0.2W

7-4　已知电路如图 7-13 所示，VT1 和 VT2 的饱和管压降 $|U_{CES}|=3V$，$V_{CC}=15V$，$R_L=8\Omega$，选择正确答案填空。

（1）电路中 VD1 和 VD2 的作用是消除_____。

A. 饱和失真   B. 截止失真   C. 交越失真

（2）静态时，晶体管发射极电位 U_{EQ}_____。

A. $>0V$ B. $=0V$ C. $<0V$

（3）最大输出功率 P_{OM}_____。

A. $\approx 28W$ B. $=18W$ C. $=9W$

（4）当输入为正弦波时，若 R_1 虚焊，即开路，则输出电压_____。

A. 为正弦波   B. 仅有正半波   C. 仅有负半波

（5）若 VD1 虚焊，则 VT1_____。

A. 可能因功耗过大烧坏   B. 始终饱和   C. 始终截止

7-5　电路如图 7-14 所示，已知 VT1 和 VT2 的饱和管压降 $|U_{CES}|=2V$，直流功耗可忽略不计。回答下列问题：

（1）R_3、R_4 和 VT3 的作用是什么？

（2）负载上可能获得的最大输出功率 P_{om} 和电路的转换效率 η 各为多少？

（3）设最大输入电压的有效值为 1V。为了使电路的最大不失真输出电压的峰值达到 16V，电阻 R_6 至少应取多少千欧？

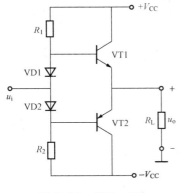 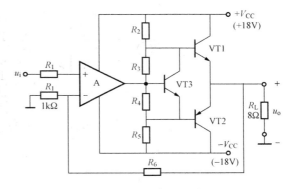

图 7-13　题 7-4 图   图 7-14　题 7-5 图

7-6　一个单电源互补对称电路如图 7-15 所示，设 VT1、VT2 的特性完全对称，u_i 为正弦波，试回答下列问题：

（1）静态时 U_E 应是多少？调整哪个电阻能满足这一要求？此时 $u_O=$？

（2）动态时，若输出电压 u_O 出现交越失真，应调整哪个电阻消除交越失真？如何调整？

（3）假设 VD1、VD2、R_2 中任何一个开路，将会产生什么后果？

7-7　图 7-16 所示电路中，已知 $V_{CC}=15V$，VT1 和 VT2 的饱和管压降 $|U_{CES}|=2V$，输入电压足够大。求解：

（1）最大不失真输出电压的有效值。

（2）负载电阻 R_L 上电流的最大值。

（3）最大输出功率 P_{om} 和转换效率 η。

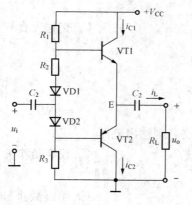

图 7-15　题 7-6 图

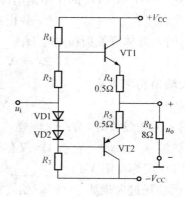

图 7-16　题 7-7 图

7-8　电路如图 7-17 所示。试:

(1) 合理连线,接入信号源和反馈,使电路的输入电阻增大,输出电阻减小。

(2) 若 $|A_u| = \dfrac{u_O}{u_1} = 20$,则 R_f 应取多少千欧?

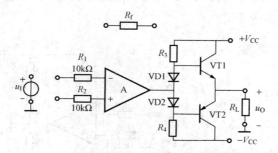

图 7-17　题 7-8 图

8 直流稳压电源

电子电路通常都需要由电压稳定的直流电源供电。本章将要介绍的直流稳压电源为单相小功率电源，它可将频率为 50Hz、有效值为 220V 的单相交流电网电压（市电）经由电源变压器、整流、滤波和稳压电路等四个部分转换为幅值稳定、输出电压为几十伏特以下的直流电压。

 **教学目标**

1. 熟练掌握整流滤波电路的工作原理和输出电压平均值的估算。
2. 熟练掌握串联型稳压电路的组成及输出电压调节范围的计算方法。
3. 理解稳压二极管稳压电路、串联型稳压电路的工作原理。
4. 了解直流电源电路元件的选择方法及三端集成稳压电路的应用。

8.1 直流稳压电源的组成和各部分作用

直流稳压电源组成框图如图 8-1 所示。

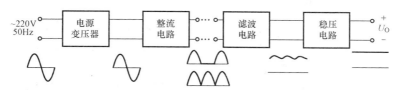

图 8-1 直流稳压电源组成框图

电源变压器将交流电网 220V 的电压变为所需要的电压，其二次电压有效值由后接电路决定。

整流电路的作用是将电源变压器二次交流电压转换为单一方向的脉动直流电压。这种脉动直流电压脉动大、纹波多，含有的交流成分高，会影响负载电路的正常工作，故必须通过滤波电路加以滤除，从而得到平滑的直流电压。

滤波电路的作用是减小整流后的脉动直流电压的脉动、滤除其纹波和交流成分，使之变为更加平滑的直流电压。

稳压电路的功能是使输出的直流电压基本不受电网电压波动（一般存在约±10%的电压波动）、负载和温度的变化影响，从而获得足够高稳定性的输出电压。

8.2 单相整流电路

为了突出重点、简化分析过程，在以下整流电路分析中均假定负载为纯电阻；二极管为理想二极管；变压器无损耗，内部压降为零。

整流电路的任务是将电源变压器二次交流电压转换为单一方向的脉动直流电压。完成这一任务主要依靠二极管的单向导电作用，因此二极管是构成整流电路的关键器件。在小功率整流电路中（1kW 以下），常见的几种整流电路有半波整流电路、桥式全波整流电路。

8.2.1 单相半波整流电路

1. 电路

利用二极管的单向导电性，将交流电转换为单一方向的脉动直流信号。电路如图 8 - 2 所示，交流电源、二极管、负载串联，且二极管的负极性端与负载的高电位端相连。

2. 工作原理

如果 u_2 为正弦信号，且 $u_2 = \sqrt{2}U_2\sin\omega t$。$u_2$ 正半周，二极管 VD 导通（忽略 VD 的正向导通压降，即 $u_D = 0$），$u_O = u_2 = \sqrt{2}U_2\sin\omega t$，$u_D = 0$；$u_2$ 负半周，二极管 VD 加反向电压截止（忽略 VD 的反向电流），则 $u_O = 0$，$u_D = u_2$。

半波整流电路输出信号波形如图 8 - 3 所示。由图可见，负载 R_L 以及二极管 VD 上的电压信号均为单一方向的脉动信号，且二者之和为输入信号 u_2。

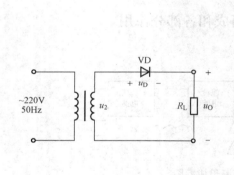

图 8 - 2 单相半波整流电路

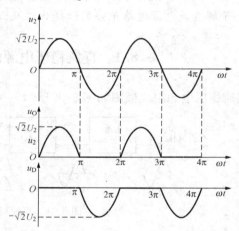

图 8 - 3 单相半波整流输出信号波形

3. 主要参数

（1）输出电压平均值 $U_{O(AV)}$。即负载 R_L 上的电压平均值，其表达式为

$$U_{O(AV)} = \frac{1}{2\pi}\int_0^{2\pi} u_O \mathrm{d}(\omega t) = \frac{1}{2\pi}\int_0^{\pi} \sqrt{2}U_2\sin\omega t\, \mathrm{d}(\omega t)$$

$$U_{O(AV)} = \frac{\sqrt{2}U_2}{\pi} \approx 0.45U_2 \tag{8-1}$$

（2）输出电流平均值 $I_{O(AV)}$。即负载 R_L 上流过的电流平均值，其表达式为

$$I_{O(AV)} = \frac{U_{O(AV)}}{R_L} \approx \frac{0.45U_2}{R_L} \tag{8-2}$$

（3）脉动系数 S。即整流输出信号的基波峰值 U_{O1M} 与输出电压平均值 $U_{O(AV)}$ 之比。其表达式为

$$S = \frac{U_{O1M}}{U_{O(AV)}}$$

脉动系数 S 越大，脉动越大。

对于单相半波整流电路，有

$$U_{O1M} = \frac{U_2}{\sqrt{2}}$$

$$S = \frac{U_{O1M}}{U_{O(AV)}} = \frac{\pi}{2} \approx 1.57$$

说明单相半波整流电路脉动很大。

4. 二极管的选择

当整流电路的变压器二次电压有效值和负载电阻值确定后，电路对二极管的要求也随之确定。实际应用中，一般应根据流过二极管电流的平均值及其所承受的最大反向工作电压来选择二极管的型号。

在单相半波整流电路中，二极管的正向电流平均值等于负载的电流平均值，即

$$I_{D(AV)} = I_{O(AV)} \approx \frac{0.45U_2}{R_L}$$

二极管承受的最大反向工作电压等于变压器二次电压的峰值电压，即

$$U_{DRmax} = \sqrt{2}U_2$$

一般情况下，允许电网电压有 $\pm 10\%$ 的波动，因此在选用二极管时，对参数应至少留有 10% 的裕量，以保证二极管安全工作。即选择最大整流电流 I_F 和最高反向电压 U_{RM} 分别为

$$I_F > 1.1 I_{O(AV)}$$

$$U_{RM} > 1.1 U_{DRmax}$$

单相半波整流电路简单易用，所用二极管数量少，但由于它只利用了交流电压的半个周期，所以输出电压低，交流分量大，效率低。因此该电路仅适用于整流电流较小、对脉动要求不高的场合。

8.2.2 单相桥式全波整流电路

1. 电路组成

单相桥式全波整流电路如图 8-4 所示，它由四个二极管 VD1～VD4 接成电桥的形式，故称为桥式整流电路。单相桥式全波整流电路的习惯画法和简化画法如图 8-5 所示。

单相桥式全波整流电路的构成原则是要保证在变压器二次电压 u_2 的整个周期内，负载 R_L 上的电压和电流方向始终保持不变。

2. 工作原理

如果 u_2 为正弦信号，且 $u_2 = \sqrt{2}U_2\sin\omega t$。

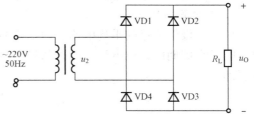

图 8-4 单相桥式全波整流电路

u_2 正半周，二极管 VD1、VD3 导通，VD2、VD4 截止，$u_O = u_2$；u_2 负半周，二极管 VD1、VD3 截止，VD2、VD4 导通，$u_O = -u_2$。u_2 整个周期内，$u_O = |\sqrt{2}U_2\sin\omega t|$。图 8-6 所示为单相桥式全波整流电路中电压和电流的波形图。

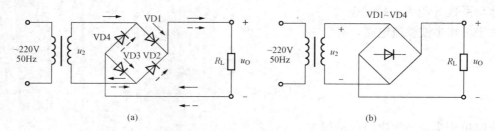

图 8-5　单相桥式全波整流电路的习惯画法和简化画法

（a）习惯画法；（b）简化画法

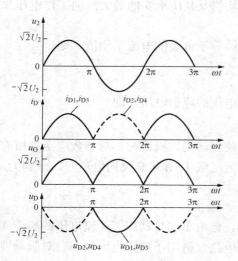

图 8-6　单相桥式全波整流电路电压、
　　　　电流波形图

3. 主要参数

（1）输出电压平均值 $U_{O(AV)}$。即负载 R_L 上的电压平均值，其表达式为

$$U_{O(AV)} = \frac{1}{\pi}\int_0^\pi \sqrt{2}U_2 \sin\omega t\, \mathrm{d}(\omega t) = \frac{2\sqrt{2}U_2}{\pi} \approx 0.9U_2$$

$$(8-3)$$

（2）输出电流平均值 $I_{O(AV)}$。即负载 R_L 上的电流平均值，其表达式为

$$I_{O(AV)} = \frac{U_{O(AV)}}{R_L} \approx \frac{0.9U_2}{R_L} \qquad (8-4)$$

（3）脉动系数 S。根据谐波分析可得，单相桥式全波整流电路的基波峰值

$$U_{O1M} = \frac{2}{3} \times 2\sqrt{2}U_2/\pi$$

故脉动系数

$$S = \frac{U_{O1M}}{U_{O(AV)}} = \frac{2}{3} \approx 0.67$$

可见，与半波整流电路相比，输出电压的脉动减小了很多。

4. 二极管的选择

（1）二极管流过的平均电流。由于单相桥式全波整流电路中每只二极管只在变压器二次电压的半个周期内通过电流，所以每只二极管的平均电流值必为负载电阻上电流平均值的一半。即

$$I_{D(AV)} = \frac{I_{O(AV)}}{2} \approx \frac{0.45U_2}{R_L}$$

单相桥式全波整流电路中二极管流过的平均电流值与半波整流中二极管的平均电流值相同。

（2）二极管所承受的最大工作反向电压。由图 8-6 中二极管的电压波形可知，桥式全波整流电路中二极管所承受的最大工作反向电压为 $U_{DRmax} = \sqrt{2}U_2$，与半波整流中二极管所承受的最大反向工作电压值也相同。

考虑到电网电压有 $\pm 10\%$ 的波动，实际在选用二极管时，对参数应至少保留有 10% 的余量，以保证二极管安全工作。即选择最大整流电流 I_F 和最高反向工作电压 U_R 分别为

$$I_F > \frac{1.1 I_{O(AV)}}{2} \approx 1.1 \frac{0.45 U_2}{R_L}$$

$$U_R > 1.1 \sqrt{2} U_2$$

由以上分析可见，单相桥式整流电路与单相半波整流电路相比，在相同的电源变压器二次电压下，对二极管的参数要求一样，并且单相桥式整流电路还具有输出电压高、变压器利用率高、脉动小等优点，所以得到相当广泛的应用。

8.3　滤　波　电　路

整流后的电路输出信号尽管是单一方向，但因其含有较大的交流成分，因而脉动较大，不能满足大多数电子电路及设备的要求。因此，一般在整流电路后，还需利用滤波电路将脉动的直流信号中的纹波滤除，使之变为平滑的直流信号。

滤波电路一般由电抗元件组成，如在负载电阻两端并联电容 C，或与负载串联电感器 L，以及由电容、电感组合而成的各种复式滤波电路。常见的滤波电路结构如图 8-7 所示。

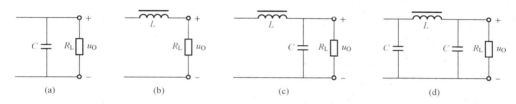

图 8-7　滤波电路的基本形式
（a）电容滤波；（b）电感滤波；（c）复式滤波电路倒 L 型滤波；（d）复式滤波电路 Π 型滤波

由于电抗元件在电路中有储能作用，并联电容 C 在电源供给的电压升高时，能将部分能量存储起来，而当电源电压降低时，则将原来储存的能量释放出来，从而使负载电压比较平滑，即电容 C 具有平波作用；负载串联电感 L 在电源供给的电流增加（电源电压升高引起）时，能将能量存储起来，而当电源电流减小时，则又将原来储存的能量释放出来，从而使负载电流比较平滑，即电感 L 亦具有平波作用。滤波电路的形式很多，为了掌握其分析规律，将其分为电容输入式（电容接在最前面）和电感输入式（电感接在最前面）。电容输入式滤波电路多用于小功率电源，而电感输入式滤波电路多用于较大功率电源。本节重点介绍小功率电源中应用较多的电容滤波电路，并简单介绍其他滤波电路。

8.3.1　电容滤波电路

1. 电路组成

电容滤波电路是最常见、最简单的滤波电路。在整流电路的输出端（即负载电阻两端）并联一个电容即可构成电容滤波电路，如图 8-8 所示。滤波电容容量较大，因而一般均采用电解电容，接线时要注意电解电容的正、负极。此外，在滤波电容容量较大的情况下，电路刚接通的瞬间，整流二极管将承受很大的浪涌电流，很可能因过电流而烧毁，因此，在选用二极管时，应注意挑选电流大一点的二极管，最好采用比锗管更经得起电流冲击的硅管。还可以采取一些保护整流二极管的措施，使通过整流二极管的最大电流不超过规定的浪涌电流。

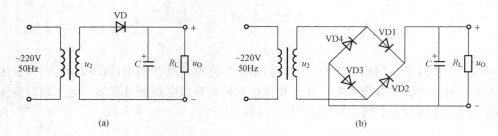

图 8-8　电容滤波电路

（a）半波整流滤波电路；（b）全波整流滤波电路

2. 工作原理

（1）半波整流电容滤波电路工作原理。在 u_2 正半周且逐渐增大时，$u_2 > u_C$，二极管 VD 导通，给电容 C 充电，$u_C = u_2 = u_O$；在 u_2 到达峰值 $\sqrt{2}U_2$ 以后正半周逐渐减小及负半周时，$u_2 < u_C$，二极管 VD 截止，电容 C 通过负载放电，$u_C = u_O$，按指数规律缓慢下降且放电较慢。u_2 下一周期中，当 $u_2 > u_C$ 时，VD 导通，u_2 给电容 C 充电，$u_C = u_2$，重复上面充、放电过程。图 8-9 所示为半波整流电容滤波电路的电压波形。由以上分析及电压波形可以看出，在一个信号周期内，C 充、放电一次。

（2）全波整流电容滤波电路工作原理。当 u_2 为正半周并且数值大于电容两端电压 u_C 时，二极管 VD1 和 VD3 导通，VD2 和 VD4 截止，电容 C 充电，如图 8-10 中 ab 段。当 $u_C > u_2$，导致 VD1 和 VD2 反向偏置而截止，电容通过负载电阻 R_L 放电，u_C 按指数规律缓慢下降，如图 8-10 中 bd 段。当 u_2 为负半周且幅值变化到大于 u_C 时，VD2 和 VD4 因加正向电压导通，u_2 再次对 C 充电，u_C 上升到 u_2 的峰值后 u_2 又开始下降，VD2 和 VD4 变为截止，C 对 R_L 放电，u_C 按指数规律下降；当 u_2 又为正半周，$u_2 \geqslant u_C$ 后 VD1 和 VD3 又变为导通，重复上述过程。如图 8-10 所示。

由以上分析可以看出，桥式整流电容滤波电路在一个信号周期内，C 充、放电两次。

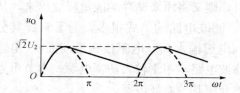

图 8-9　半波整流电容滤波电路的电压波形

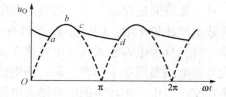

图 8-10　全波整流电容滤波电路的电压波形

R_L、C 对充、放电的影响：电容充电时间常数为 $r_D C$，因为二极管的等效电阻 r_D 很小，所以充电时间常数小，充电速度快；电容放电时间常数为 $R_L C$，因为 R_L 较大，放电时间常数远大于充电时间常数，因此，滤波效果取决于放电时间常数。电容 C 越大，负载电阻 R_L 越大，滤波后输出电压越平滑，并且其平均值越大。

（3）输出电压平均值 $U_{O(AV)}$。滤波电路的输出信号的波形很难用解析式表示，输出电压的平均值往往为近似值且估算为

$$U_{O(AV)} = (1.0 \sim 1.4)U_2 \tag{8-5}$$

当负载开路时

$$U_{O(AV)} = \sqrt{2}U_2 \qquad (8-6)$$

当 $R_L C = (3\sim5)T/2$ 时

$$U_{O(AV)} \approx 1.2U_2 \qquad (8-7)$$

（4）二极管、滤波电容的选择。在电容滤波电路中，只有当电容充电时，二极管才导通，而且输出电流平均值变大，导致二极管在短暂的时间内将流过一个很大的冲击电流。因此必须选用较大容量的整流二极管。实际中通常选择 $I_F > (2\sim3)I_{O(AV)}$。

为了获得较好的滤波效果，在实际电路中，应选择滤波电容的容量满足 $R_L C = (3\sim5)T/2$。由于采用电解电容，考虑到电网电压的波动范围为 $\pm10\%$，电容的耐压值应大于 $1.1\sqrt{2}U_2$。在半波整流电路中，为了获得较好的滤波效果，电容的容量应选得更大一些。

总之，电容滤波的优点是电路简单，负载直流电压较高，纹波亦较小；缺点是输出特性较差，故适用于负载电流较小、负载变动不大的场合。

【例 8-1】 图 8-8（b）所示全波整流电容滤波电路中，已知 $R_L = 50\Omega$，$C = 1000\mu F$，$U_2 = 20V$，$U_{O(AV)}$ 有以下几种情况：

（1）28V。

（2）18V。

（3）9V。

分析电路产生了什么故障。

解 （1）R_L 开路。

（2）电容开路。

（3）一个二极管开路且电容开路。

8.3.2 电感滤波电路

在桥式整流电路和负载之间串入一个电感即可构成电感滤波电路，如图 8-11 所示。利用电感的储能作用可以减小输出电压的纹波，从而得到比较平滑的直流电压。当忽略电感的阻抗时，负载上输出的平均电压和纯电阻负载相同，即 $U_{O(AV)} \approx 0.9U_2$。

电感滤波的优点是整流管的导电角较大，峰值电流很小，输出特性比较平坦；其缺点是由于铁芯的存在，笨重、体积大，易引起电磁干扰。一般适用于大电流负载场合。

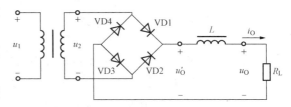

图 8-11 桥式整流电感滤波电路

此外，为了进一步减小负载电压中的纹波，电感后面可再接一电容构成倒 L 型滤波电路，也可采用其他复式滤波电路。

8.4 稳 压 电 路

尽管整流滤波电路能将正弦交流信号变换为较平滑的直流信号，但是，一方面，由于输出电压平均值取决于变压器二次电压有效值，致使电网电压波动时，输出电压平均值亦将随之产生相应的波动；另一方面，由于整流滤波电路内阻的存在，当负载变化时，内阻上的电压将产生变化，使得输出电压平均值亦将随之产生相应的变化。因此，整流滤波电路输出电压会随着电网电压波动而波动，随着负载的变化而变化。为获得稳定性好的直流电压，必须采取相应的措施，即稳压电路。

8.4.1　稳压二极管稳压电路——并联型稳压电路

1. 电路组成

图 8-12 所示为由稳压二极管 VS 和限流电阻 R 组成的并联型稳压电路是最简单的直流稳压电路。其中 U_I 为整流滤波后的电压，R 为限流电阻，U_O 为负载 R_L 两端的输出电压，同时也是稳压二极管的稳压值 U_S。

2. 工作原理

由稳压二极管稳压电路可得以下两个基本关系

$$U_I = U_R + U_O \tag{8-8}$$

$$I_R = I_{VS} + I_L \tag{8-9}$$

图 8-13 所示为稳压二极管的伏安特性曲线。由图可见，在稳压二极管稳压电路中，只要使稳压二极管始终工作在稳压区，即保证稳压二极管的工作电流 I_{VS} 满足 $I_S \leqslant I_{VS} \leqslant I_{SM}$，输出电压就基本稳定。

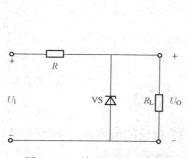

图 8-12　并联型稳压电路

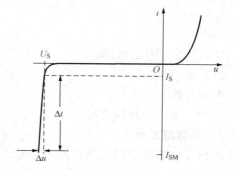

图 8-13　稳压二极管的伏安特性曲线

当电网电压产生波动时，若电网电压升高，则整流电路的输出电压 U_I 也随之升高，引起负载电压 U_O 升高。由于稳压二极管 VS 与负载 R_L 并联，只要 U_O 稍微增长，就会使流过稳压二极管的电流急剧增加，从而使得流过限流电阻 R 上的电流 I_R 增大，电压 U_R 增大，一定程度抵消了 U_I 的升高，使负载电压 U_O 保持基本不变。

上述过程可简单描述为：如果电网电压↑→U_I↑→$U_O(U_S)$↑→I_{VS}↑→I_R↑→U_R↑→U_O↓，U_O 基本保持不变。反之，若电网电压降低时，引起的各物理量的变化与上述过程相反。

可见，当电网电压变化时，稳压电路通过 R 上的电压变化来抵消 U_I 的变化，即 $\Delta U_R \approx \Delta U_I$，从而使 U_O 基本不变。

当负载变化、电网电压不变时，如果负载电阻 R_L 减小，即负载电流 I_L 增加，则 R 上的电流增大，压降亦增加，从而造成负载电压 U_O 下降。U_O 只要稍微下降，稳压二极管中的电流就会迅速减小，使 R 上的压降继续减小，从而保持 R 上的压降基本不变，使负载电压 U_O 得以稳定。

上述过程可简单描述为：如果 R_L↓→$U_O(U_S)$↓→I_{VS}↓→I_R↓→U_R↓→U_O↑，U_O 基本

保持不变。相反，若负载电阻 R_L 增大时，引起的各物理量的变化与上述过程相反。

可见，当负载电阻 R_L 变化时，稳压电路通过稳压二极管上的电流变化来使 U_R 基本不变，从而保证负载电阻 R_L 变化时输出电压 U_O 基本不变。

综上所述，在稳压二极管组成的稳压电路中，稳压过程均是通过稳压二极管 VS 的电流调节作用，借助限流电阻 R 上的电压或电流的变化进行补偿，从而达到稳压的目的。

3. 性能指标

（1）稳压系数 S_r。稳压系数 S_r 定义为负载一定时，输出电压 U_O 相对变化量与输入电压 U_I 相对变化量之比，即

$$S_r = \frac{\Delta U_O / U_O}{\Delta U_I / U_I}\bigg|_{R_L=常数} = \frac{U_I}{U_O} \cdot \frac{\Delta U_O}{\Delta U_I}\bigg|_{R_L=常数}$$

稳压系数 S_r 表明电网电压波动对输出电压的影响，其值越小，电网电压变化时输出电压的变化就越小。

（2）输出电阻 R_o。输出电阻 R_o 定义为输入电压 U_I 一定时，输出电压 U_o 的变化量与输出电流 I_o 的变化量之比。即

$$R_o = \frac{\Delta U_o}{\Delta I_o}\bigg|_{U_I=常数}$$

输出电阻 R_o 表明负载对电路稳压性能的影响，R_o 越小，电路的稳压性能越好，电路带负载的能力越强。

对于稳压二极管稳压电路，在仅考虑变化量时，可用图 8-14 所示等效电路来代替图 8-12 所示的稳压二极管稳压电路。其中 r_s 为稳压二极管的动态等效电阻，通常 $R \gg r_s$，$R_L \gg r_s$。因此有

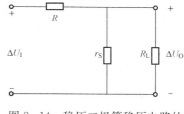

图 8-14　稳压二极管稳压电路的
等效电路

$$\frac{\Delta U_O}{\Delta U_I} = \frac{r_s /\!/ R_L}{R + r_s /\!/ R_L} \approx \frac{r_s}{R + r_s}$$

所以稳压二极管稳压电路稳压系数为

$$S_r = \frac{\Delta U_O}{\Delta U_I} \cdot \frac{U_I}{U_O} \approx \frac{r_s}{R + r_s} \cdot \frac{U_I}{U_S} \qquad (8-10)$$

稳压二极管稳压电路输出电阻为

$$R_O = r_s /\!/ R \approx r_s \qquad (8-11)$$

4. 电路参数的选择

设计一个稳压二极管稳压电路，需要合理选择电路元器件的有关参数。在选择元器件时，应首先知道负载所要求的输出电压 U_O，负载电流 I_L 的最小值 I_{Lmin} 和最大值 I_{Lmax}（或负载电阻 R_L 的最大值 R_{Lmax} 和最小值 R_{Lmin}），输入电压的波动范围（一般为 $\pm 10\%$）。

（1）稳压电路输入电压 U_I 的选择。根据经验，一般选择 $U_I = (2\sim3)U_O$，U_I 确定后，U_2 随之确定，可根据此值进一步选择整流滤波电路的其他元器件参数。

（2）稳压二极管 VS 的选择。在稳压二极管稳压电路中 $U_O = U_S$，当负载电流 I_L 变化时，稳压二极管的电流将产生一个与之相反的变化，即 $\Delta I_{VS} \approx -\Delta I_L$，所以稳压二极管工作在稳压区所允许的电流变化范围应大于负载电流的变化范围，即 $I_{SM} - I_S > I_{Lmax} - I_{Lmin}$。因此选择稳压二极管时应满足

$$U_O = U_S \qquad (8-12)$$

$$I_{SM} - I_S > I_{Lmax} - I_{Lmin} \tag{8-13}$$

若考虑到空载时稳压二极管流过的电流 I_{VS} 将与限流电阻 R 上的电流 I_R 相等，满载时应大于 I_S，稳压二极管的最大稳定电流 I_{SM} 的选择应留有充分的余量，还应满足 $I_{SM} \geqslant I_{Lmax} + I_S$。

（3）限流电阻 R 的选择。R 的选择必须满足两个条件：一是稳压二极管流过的最小电流 I_{VSmin} 应大于稳压二极管的最小稳定电流 I_S；二是稳压二极管流过的最大稳定电流 I_{VSmax} 应小于稳压二极管的最大稳定电流 I_{SM}。也就是保证 VS 通过的 I_{VS} 在允许的最大电流 I_{SM} 与最小电流 I_S 之间，即

$$I_S \leqslant I_{VS} \leqslant I_{SM} \tag{8-14}$$

从图 8-12 电路可以看出

$$I_R = \frac{U_I - U_S}{R} \tag{8-15}$$

$$I_{VS} = I_R - I_L \tag{8-16}$$

当电网电压 U_I 最低且负载 R_L 流过的电流 I_L 最大时，流过 VS 的电流 I_{VS} 最小，但要保证 $I_{VS} \geqslant I_S$。根据式（8-14）～式（8-16）可得

$$I_{VSmin} = \frac{U_{Imin} - U_S}{R} - I_{Lmax} \geqslant I_S$$

$$R \leqslant \frac{U_{Imin} - U_S}{I_S + I_{Lmax}}$$

由此可得限流电阻 R 的上限值为

$$R_{max} = \frac{U_{Imin} - U_S}{I_S + I_{Lmax}} \tag{8-17}$$

其中，$I_{Lmax} = U_S / R_{Lmin}$。

当电网电压 U_I 最高且负载 R_L 流过的电流 I_L 最小时，流过 VS 的电流 I_{VS} 最大，但要保证 $I_{VS} \leqslant I_{SM}$。根据式（8-14）～式（8-16）可得

$$I_{VSmax} = \frac{U_{Imax} - U_S}{R} - I_{Lmin} \leqslant I_{SM}$$

$$R \geqslant \frac{U_{Imax} - U_S}{I_{SM} + I_{Lmin}}$$

由此可得限流电阻 R 的下限值为

$$R_{min} = \frac{U_{Imax} - U_S}{I_{SM} + I_{Lmin}} \tag{8-18}$$

其中，$I_{Lmin} = U_S / R_{Lmax}$。

R 一旦确定，根据其电流即可计算其功率。

8.4.2　串联型稳压电路

稳压二极管稳压电路结构简单，所用元器件数量少，但因受稳压二极管自身参数限制，其输出电流较小，输出电压不可调节，因此只适用于负载电流较小、负载电压不变的场合，不能应用于更多场合。串联型稳压电路的出现弥补了稳压二极管稳压电路输出电流较小、输出电压不可调节的缺点；它以稳压二极管稳压电路为基础，利用晶体管的电流放大作用增大负载电流；通过在电路中引入深度电压负反馈使输出电压稳定，并通过改变反馈网络参数使输出电压可调。

1. 基本调整管稳压电路

图 8-15（a）所示稳压二极管稳压电路中，负载电流较小，其最大变化范围等于稳压二极管的最大稳定电流与最小稳定电流之差，即 $I_{SM}-I_S$。显然，增大负载电流最简单的方法是将稳压二极管稳压电路的输出电流作为晶体管的基极电流，将晶体管的发射极电流作为负载电流，电路采用射极输出方式，从而实现负载电流放大，如图 8-15（b）所示，该电路即为基本调整管稳压电路，其习惯画法如图 8-15（c）所示。

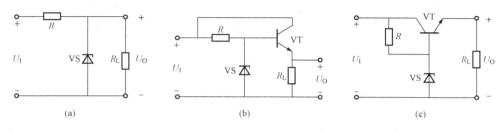

图 8-15　基本调整管稳压电路
(a) 稳压二极管稳压电路；(b) 加晶体管扩大负载电流；(c) 基本调整管稳压电路习惯画法

基本调整管稳压电路稳压原理分析如下：电网电压波动引起 U_I 增大或负载电阻 R_L 增大时，输出电压 U_O 将随之增大，即晶体管发射极电位 U_E 将升高；而稳压二极管端电压基本不变，故晶体管的 $U_{BE}=U_B-U_E$ 减小，使发射极电流 I_E 减小，从而使 U_O 减小，最终保证 U_O 基本不变。反之，当电网电压波动引起 U_I 减小或负载电阻 R_L 减小时，变化与上述过程相反，但结论一致，即 U_O 基本不变。可见晶体管的调节作用使 U_O 稳定，故称晶体管为调整管，基本调整管稳压电路见图 8-15（b）、（c）。

由上述稳压过程可知，要使调整管起到调节作用，必须使调整管工作在放大状态，从而使其管压降大于其饱和压降 U_{CES}，进而电路应满足 $U_I \geqslant U_O+U_{CES}$。由于调整管与负载串联，故称这类电路为串联型稳压电源；又因调整管工作在线性区，故又称为线性稳压电源。

2. 串联反馈式稳压电路

上述串联型稳压电源的输出电压 $U_O=U_S-U_{BE}$ 仍然不可调，且因其随 U_{BE} 的变化而变化，故稳定性较差。为克服这一缺点，在电路中引入深度电压负反馈网络稳定输出电压 U_O，并通过改变电压负反馈网络使 U_O 可调。

图 8-16 所示为串联型稳压电路的一般结构。图中，U_I 为整流滤波电路的输出电压；VT 为调整管；A 为比较放大电路；U_S 为基准电压（即稳压二极管的稳压值），由稳压二极管 VS 与限流电阻 R 串联构成的简单稳压电路获得（称为基准电压电路）；R_1、R_2、R_3 组成电压负反馈网络，用来构成输出电压变化的取样环节。串联型稳压电路的主回路为调整管 VT 与负载 R_L 串联，故称为串联型稳压电路。输出电压的变化量由反馈网络取样经放大电路 A 放大后去控制调整管 VT 的 c-e 极间的电压降，从而达到稳定输出电压 U_O 的目的。

串联型稳压电路稳压原理分析如下：当输入电压 U_I 增加（或负载电流 I_O 减小）时，导致输出电压 U_O 增大，进而使反馈电压 U_F 增大；U_F 与基准电压 U_S 比较，其差值电压经比较放大电路放大后使调整管基极电位 U_B 和集电极电流 I_C 减小，使 U_O 下降，从而维持 U_O 基本不变。同理，当输入电压 U_I 减小（或负载电流 I_O 增加）时，也将使输出电压 U_O 基本不变。

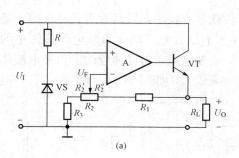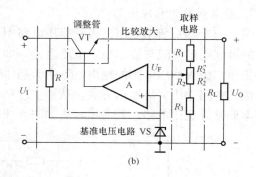

图 8-16   串联型稳压电路的一般结构

(a) 原理图；(b) 习惯画法

3. 电路参数的选择

(1) U_I 的选择。电路工作过程中，调整管 VT 要处于放大状态，所以要求 $U_I \geqslant U_O + U_{CES}$，保证电路正常工作。

(2) 调整管的选择。调整管 VT 是电路的核心元件，是电路正常工作的保证。通常调整管为大功率晶体管，选择时要考虑极限参数 I_{CM}、$U_{BR(CEO)}$ 和 P_{CM}。只要正常工作值小于极限参数，就可以保证调整管正常工作。调整管工作时，最大集电极电流 I_{Cmax}、最大管压降 U_{CEmax}、集电极最大功率损耗 P_{Cmax} 分别为

$$I_{Cmax} \approx I_{Lmax} \tag{8-19}$$

$$U_{CEmax} \approx U_{Imax} - U_{Lmin} \tag{8-20}$$

$$P_{Cmax} \approx I_{Cmax} U_{CEmax} \tag{8-21}$$

选择调整管时，应保证其最大集电极电流、集电极与发射极之间的最大反向电压和集电极的最大耗散功率满足

$$I_{CM} > I_{Lmax} \tag{8-22}$$

$$U_{(BR)CEO} > U_{Imax} - U_{Omin} \tag{8-23}$$

$$P_{CM} > I_{Lmax}(U_{Imax} - U_{Omin}) \tag{8-24}$$

在实际选用调整管时，不但要考虑参数留有一定的裕量，还要按手册的规定采取散热措施。

4. 输出电压的调节范围

在理想条件下，$U_P = U_N = U_S$，$I_P = I_N = 0$，所以有

$$U_O = \frac{R_1 + R_2 + R_3}{R_2' + R_3} U_S \tag{8-25}$$

当电位器 R_2 滑到最上端时，输出电压最小，为

$$U_{Omin} = \frac{R_1 + R_2 + R_3}{R_2 + R_3} U_S \tag{8-26}$$

当电位器 R_2 滑到最下端时，输出电压最大，为

$$U_{Omax} = \frac{R_1 + R_2 + R_3}{R_3} U_S \tag{8-27}$$

由上可见，串联型稳压电路一般由调整管、比较放大电路、基准电压电路和取样电路四部分组成。此外，为使电路安全工作，还常在电路中加入保护电路，如调整管 VT 加限流型

过电流保护电路，如图 8-17 所示。图中，VT1 为调整管；VT2 和 R_0 构成保护电路；R_0 称为取样电阻。电路正常工作时，VT2 处于截止状态；当输出电流增大到一定数值时，R_0 上的电压足以使 VT2 导通，VT2 从 VT1 的基极分流，从而限制调整管 VT1 发射极电流，起到保护调整管的作用。

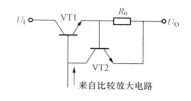

图 8-17 限流型过电流保护电路

调整管发射极限定电流为

$$I_{\mathrm{Omax}} \approx I_{\mathrm{Emax}} \approx U_{\mathrm{BE2}}/R_0 \tag{8-28}$$

【例 8-2】 电路如图 8-18 所示，试：

（1）调整管、基准电压电路、取样电路、比较放大电路、保护电路分别由哪些元件组成？

（2）简要说明过电流保护电路的工作原理。

（3）写出输出电压调节范围的表达式。

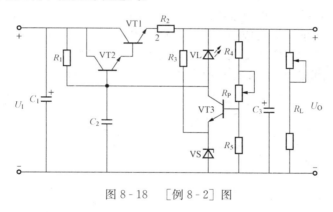

图 8-18 ［例 8-2］图

解 （1）调整管：VT1、VT2 组成的复合管；基准电压电路：R_3、VS；取样电路：R_4、R_P、R_5；比较放大电路：VT3、R_1；过电流保护电路：R_2、VL。

（2）由图可知，过电流保护电路为限流型。$U_{\mathrm{VL}} = U_{\mathrm{BE1}} + U_{\mathrm{BE2}} + I_{\mathrm{O}}R_2$，正常工作时，$U_{\mathrm{VL}} < U_{\mathrm{ON}}$（$U_{\mathrm{ON}}$ 为发光二极管的开启电压），VL 截止，不发光；I_{O} 增大到一定值后，$U_{\mathrm{VL}} > U_{\mathrm{ON}}$，使 VL 导通，对调整管的基极分流，从而限制调整管的发射极电流，VL 发光指示电路已过电流保护。

（3）输出电压调节范围的表达式。由于 $U_{\mathrm{S}} + U_{\mathrm{BE3}} = U_{\mathrm{O}} \dfrac{R_5}{R_4 + R_{\mathrm{P}} + R_5}$，所以

$$U_{\mathrm{Omin}} = \frac{R_4 + R_5}{R_5}(U_{\mathrm{S}} + U_{\mathrm{BE3}}) \tag{8-29}$$

$$U_{\mathrm{Omax}} = \frac{R_4 + R_{\mathrm{P}} + R_5}{R_5}(U_{\mathrm{S}} + U_{\mathrm{BE3}}) \tag{8-30}$$

8.4.3 集成（IC）稳压电路

直流线性稳压电源通常由整流滤波电路、取样电路、基准电路、比较放大电路和调整电路等组成，其中后四部分能方便地集成在一块芯片上，构成所谓的集成电路稳压器。因为集成稳压器使用方便，外围所用的元器件不多，性能稳定，内部具有限流保护、过电压保护和

过热保护等功能，因此，在对稳定性要求不太高、输出电压不太高或输出电流不太大的场合获得了广泛应用。除此之外，在其他应用场合，集成稳压器也常常作为组成元件之一使用。

1. 集成稳压器

集成稳压器是指将不稳定的直流电压变为稳定的直流电压的集成电路。由于集成稳压器具有稳压准确度高、工作稳定可靠、外围电路简单、体积小、质量轻等显著优点，在各种电源电路中得到了普遍的应用。常用的集成稳压器有金属圆形封装、金属菱形封装、塑料封装、带散热板塑封、扁平式封装和双列直插式封装等，如图 8 - 19 所示。在电子制造中应用较多的是三端固定输出稳压器。

三端固定式集成稳压器将取样电阻、补偿电容、保护电路、大功率调整管等都集成在同一芯片上，使整个集成电路块只有输入、输出和公共三个引出端，使用非常方便，因此得到了广泛应用。其缺点是输出电压固定，所以必须生产各种输出电压、电流规格的系列产品。如 78×× 系列集成稳压器是常用的固定正输出电压的集成稳压器，输出电压有 5、6、9、12、15、18V 和 24V 等规格，最大输出电流为 1.5A，内部含有限流保护、过热保护和过电压保护电路，采用噪声低、温度漂移小的基准电压源，工作稳定可靠；79×× 系列集成稳压器是常用的固定负输出电压的集成稳压器，其输出电压如图 8 - 19 所示。与 78×× 相对应，不过输出为负电压。三端固定式集成稳压器的最大输出电流为 1.5A，塑料封装（TO - 220）最大功耗为 10W（加散热器）；金属壳封装（TO - 3）最大功耗为 20W（加散热器）。

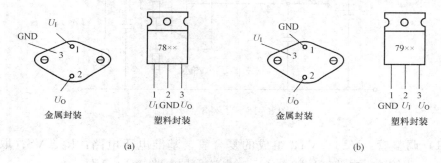

图 8 - 19　三端固定式集成稳压器引脚图

（a）78×× 系列的正电压输出；（b）79×× 系列的负电压输出

2. 三端集成稳压器的典型应用

（1）固定输出连接。三端集成稳压器有固定电压输出的连接电路如图 8 - 20 所示。使用时必须注意 U_I 和 U_O 之间的关系。以 W7805 为例，该三端集成稳压器的固定输出电压为

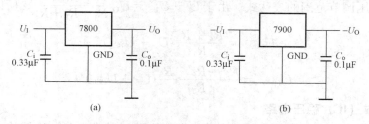

图 8 - 20　三端集成稳压器固定电压输出连接电路

（a）78×× 系列正固定输出连接；（b）79×× 系列负固定输出连接

5V,而输入电压至少要大于8V,从而输入/输出之间有3V的电压差,保证调整管工作在放大区。电压差取大时,会增加集成器的功耗。所以,应兼顾U_I和U_O,即既保证在最大负载电流时调整管不进入饱和区,又不至于使功耗偏大。

(2) 固定双组输出连接。三端集成稳压器有固定双组输出电压±6V 的连接电路如图 8-21所示。

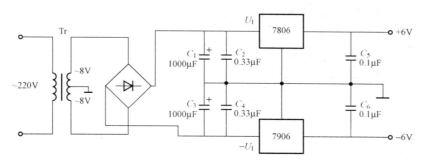

图 8-21 三端集成稳压器固定双组输出连接电路

(3) 扩大输出电流连接。三端集成稳压器扩大输出电流连接电路如图 8-22 所示。图中,二极管 VD 以抵消 VT 管 U_{BE} 压降而设置,原输出电流 I_O 现近似扩大 β 倍,即输出电流近似为 βI_O。

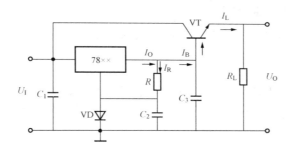

图 8-22 三端集成稳压器扩大输出电流连接电路

8.5 Multisim 应用举例

本节用 Multisim 实现桥式全波整流、桥式全波整流电容滤波电路仿真。

1. 仿真电路

仿真电路如图 8-23 所示。

2. 仿真内容

(1) 观察全波整流输出波形。

(2) 观察全波整流电容滤波输出波形。

3. 仿真结果

仿真结果如图 8-23 所示。

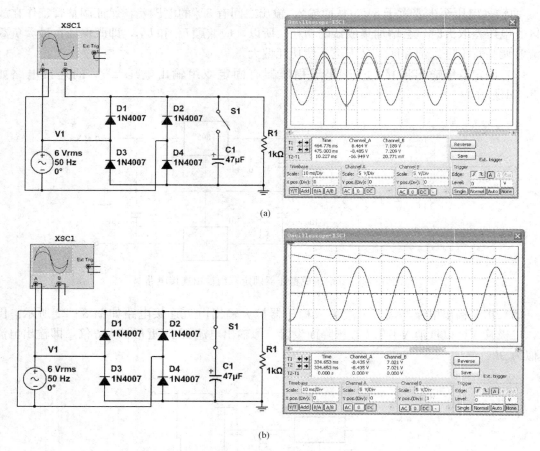

图 8-23　桥式全波整流、桥式全波整流电容滤波电路及其仿真结果
（a）桥式全波整流电路；（b）桥式全波整流电容滤波电路

4. 结论

桥式全波整流输出的单向脉动电压峰值会略低于交流电压峰值，这是由整流管本身的导通压降造成的，所以在近似估算时，如果交流电压不够高，就不能忽略整流管的导通压降。

8-1　判断题

（1）直流电源是一种将正弦信号转换为直流信号的波形变换电路。　　　　　　　　（　　）

（2）直流电源是一种能量转换电路，它将交流能量转换为直流能量。　　　　　　（　　）

（3）在变压器二次电压和负载电阻相同的情况下，桥式整流电路的输出电流是半波整流电路输出电流的 2 倍。因此，其整流管的平均电流比值为 2：1。　　　　　　　　（　　）

（4）若 U_2 为电源变压器二次电压的有效值，则半波整流电容滤波电路和全波整流电容滤波电路在空载时的输出电压均为 $\sqrt{2}U_2$。　　　　　　　　　　　　　　（　　）

（5）当输入电压 U_I 和负载电流 I_L 变化时，稳压电路的输出电压绝对不变。　（　　）

8-2 电路如图 8-24 所示，变压器二次电压有效值为 $2U_2$。试：

（1）画出 u_2、u_{D1} 和 u_O 的波形。

（2）求解输出电压平均值 $U_{O(AV)}$ 和输出电流平均值 $I_{L(AV)}$ 的表达式。

（3）二极管的平均电流 $I_{D(AV)}$ 和所承受的最大反向电压 U_{Rmax} 的表达式。

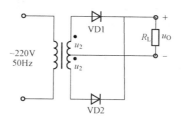

图 8-24 题 8-2 图

8-3 电路如图 8-25 所示。试完成：

（1）分别标出 u_{O1} 和 u_{O2} 对地的极性。

（2）u_{O1}、u_{O2} 分别是半波整流还是全波整流？

（3）当 $U_{21}=U_{22}=20\text{V}$ 时，$U_{O1(AV)}$ 和 $U_{O2(AV)}$ 各为多少？

（4）当 $U_{21}=18\text{V}$，$U_{22}=22\text{V}$ 时，画出 u_{O1}、u_{O2} 的波形；并求解 $U_{O1(AV)}$ 和 $U_{O2(AV)}$ 的值。

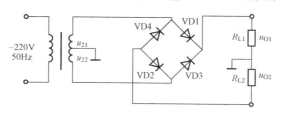

图 8-25 题 8-3 图

8-4 电路如图 8-26 所示，已知稳压二极管的稳定电压为 6V，最小稳定电流为 5mA，允许耗散功率为 240mW；输入电压为 20～24V，$R_1=360\Omega$。试问：

（1）为保证空载时稳压二极管能够安全工作，R_2 应选多大？

（2）当 R_2 按上面原则选定后，负载电阻允许的变化范围是多少？

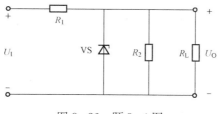

图 8-26 题 8-4 图

8-5 直流稳压电源如图 8-27 所示。试：

（1）说明电路的整流电路、滤波电路、调整管、基准电压电路、比较放大电路、采样电路等部分各由哪些元器件组成。

（2）标出集成运放的同相输入端和反相输入端。

（3）写出输出电压的变化范围表达式。

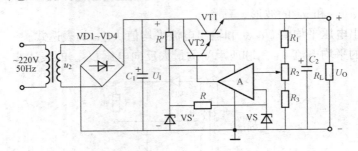

图 8 - 27 题 8 - 5 图

8 - 6 试分别求出图 8 - 28 所示各电路输出电压的表达式。

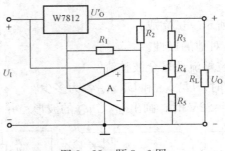

图 8 - 28 题 8 - 6 图

9 Multisim 12 基本操作简介

Multisim 系列仿真软件是 EDA（电子设计自动化）软件中很常用的一种软件，其前身是 EWB 仿真软件。EWB 是加拿大 Interactive Image Technologies 公司（简称 IIT 公司）于 20 世纪推出的电子仿真软件。它具有界面形象直观、操作简便、分析功能强大、易学易用等诸多优点。进入 21 世纪，EWB 更新换代推出 EWB 6.0 版本，取名为 Multisim，即 Multisim 2001 版。2005 年，IIT 公司被美国国家仪器公司（National Instrument，简称 NI 公司）收购。NI 公司将 Multisim 与 LABVIEW 完美结合，使 Multisim 的性能得到了极大的提升。Multisim 12 是 NI 公司推出的较新版本，本章通过 Multisim 12 介绍 Multisim 的基本功能，方便初学者对 Multisim 的快速入门。

9.1 Multisim 12 基本界面及设置

Multisim 12 的基本操作界面与 Windows 常用的应用软件比较相近。

9.1.1 Multisim 12 基本界面简介

Multisim 12 安装完成后，可以通过双击桌面上的 图标，或单击"开始"→"程序"→"National Instruments"→"Circuit Design Suit 12.0"→"Multisim 12.0"，弹出图 9-1 所示的 Multisim 12 的基本界面。

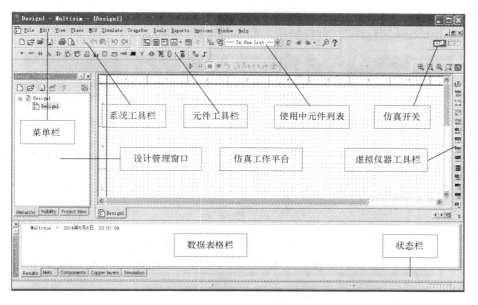

图 9-1 Multisim 12 的基本界面

1. 菜单栏

基本界面最上方是菜单栏（Menus Toolbar），其中文含义如图 9 - 2 所示。点击每个菜单都会有下拉菜单出现，Multisim 12 软件的所有功能命令都能通过菜单栏来实现。

图 9 - 2　菜单栏

2. 工具栏

Multisim 12 的工具栏主要包括 Standard Toolbar（标准工具栏）、Main Toolbar（主工具栏）、View Toolbar（视图工具栏）、Component Toolbar（元件工具栏）、Virtual Toolbar（虚拟元件工具栏）、Graphic Annotation Toolbar（图形注释工具栏）和 Instrument Toolbar（虚拟仪器工具栏）等。工具栏的打开与关闭可以通过点击菜单栏"View"→"Toolbars"菜单下的级联子菜单实现，也可以通过在工具栏及其空白区右击弹出的快捷菜单来完成。

图 9 - 3　Standard Toolbar

（1）Standard Toolbar。如图 9 - 3 所示，从左到右功能依次为"新建""打开""打开图例""保存""打印""打印预览""剪切""复制""粘贴""撤销"和"重做"。

（2）Main Toolbar。如图 9 - 4 所示，从左到右功能依次为"显示/隐藏设计管理窗口""显示/隐藏数据表格栏""SPICE 网表查看器""图形分析列表""后置处理器""跳转到父电路""元件向导""元件库管理""列出当前电路元器件列表""电器规则检查""Ultiboard 后标注""Ultiboard 前标注""查找实例"和"帮助"。

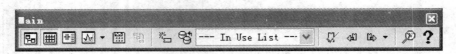

图 9 - 4　Main Toolbar

（3）View Toolbar。如图 9 - 5 所示，从左到右功能依次为"放大""缩小""放大选中区域""适合页面"和"全屏"。

（4）Component Toolbar。如图 9 - 6 所示，从左到右功能依次介绍如下：

图 9 - 5　View Toolbar

图 9 - 6　Component Toolbar

1）"÷"Place Source："放置有源器件"按钮。放置各种电源及信号源，其中包括常用的直流电源、交流电源、电压源、电流源、AM 信号源和 FM 信号源等。

2) "〜〜" Place Basic："放置基础元件"按钮。放置电阻、电容、电感、电位器、开关、变压器、继电器等基础元件。

3) "〜" Place Diode："放置二极管"按钮。放置各类二极管，包括普通二极管、稳压二极管、发光二极管、整流桥、晶闸管等。

4) "〜" Place Transistor："放置晶体管"按钮。放置各类晶体管和场效应管。

5) "〜" Place Analog："放置模拟类 IC"按钮。主要放置各类运算放大器。

6) "〜" Place TTL："放置 TTL 元件"按钮。集合了 74S、74LS 等系列的 TTL 集成电路。

7) "〜" Place CMOS："放置 CMOS 元件"按钮。集合了 4000、74HC 等系列 CMOS 集成电路。

8) "〜" Place Misc Digital："放置复合数字类 IC"按钮。放置各类数字单元器件，如 DSP、FPGA 等。

9) "〜" Place Mixed："放置混合类 IC"按钮。放置如数—模转换、模—数转换、555 集成电路等。

10) "〜" Place Indicator："放置指示器件"按钮。放置电流表、电压表、数码管、指示灯等。

11) "〜" Place Power Component："放置电力元件"按钮。放置各类电力元件。

12) "MISC" Place Misc："放置多功能器件"按钮。放置如晶振、光耦合器等。

13) "〜" Place Advanced Peripherals："放置先进外围设备库"按钮。放置各类外围设备，如按键、液晶显示器等。

14) "Y" Place RF："放置射频元件"按钮。放置如射频电压、射频电容等。

15) "〜" Place Electromechanical："放置机电类元件"按钮。放置机电类元件。

16) "〜" Place NI Componet："放置 NI 元件"按钮。放置 NI 元件。

17) "〜" Place Connector："放置接插件"按钮。放置接插件。

18) "〜" Place MCU："放置微控制器"按钮。放置单片机等微控制器。

19) "〜" Hierarchical Block From File："放置层次模块"按钮。放置层次电路模块。

20) "〜" Bus："放置总线"按钮。放置总线。

（5）Virtual Toolbar。如图 9 - 7 所示，单击每个按钮都会出现子工具栏，利用该工具栏可放置各种虚拟元件。虚拟元件都没有封装等特性。

图 9 - 7 Virtual Toolbar

（6）Graphic Annotation Toolbar。如图 9 - 8 所示，其功能和普通 Windows 应用软件类似，不再赘述。

（7）Instrument Toolbar。如图 9 - 9 所示，从

图 9 - 8 Graphic Annotation Toolbar

左到右功能依次介绍如下：

图 9 - 9　Instrument Toolbar

1）"" Multimeter：数字万用表。

2）"" Function Generator：函数信号发生器。

3）"" Wattmeter：功率表。

4）"" Oscilloscope：双通道示波器。

5）"" Four channel oscilloscope：四通道示波器。

6）"" Bode Plotter：波特图仪。

7）"" Frequency counter：频率计数器。

8）"" Word generator：字信号发生器。

9）"" Logic converter：逻辑转换仪。

10）"" Logic Analyzer：逻辑分析仪。

11）"" IV analyzer：IV 分析仪（伏安特性分析仪）。

12）"" Distortion analyzer：失真分析仪。

13）"" Spectrum analyzer：频谱分析仪。

14）"" Network analyzer：网络分析仪。

15）"" Agilent function generator：安捷伦函数信号发生器。

16）"" Agilent multimeter：安捷伦数字万用表。

17）"" Agilent oscilloscope：安捷伦示波器。

18）"" Textronix oscilloscope：泰克示波器。

19）"" Measurement probe：测量探针。

20）"" LabVIEW instrument：LabVIEW 仪器。

21）"" Current probe：电流探针。

9.1.2　Multisim 12 基本界面的设置

在进行仿真实验前，需要对 Multisim 12 的基本界面进行一些必要的设置，如图纸尺寸、连线粗细、元器件符号标准等。通过对 "Options" 菜单下的 "Global Preferences" 和 "Sheet Properties" 设置即可完成当前电路界面的设置。设置完成后，可以将设置内容进行保存，以后再次运行软件时若没有特殊要求就不必重新设置。

1. 元器件放置模式和符号标准设置

单击菜单 "Options" → "Global Preferences" 选择项即会弹出 "Global Preferences" 对话框，单击 "Global Preferences" 对话框中的 "Components" 标签，即可打开图 9 - 10 所示的 "Components" 标签页。该标签页包含了 Place component mode（元器件放置模式）、Symbol standard（元器件符号标准）和 View（视图）三个选项组。

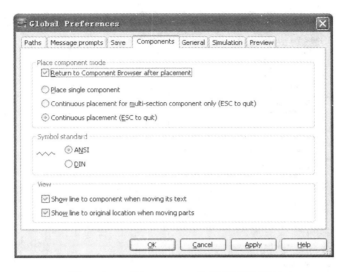

图 9 - 10　　"Components"标签页示意图

（1）Place component mode。具体包括以下选项：

1）Return to Component Browser after placement：复选框。在电路图中放置元器件后返回元器件浏览窗口。

2）Place single component：每次仅能放置一个选中的元器件。

3）Continuous placement for multi-section part only（ESC to quit）：仅可连续放置集成封装元器件中的单元，如 74LS00 中的与非门，按 ESC 或右键结束放置。

4）Continuous placement（ESC to quit）：可连续放置多个选中的元器件，按 ESC 或右键结束放置。

上述前三项选项为单选框，如果选择 Continuous placement（ESC to quit）项，即可以连续放置选中元器件。

（2）Symbol standard。具体包括以下选项：

1）ANSI：美国标准。

2）DIN：欧洲标准。

选用不同的标准，左侧的图例会发生相应的变化。我国的元器件符号与欧洲标准基本相同。需要注意的是，切换符号标准后，仅对以后编辑的电路有效，而对切换前的电路元器件无效。

（3）View。View 选项组下面有两个复选框，分别为移动元件注释和元件原始位置时是否有虚线连接显示。

2．选择框和鼠标滚轮设置

单击"Global Preferences"对话框中的"General"标签，即可打开图 9 - 11 所示的"General"标签页。

（1）Selection rectangle（选择框）设置。拖动鼠标所产生的虚线框即为选择框。具体选项包括：

1）Intersecting：选择框内所包括的全部。在工作平台范围内，只要是被选择框触及到

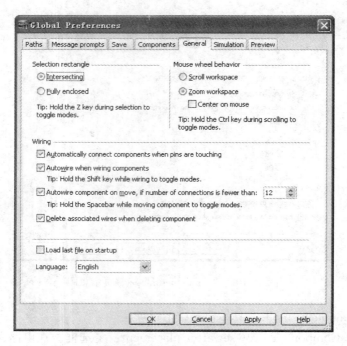

图 9 - 11　"General" 标签页

的所有对象都会被选中。

2）Fully enclosed：全包围式选择。只有全部都在选择框内的对象才能被选中，仅部分在选择框里的对象则被忽略。

在选择操作的过程中按住 Z 键即可实现上述两种操作方式的切换。

（2）Mouse Wheel Behavior（鼠标滚轮状态）设置。具体选项包括：

1）Scroll workspace：滚动鼠标滚轮实现图纸的上下滚动。

2）Zoom workspace：滚动鼠标滚轮实现图纸的放大或缩小。

在选择操作的过程中按住 Ctrl 键即可实现上述两种操作方式的切换。

Wiring 选项组的内容会在后面章节详细介绍。

3. 元器件和网络名称显示设置

单击菜单 "Options" → "Sheet Properties" 选择项即会弹出 "Sheet Properties" 对话框，单击 "Sheet visibility" 标签，即可打开图 9 - 12 所示的 "Sheet visibility" 标签页。在该标签页有 Component（元器件）和 Net names（网络名称）选项组。

（1）Component。具体选项包括：

1）Labels：是否显示元器件的标注。

2）RefDes：是否显示元器件的序号。

3）Values：是否显示元器件的参数。

4）Initial conditions：是否显示元器件的初始条件。

5）Tolerance：是否显示公差。

6）Variant date：是否显示变量数据。

7）Attributes：是否显示元器件的属性。

图 9 - 12　·"Sheet visibility"标签页

8) Symbol pin names：是否显示符号引脚名称。

9) Footprint pin names：是否显示封装引脚名称。

Component 选项组右侧为显示图例，图例会根据其左侧选项的变化而改变。

（2）Net names。具体选项包括：

1) Show all：是否全部显示网络名称。

2) Use Net-Specific Setting：是否特殊设置网络名称显示。

3) Hide all：是否全部隐藏网络名称。

4. 电路颜色的设置

单击"Sheet Properties"对话框中的"Colors"标签，即可打开图 9 - 13 所示的"Colors"标签页。用户可以通过下拉菜单选择系统预设的方案，也可选择下拉菜单中的"Custom"选项，自定义自己喜欢的 Background（背景）、Wire（连线）、Bus（总线）等各项的颜色。

5. 边框及图纸规格设置

单击"Sheet Properties"对话框中的"Workspace"标签，即可打开如图 9 - 14 所示的"Workspace"标签页。该标签页有 Show（显示）和 Sheet size（图纸规格）两个选项组。

（1）Show。具体选项包括：

1) Show grid：是否显示栅格。

2) Show page bounds：是否显示页边界。

3) Show border：是否显示图纸边框。

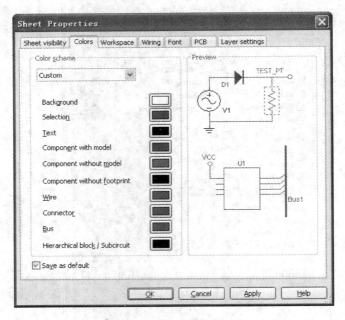

图 9-13 "Colors" 标签页

Show 选项组左侧为显示图例,图例会根据其右侧选项的变化而改变。

(2) Sheet size。具体选项包括:

1) 下拉菜单可以选择常用规格的纸张,如 A3、A4 等。

2) Orientation:设置纸张方向,Portrait(竖向)和 Landscape(横向)。

3) Custom size:自定义纸张的 Width(宽度)和 Height(高度),单位可以为 Inches(英寸)或 Centimeters(厘米)。

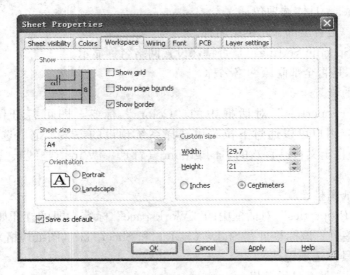

图 9-14 "Workspace" 标签页

6. 线宽、字体等设置

通过"Sheet Properties"对话框中的"Wiring"标签页即可完成对 Wire width（边线宽度）和 Bus width（总路线宽度）的设置；通过"Sheet Properties"对话框中的 Font 标签页即可完成对字体的各种设置；通过"Sheet Properties"对话框中的 PCB 标签页即可设置生成制作 PCB 文件的参数；"Sheet Properties"对话框中的 Layer settings 标签页主要用于添加注释层以及设置是否显示各电路层。

9.2　常用虚拟仪器的使用

Multisim 12 给用户提供了大量的虚拟仪器仪表，包括一般电子实验室中所常用的测量仪器，如数字万用表、双踪示波器等，以及一些一般电子实验室不太可能配置的仪器，如安捷仑 6 位半的数字万用表 Agilent34401A 等。这些虚拟仪器仪表的使用方法和外观界面等与真实仪器几乎相同。本节只对一般电子实验中常用的虚拟仪器进行介绍。

9.2.1　数字万用表（Multimeter）

Multisim 12 提供的数字万用表与实际的数字万用表相似，可以测量电流、电压、电阻和电压损耗分贝值。在虚拟仪器工具栏中单击"〔U〕"（Multimeter）调出数字万用表。在工作平台上找到合适位置单击即会出现图 9-15（a）所示的图标。万用表有正极和负极两个引线端。双击数字万用表图标，弹出图 9-15（b）所示的数字万用表面板，面板上显示测量数据并可对数字万用表的参数进行设置。

（a）　　　　　（b）

图 9-15　数字万用表的图标和面板

1. 功能选择

在数字万用表面板的显示框下方有四个功能选择按钮，具体功能如下：

（1）A（电流挡）：测量电路中某支路的电流。测量时应串联到待测的支路中。

（2）V（电压挡）：测量电路中两节点间的电压。测量时应与两节点并联。

（3）Ω（欧姆挡）：测量电路中两节点间的电阻。被测两节点之间的所有元器件当作一个元件网络，测量时应与元件网络并联。

（4）dB（电压耗损分贝挡）：测量电路中两节点间的压降分贝值。测量时应与两节点并联。

2. 选择被测信号的类型

单击"〜"按钮切换为交流挡，测量交流电压或电流的有效值；单击"━┃"按钮切换为直流挡，测量直流电压或电流的大小。

3. 面板设置

单击数字万用表面板的"Set"按钮，弹出图 9-16 所示的数字万用表设置对话框。可以通过设置虚拟数字万用表的内部参数来真实地模拟实际仪表的测量结果。

（1）Electronic Setting（电气参数设置）。具体选项包括：

1）Ammeter resistance（R）：电流表内阻值。

2）Voltmeter resistance（R）：电压表内阻值。

3）Ohmmeter current（I）：测量电阻时流过该表的电流值。

（2）Display Setting（显示设置组）。具体选项包括：

1）Ammeter Overrange（I）：电流表量程。

2）Voltmeter Overrange（V）：电压表量程。

3）Ohmmeter Overrange（R）：欧姆表量程。

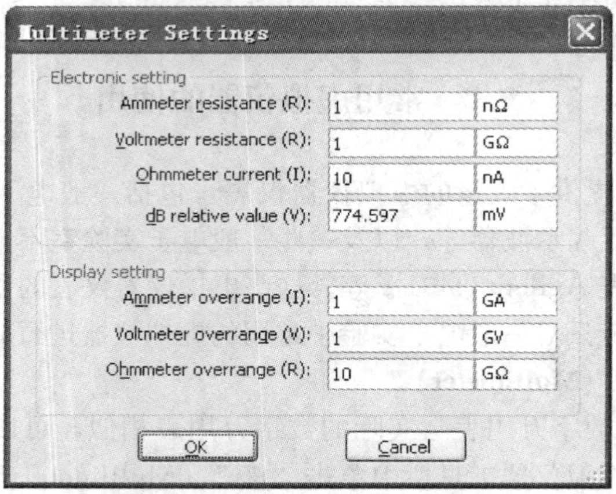

图 9 - 16　数字万用表设置对话框

9.2.2　函数信号发生器（Function generator）

单击虚拟仪器工具栏中"▦"（Function generator）调出函数信号发生器，操作同数字万用表。Multisim 12 提供的函数信号发生器可以产生正弦波、三角波和矩形波，信号发生器有三个引线端：正极、负极和公共端。函数信号发生器的图标和面板如图 9 - 17 所示。

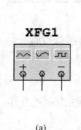

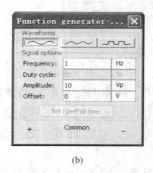

函数信号发生器的信号波形、幅度、频率占空比等参数都可通过图 9 - 17（b）所示的面板完成设置和显示。

1. 功能选择

单击面板上的"〰〰" "⋀⋁⋀" "┌┐┌" 按钮，即可产生相应的正弦波、三角波和矩形波。

(a)　　　　　　　　(b)

图 9 - 17　函数信号发生器的图标和面板

2. 信号参数的设置

（1）Frequency（频率）：设置输出信号的频率，设置范围为 0.001pHz～1000THz。

（2）Duty Cycle（占空比）：设置输出信号的占空比，设置范围为 1%～99%。该设置仅对三角波和方波有效，对正弦波无效。

（3）Amplitude（幅度）：设置输出信号的幅度，设置范围为 0.001pV～1000TV。

（4）Offset（直流偏置）：设置输出信号的直流分量，设置范围为 -1000～1000TV。

（5）"Set Rise/Fall Time" 按钮：设置方波信号的上升/下降时间，只有输出方波时才有效。

9.2.3　功率表（Wattmeter）

功率表用来测量电路的交流或者直流功率。单击虚拟仪器工具栏中"□□"（Wattme-
ter），调出瓦特表，如图 9-18 所示。该仪器
图标上有四个引线端：左边 V 标记的两个端用
于测量电压，与待测电路并联连接；右边 I 标
记的两个端用于测量电流，与待测电路串联
连接。

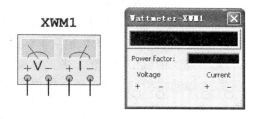

功率表面板中没有可以设置的选项，只有
两个显示框，主显示框用于显示功率，下方的
"Power Factor"为功率因数显示框。

图 9-18　功率表的图标和面板

9.2.4　双通道示波器（Oscilloscope）

示波器可以观测信号的波形、幅度、频率等参数，是电子实测中经常使用的仪器。单击
虚拟仪器工具栏中"□□"（Oscilloscope）调出双通道示波器，如图 9-19 所示。该仪器图标
上有六个引线端：A 通道正、负端，B 通道正、负端，外触发正、负端。连线时要注意连线
方式：若要测量待测点与地之间的波形，只需 A 或 B 通道的正端与待测点相连；若要测量
元器件两端的波形，需要将 A 或 B 通道的正、负端与元器件两端相连。

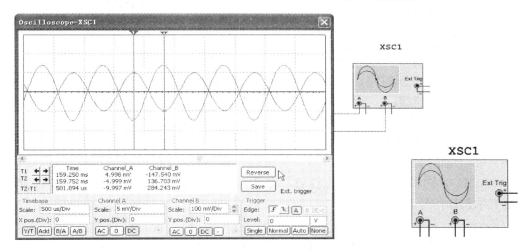

图 9-19　双通道示波器的控制面板和图标

控制面板上方较大的长方形区域为测量波形的显示区，显示区的高度和宽度根据需要可
以拉伸。在仿真模式下，单击控制面板上的"Reverse"按钮，如图 9-19 中鼠标的所示位
置，可将控制面板显示区的底色作黑、白切换。"Save"按钮的功能是以 ASII 文件形式
保存扫描数据，"Ext. trigger"为外触发选项。下面就控制面板上的其他项分为几个区域来
介绍。

1. 光标控制区

图 9-20 所示为光标控制区图示。具体选项包括：

（1）单击 T1 右侧的左、右箭头可以移动垂直光标 1（显示区中红色的垂直线）的位置。

（2）单击 T2 右侧的左、右箭头可以移动垂直光标 2（显示区中蓝色的垂直线）的位置。

（3）"Time"项的数值从上到下依次为垂直光标 1 当前时间位置、垂直光标 2 当前时间位置、两光标位置间的时间差。

（4）"Channel _ A"项的数值从上到下依次为垂直光标 1 处 A 通道的输出电压值、垂直光标 2 处 A 通道的输出电压值、两光标位置间的电压差。

（5）"Channel _ B"项的数值从上到下依次为垂直光标 1 处 B 通道的输出电压值、垂直光标 2 处 B 通道的输出电压值、两光标位置间的电压差。

垂直光标的移动也可通过鼠标拖动显示区光标顶端的倒三角来实现。

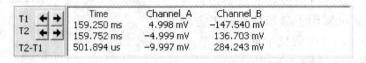

	Time	Channel_A	Channel_B
T1	159.250 ms	4.998 mV	−147.540 mV
T2	159.752 ms	−4.999 mV	136.703 mV
T2-T1	501.894 us	−9.997 mV	284.243 mV

图 9 - 20　光标控制区

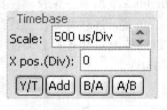

图 9 - 21　Timebase 区

2. Timebase 区

Timebase 区用来设置 X 轴方向时间基线位置和时间刻度值，如图 9 - 21 所示。具体选项包括：

（1）Scale：设置 X 轴方向每一个刻度所代表的时间。单击该栏后，出现上下翻转的列表，根据实际需要选择合适的时间刻度值。

（2）Xpos.（Div）：设置 X 轴方向时间基线的起始位置。

（3）Y/T：X 轴显示时间，Y 轴显示电压值。这是最常用的显示方式，一般用来观测电路的输入、输出电压波形。

（4）Add：X 轴显示时间，Y 轴显示 A 通道和 B 通道电压之和。

（5）B/A：X 轴和 Y 轴都显示电压值，将 A 通道信号作为 X 轴扫描信号，将 B 通道信号作为 Y 轴扫描信号。

（6）A/B：X 轴和 Y 轴都显示电压值，将 B 通道信号作为 X 轴扫描信号，将 A 通道信号作为 Y 轴扫描信号。

3. Channel A 区

Channel A 区用来设置 A 通道 Y 轴方向刻度，如图 9 - 22 所示。具体选项包括：

（1）Scale：A 通道 Y 轴电压刻度值设置。

（2）Ypos.（Div）：设置时间基线在显示区内上下的位置。当值大于零时，时间基线在显示区中线的上侧，否则在显示区中线下侧。

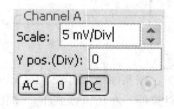

图 9 - 22　Channel A 区

（3）耦合方式：AC 为交流耦合，只显示交流分量；0 耦合，输入信号对地短接；DC 为直流耦合，直流分量和交流分量同时显示。

Channel B 区用来设置 B 通道 Y 轴方向刻度，其设置与 Channel A 区相同。

4. Trigger 区

Trigger 区用来设置示波器触发方式，如图 9 - 23 所示。具体选项包括：

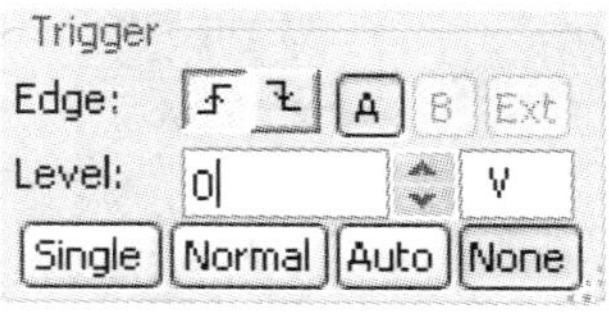

（1）：代表将输入信号的上升沿或下降沿作为触发信号。

（2）：代表用 A 通道或 B 通道的输入信号作为同步 X 轴时基扫描的触发信号。

（3）Level：设置选择触发电平的大小。

图 9 - 23   Trigger 区

（4）触发信号的选择：Single 为单脉冲触发；Normal 为一般脉冲触发；Auto 代表自动触发。示波器一般采用 Auto 触发方式。

示波器显示波形的颜色由通道输入正端连线的颜色决定。

9.2.5　四通道示波器（Four channel oscilloscope）

四通道示波器也是可以显示信号波形、幅度、频率等参数的仪器，其使用方法和双通道示波器的基本一致。单击虚拟仪器工具栏中"▨"（Four channel oscilloscope）调出四通道示波器，如图 9 - 24 所示。

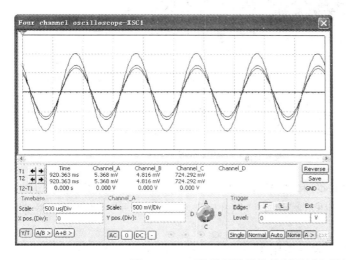

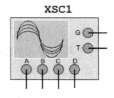

图 9 - 24　四通道示波器的控制面板和图标

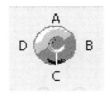

图 9 - 25　通道选择按钮

与双通道示波器相比，四通道示波器的输入信号通道的数量由两个增加到四个。在设置各个通道 Y 轴标度时，需通过点击图 9 - 25 所示的通道选择按钮选择要设置的通道。

"A/B＞"按钮和两通道示波器比，其组合方式更多。右击"A/B＞"弹出图 9 - 26（a）所示的快捷菜单，可以选取合适的扫描通道。

"A＋B＞"按钮相当于两通道示波器中的"Add"按钮，右击"A＋B＞"弹出图 9 - 26 （b）所示的快捷菜单，可以选取需要叠加的通道。

右击"A＞"弹出图 9 - 27 所示的快捷菜单，可以选择内部触发的通道。

9.2.6　波特图仪（Bode Plotter）

波特图仪可以用来测量和显示电路的频率响应，类似于实验室的频率特性测试仪。单击虚拟仪器工具栏中"▨"（Bode Plotter）调出波特图仪，如图 9 - 28 所示。

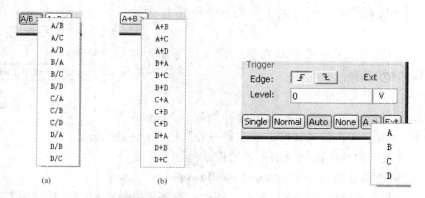

图 9-26　各通道扫描和运算方式选项　　　图 9-27　内部触发参考通道选择

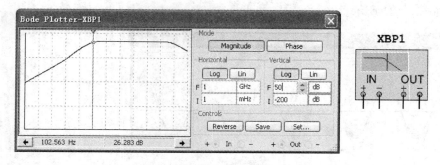

图 9-28　波特图仪的控制面板和图标

由图可知，波特图仪有"IN"和"OUT"两对连线端口，其中"IN"端口的"＋"和"－"分别与电路输入端的正端和负端相连；"OUT"端口的"＋"和"－"分别与电路输出端的正端和负端相连。

波特图仪本身没有信号源，故在使用该仪器时，被测电路输入端必须接入交流信号源，且不必对交流信号源进行参数设置，其设置不会影响电路性能的测量。

波特图仪的控制面板除了显示区还有 Mode 区、Horizontal 区、Vertical 区和 Controls区，下面分别予以介绍。

1. Mode 区

该区用来设置显示屏幕中所显示内容的类型。具体选项包括：

（1）Magnitude：设置选择显示幅频特性曲线。

（2）Phase：设置选择显示相频特性曲线。

2. Horizontal 区

该区用来设置 X 轴显示类型和频率范围。具体选项包括：

（1）Log：表示坐标标尺是对数的。

（2）Lin：表示坐标标尺是线性的。

当频率范围较宽时，一般选用 Log 标尺。"F"和"I"分别为 Final（最终值）和 Initial（初始值）的首字母。

3. Vertical 区

该区用来设置 Y 轴的标尺刻度类型。具体选项包括：

（1）Log：测量幅频特性时，单击该按钮后，标尺刻度为 20lgAu，单位为 dB。

（2）Lin：单击该按钮后，Y 轴为线性刻度。在测量相频特性时，Y 轴坐标表示相位，单位为（°），刻度是线性的。

4. Controls 区

具体选项包括：

（1）Reverse：设置显示区的底色，在黑、白之间切换。

（2）Save：将测量结果保存。

（3）Set...：设置扫描分辨率，单击该按钮，会弹出图 9 - 29 所示的对话框。

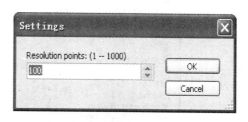

图 9 - 29　设置扫描分辨率

（4）←　→：调整显示区中垂直光标的位置。垂直光标与曲线交点下的频率和增益或相位角的数值将显示在中间的读数框内。垂直光标的移动也可通过拖动鼠标来完成。

9.3　电路的搭建及仿真

9.3.1　元器件的调用等操作

1. 元器件的调用

下面以调用电阻为例，介绍如何从 Multisim 12 软件的元件库中调出元件。

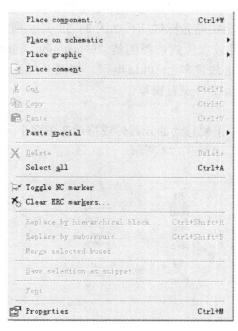

图 9 - 30　仿真工作区空白处右击弹出
快捷菜单

单击"Component Toolbar"（元件工具栏）的"　"（Place Basic）按钮，或者使用快捷键 Ctrl＋W，也可在电路仿真工作平台中的空白部分右击弹出图 9 - 30 所示的快捷菜单，单击"Place component"命令，即可调出图 9 - 31 所示的元器件浏览窗口。具体选项包括：

（1）Database：元器件数据库。

（2）Group：元器件分类。

（3）Family：元器件系列。

（4）Component：元器件名称。

（5）Symbol：元器件示意图。

（6）Component type：元器件类型。

（7）Tolerance：元器件的公差。

（8）Model manufacture/ID：元器件的制造厂商/编号。

（9）Footprint manufacture/Type：元器件的制造厂商/类型。

（10）Hyperlink：超链接。

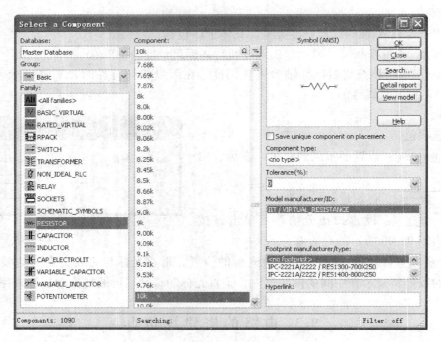

图 9 - 31　元器件浏览窗口

　　元器件调用操作步骤如下："Database"栏选择"Master Database","Group"栏选择"Basic","Family"栏中选择"RESISTOR"（电阻），然后拉动"Component"栏右侧的流动条，可以从 1mΩ～5TΩ（T＝10^{12}）范围内选择所需要的电阻。如电路中需要 10kΩ 电阻，双击"10k"即可调出 10kΩ 电阻，调出的电阻影子会跟随光标移动，如图 9 - 32（a）所示。单击即可将 10kΩ 电阻放置在工作平台上。如果元件放置模式选择的是"Continuous place-ment（ESC to quit）"，则可以连续在电子平台上单击放置多个 10kΩ 电阻，如图 9 - 32（b）所示。右击结束放置，如按 ESC 键结束放置将返回元器件浏览窗口。

　　2. 元器件的移动、复制、旋转等操作

　　可以对单个或多个元器件同时进行移动操作。单击要移动的元器件或拖动选中多个元器件，在任一选中的元件区域内拖动即可移动元器件，如图 9 - 33 所示。

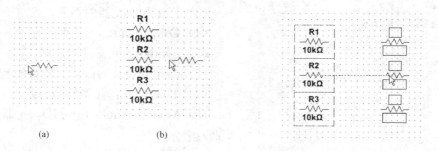

图 9 - 32　放置元器件示意图　　　　图 9 - 33　多个元器件移动示意图

　　元器件的图标和标号可以分别移动，也可作为一个整体移动。移动元器件时，一定要选中整个元器件，而不仅仅是其图标。

同样可以对单个或多个元器件同时进行复制、旋转等操作。具体步骤为：选中要处理的元器件，在任一选中的元件区域内右击，将弹出图 9 - 34 所示的快捷菜单。选择相应的命令即可完成剪切、复制、删除等操作。其中，"Flip horizontally" 项可将对象水平翻转；"Flip Vertically" 项可将对象垂直翻转；"Rotate 90° clockwise" 项可将对象顺时针旋转 90°；"Rotate 90° counter clockwise" 项可将对象逆时针旋转 90°。

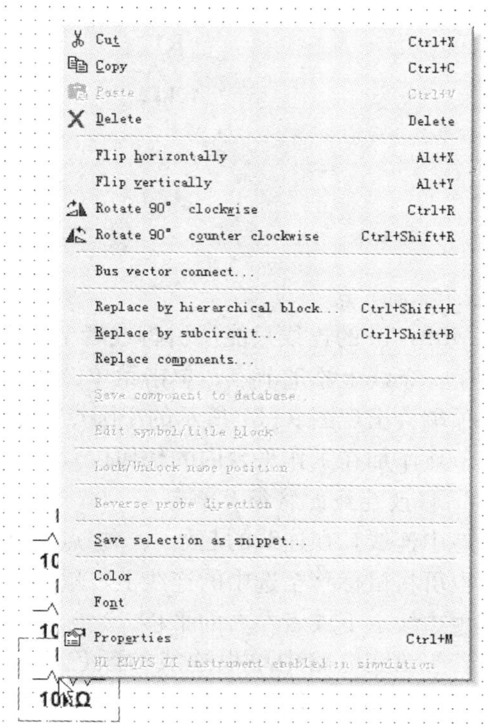

9.3.2 电路的连线

Multisim 12 有关连线的设置在 "Global Preferences" 对话框中的 "General" 标签页，见图 9 - 11。图中的 "Wiring" 选项组如图 9 - 35 所示，具体选项包括：

（1）Automatically connect components when pins are touching：当引脚接触到已有连线时，是否自动连接。

（2）Autowire when wiring components：连线时遇到元器件是否自动绕开走线。在实际连线过程中，按下 Shift 键可作两种模式的切换。

图 9 - 34 元器件或仪器上右击弹出快捷菜单

（3）Autowire component on move if number of connections is fewer than 12 ：在移动元器件时，如果与元器件有关的连接点数量小于（非小于等于）"12"中的设定值，是否自动连线。在实际移动元器件过程中，按下 Space 键可作两种模式的切换。

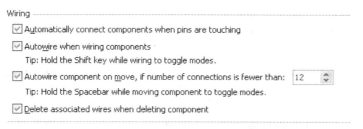

图 9 - 35 连线设置

Multisim 12 的连线一般都是自动完成的，如果在连线过程中单击，相当于在连线中增加了一个固定点（不可见），连线会以固定点为起点继续连接。

1. 元器件连线

当鼠标箭头移近元器件引脚或仪器接线端时，鼠标箭头会自动变为图 9 - 36（a）所示的带十字小圆点。单击引脚，移动鼠标，此时会出现一根连线跟随光标移动，如图 9 - 36（b）所示的虚线，在连接线的另一端单击即可完成连线。

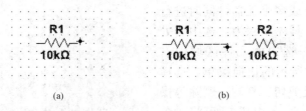

图 9-36　元器件连线示意图

2. 添加节点

Multisim 的连线只能从引脚或者节点开始，若想将中间没有节点的两条线连接，必须在其中一条线上添加节点。单击菜单"Place"→"Junction"，或使用快捷键 Ctrl+J，鼠标箭头顶端会出现图 9-37 所示的小圆点。小圆点可随鼠标在工作平台区域内任意移动，单击可将节点添加在工作平台内的任何位置。

3. 修改连线的路径及颜色

选中连线，在连线的起始点、拐点和终点会出现方形点，拖动方形点即可改变连线的路径，也可将鼠标移至选中的连线上，鼠标指针会变成上下或左右的双箭头模式，此时拖动即可实现边线上下或者左右的平移。

若想改变电路中单根连线的颜色，右击连线，弹出图 9-38 所示的快捷菜单，单击"Segment color"命令，弹出"Colors"对话框，在该对话框中选择需要的颜色，单击"OK"按钮即可改变此段连线的颜色。如选择"Net color"命令，则会改变所有相同网络标号连线的颜色。

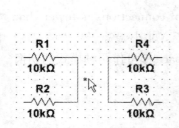

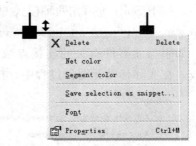

图 9-37　添加节点示意图　　　　图 9-38　右击连线弹出快捷菜单

4. 连线的删除

若要删除错误或不规范的连线，可单击某条或选中多条连线直接按下键盘上的 Delete 键，也可通过右键选中的连线弹出快捷菜单中的"Delete"命令完成。

需要注意的是，引脚与引脚不能直接放在一起，必须用连线连接，否则电路出现"虚焊"，仿真时将出错。

9.3.3　电路搭建及仿真

下面以典型静态工作点稳定电路为例，完成一个电路的搭建及仿真。

1. 电路的搭建

（1）放置电源。具体操作步骤为：单击"Component Toolbar"（元件工具栏）的"＋"（Place Source）按钮，弹出图 9-39 所示的对话框。"Database"栏会自动选择

"Master Database"，"Group"栏会自动选择"Sources"，在"Family"栏中选择"POWER
_SOURCES"，在"Component"栏选择"VCC"，双击调出电源并放置在工作平台上，但
电源电压显示为5V，不是电路所需要的12V。双击5V电源，弹出图9-40所示的对话框，
将电压值改为12，然后单击"OK"按钮即可。再次调出图9-39所示浏览窗口，在其
"POWER_SOURCES"系列的"Component"栏中选择"GROUND"即可调出"⏚"
符号。

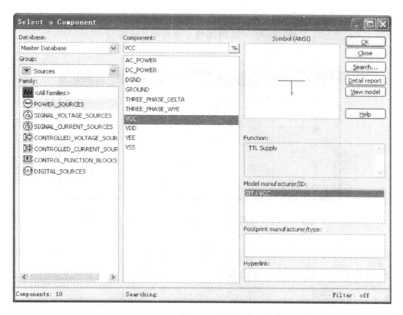

图9-39　电源信号源浏览窗口

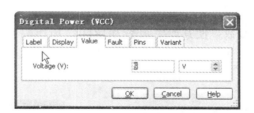

图9-40　电源属性窗口示意图

（2）放置电阻及其他元器件。可以利用9.3.1节中放置电阻的方法一次性放够所需要数
量的电阻，如连续放置5个2kΩ的电阻。具体操作步骤为：双击电阻会弹出电阻属性对话
框，通过"Value"标签页（如图9-41所示）可以改变阻值、准确度等参数；通过
"Label"标签页（如图9-42所示）可以改变参考序号等参数。

放置其他元器件的操作步骤与电阻类似。具体为：单击"⚡"按钮，在"BJT_NPN"
系列中找到2N2222A，调出相应型号的晶体管放在工作平台上；在基本元器件的"CAP_
ELECTROLIT"中调出电解电容。电容也可以一次性放置，再通过改变电容属性得到所需
的电容。

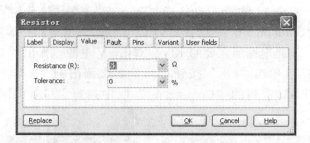

图 9-41　电阻属性"Value"标签页

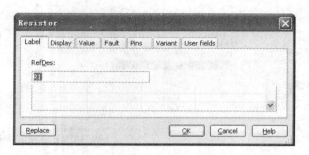

图 9-42　电阻符号"Label"标签页示意图

（3）放置虚拟仪器。具体操作步骤为：单击虚拟仪器工具栏中"▨▨▨"（Function Generator），放置函数信号发生器；单击虚拟仪器工具栏中"▨▨▨"（Oscilloscope），放置双通道示波器。

完成上述操作，电路所需要的所有元器件及仪器都已放置完毕，将它们合理布局并完成连线，得到图 9-43 所示电路。

2. 电路的仿真

设置函数信号发生器参数，使其产生频率为 1kHz、电压幅值为 5mV 的正弦波信号，如图 9-44 所示。

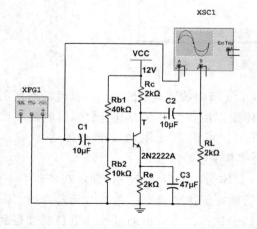

图 9-43　典型的静态工作点稳定电路

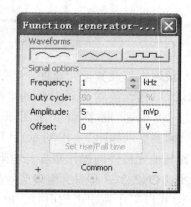

图 9-44　设置函数信号发生器参数

单击仿真开关或按键盘上的 F5 快捷键，电路开始仿真。打开双通道示波器的控制面板并合理设置，可得到图 9-45 所示的输入、输出信号波形图。

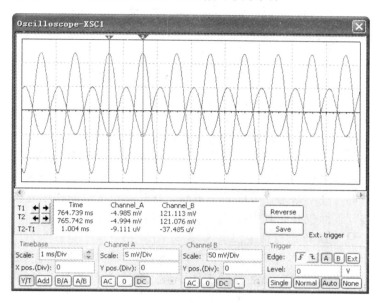

图 9-45 仿真波形

10 模拟电子技术应用

10.1 简易声光双控照明电路

随着人们节能意识的不断增强，声光双控灯在日常生活中得到了广泛应用。声光双控照明电路集声控、光控、延时自动控制技术为一体，白天光线较强时，光控电路自锁，即使有声响灯也不会被点亮；当夜晚或环境光线变暗时，电路进入全声控模式，只要有声响发出，照明灯立即被点亮，延时一小段时间后灯自动熄灭。声光双控照明电路解决了全声控电路无论光线强弱有声响都点亮的缺陷，节电效率更高，同时延长了灯的使用寿命。能够实现声光双控的电路有很多，下面仅介绍其中比较简单的一种，方便初学者学习和制作。

1. 电路组成及工作原理

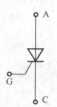

图 10-1 单向晶闸管符号

（1）单向晶闸管工作原理。分析声光双控照明电路的工作原理之前，首先介绍单向晶闸管的工作原理。单向晶闸管是一种可控制的单向整流管，如图 10-1 所示，它有三个管脚：A 为阳极，C 为阴极，G 为控制极。当 A、C 之间加正向电压而 G 极不加电压时，整流管不导通，处于阻断状态。只有当 G 极加正向电压，且 A、C 之间正向偏置时，整流管才会导通。一旦 A、C 之间导通，即使 G 极的正向电压消失，A、C 之间仍会维持导通状态。

由于晶闸管只有导通和阻断两种工作状态，所以它具有开关特性，这种开关特性需要以下条件才能实现：

1）从阻断到导通：阳极电位高于阴极电位且控制极有足够的正向电压。

2）维持导通状态：阳极电位高于阴极电位且阳极电流大于维持电流。

3）从导通到关断：阳极电位低于阴极电位或阳极电流小于维持电流。

（2）声光双控照明电路组成及工作原理。如图 10-2 所示，声光双控照明电路由电源电路、声控电路、光控电路和延时电路组成。其工作原理分析如下：

1）电源电路。220V 交流电通过灯泡流向由 VD1～VD4 组成的整流桥，整流后的单向脉动电压加到限流电阻 R_1 上，VL 被点亮。此时 VL 既有电源指示同时又有稳压作用。经 C_1 滤波后，输出约 1.8V 的直流电作为控制电路的电源。

2）控制电路。控制电路由 R_2、MIC、C_2、R_3、R_4、VT、R_5 组成。其中，MIC 为驻极体话筒，可以将声音转换为电信号；R_5 为光敏电阻，其阻值与照射到其表面的光线强度成反比，光线越强其阻值越小，反之亦然。周围光线强度较高时，光敏电阻的阻值约为 1kΩ，晶体管 VT 的集电极被钳位在低电位，即单向晶闸管 VS 的 G 极被接入低电位，VS 处于阻断状态，此时无论 MIC 有没有接收到声音信号，HL 也不会被点亮。当光线强度很弱时，光敏电阻的阻值上升到 1MΩ 左右，VT 的集电极解除低电位钳制，此时 VT 处于放大状态。如此时声响，VT 的集电极仍为低电位，VS 仍会处在阻断状态。当有声音信号时，MIC 输出音频信号，通过耦合电容 C_2 加到 VT 的基极。在音频信号的正半周 VT 由放大状态进入饱和状态，相当于将 VS 的 G 极控制极接地，VS 保持阻断状态；而在音频信号的负半周 VT 由放大状态变为截止状态，集电极上升为高电位，VS 导通，HL 被点亮。此时 C_2 的正极为高电位，负极为低电位，电流通过 R_3 缓慢地给 C_2 充电（实际为 C_2 放电），当 C_2 两端电压达到平衡时，VT 重新处于放大状态，VS 阻断，HL 熄灭。

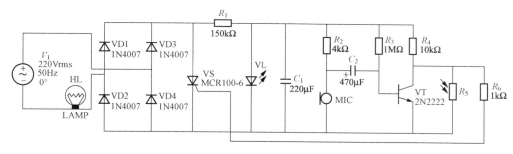

图 10 - 2　声光双控照明电路

2. 制作与调试

声光双控照明电路最关键的元件是 R_4，其阻值越小，灵敏度越高，一般取 $10\text{k}\Omega$ 左右即可满足日常生活要求；R_2、R_3、C_2 决定开关电路的延时时间；电阻越大，延时时间越长；R_1 的阻值不可小于 $150\text{k}\Omega$，否则会导致发光二极管 VL 快速烧坏。

如果 HL 无法延时熄灭，通常是由于 R_4 阻值选取过小。此时可先将 C_2 两端短路，再将 R_4 的阻值调大，使 VT 集电极处于低电位，此时 HL 应熄灭；如果 HL 还未熄灭，则说明问题在于晶闸管或整流桥内部短路。究其原因是有些晶闸管用万用表测量时正常，而安装在电路时由于电路电压为 220V，而万用表内部电池电压仅为 1.5V，不合格的晶闸管马上就会击穿导通。判断晶闸管或整流桥内部是否短路的方法是先将晶闸管的控制极开路，再将阳极或阴极开路，如果此时 HL 还亮，则可以判断是整流桥内部短路，如果 HL 不亮则可以判断是晶闸管短路。因此所有元件在焊接之前必须检测合格才可使用。需要注意的是，该电路第一次接通电源时，正常情况 HL 会自动点亮，这是因为电源接通后电路马上会升到稳压值 1.8V，滤波电容很快被充电，过渡时间太短，产生的脉冲电压造成电路误触发。此外，光敏电阻应安装在其他光线照射得到而被控制电路的灯光照射不到的地方，否则 HL 会闪烁不停。如可将光敏电阻安装在电源插座下方，这样在有其他光线时 HL 不受控制，只有在夜晚无光线的环境下 HL 才受控制。如果无法达到上述要求时可以考虑制作一个遮光筒，将光敏电阻套住，避开灯光的直射。

10.2　七彩手机万能充电器电路

随着社会的发展，手机已然成为大众生活中不可或缺的电子日用品，然而手机电池的充电接口种类繁多，不具通用性。手机电池万能充电器的出现解决了上述问题。目前市场上的手机万能充电器种类很多，充电原理相近，但又不尽相同，下面以其中一种手机万能充电器为例，对其工作原理进行简单分析。

1. 电路组成及工作原理

如图 10 - 3 所示，手机万能充电器电路实质是一个小型开关电源电路，整个电路可分为输入整流滤波电路、开关振荡电路、过电流保护电路、过电压保护电路、次级整流滤波电路、稳压输出电路、自动识别极性电路和跑马灯充电指示电路等。

（1）输入整流滤波电路。220V 交流电一端经过二极管 VD1 半波整流和 C_1 电容滤波得到约 300V 的直流电压。R_1 起到保护电阻的作用，如果后面出现某些故障导致过电流，则 R_1 将被烧断，从而避免引起更大的故障。

（2）开关振荡电路。R_2 为启动电阻，给开关管 VT1 提供启动用的基极电流 I_B，VT1 集电极也随之产生从无到有的集电极电流 I_C，该电流流经开关变压器 T1 的 1-2 绕组，产生上正下负的自感应电动势，同时在 T1 的正反馈绕组 3-4 中也感应出上正下负的互感电动势，该电动势经 C_4、R_5 反馈到 VT1 的基极，使 I_B 进一步增大，这是一个强烈的正反馈过程。在正反馈作用下，VT1 迅速进入饱和状态，变压器 T1 储存磁场能量。此后正反馈绕组不断对电容 C_4 充电，极性为上负下正，从而使 VT1 基极电压不断下降，最后使 VT1 退出饱和状态，T1 的 1-2 绕组上电流呈减小趋势，各绕组的感应电动势全部反向，此时 T1 3-4 绕组的感应电动势极性为上负下正，该电动势反馈到 VT1 的基极后，使 I_B 进一步减小，VT1 迅速截止。随后在 C_4 自身放电及 +300V 反向充电作用下，VT1 基极电压回升，进入下一轮循环，从而产生周期性的振荡，使 VT1 工作在不断地开、关状态下。R_3、C_2 和 VD2 构成一个高压吸收电路，当开关管 VT1 关断时，负责吸收线圈上的感应电压，从而防止高压加到开关管 VT1 因高压导致击穿。

（3）过电流保护电路。R_4 为电流取样电阻，电流经取样后变成电压量，经二极管 VD3 加至 VT2 的基极。当取样电压约大于 1.4V 时，VT2 导通，从而将开关管 VT1 的基极电压拉低，集电极电流减小，这样就限制了开关的电流，防止因电流过大而烧毁。

（4）过电压保护电路。在 VT1 正反馈绕组外还设有由 VD4、C_3、VS1 组成的过电压保护电路，当 220V 电源电压异常升高导致输出电压随之升高时，过电压保护电路中的稳压二极管 VS1 将反向击穿导通，使开关管停止振荡，输出端无电压，从而起到保护的作用。

（5）次级整流滤波电路。在 VT1 截止期间，T1 绕组（5-6 绕组）感应电动势的极性为上正下负，此时 VD5 导通，该电动势对电容 C_5 充电，并向负载供电。

（6）稳压输出电路。VT3 的基极在 5V 稳压二极管 VS2 的作用下，电压稳定在 5V 左右，VT3 发射极电压约为 4.2V。

（7）自动识别极性电路。由 R_9、R_{10}、R_{11}、R_{12}、VT4、VT5、VT6 与 VT7 组成能自动切换极性的充电回路。手机电池按图 10-3 所示采取左负右正接法时，位于对角线上的 VT5 与 VT6 将导通，VT4 与 VT7 截止，充电电池可正常充电；当电池反接时，则 VT4 与 VT7 导通、VT5 与 VT6 截止，充电电池也能正常充电。即无论电池极性放置如何，该电路均能保证按正确的极性为电池充电。

（8）跑马灯充电指示电路。VL1～VL6 为两两串联组成三组跑马灯指示电路，在跑马灯控制芯片 ZXT-604 的控制下，三组发光二极管 VL1～VL6 将轮流发光，由于这六只发光二极管在电路板上交叉布局安装，所以在充电过程中形成跑马灯（旋转）的充电指示效果。在未插上充电电池时，VT8 处于微导通状态，其集电极电压仅为约 1.2V，此时，只有电源指示灯 VL7 处于正偏状态发光，而跑马灯电路因达不到工作电压不工作，VL1～VL6 不发光。而插上电池后的充电过程中，由于 VT3 导通增强，使 VT8 处于饱和导通状态，其集电极电压达到约 7.6V，此时电源指示灯 VL7 因反偏而熄灭，而跑马灯电路得电工作，VL1～

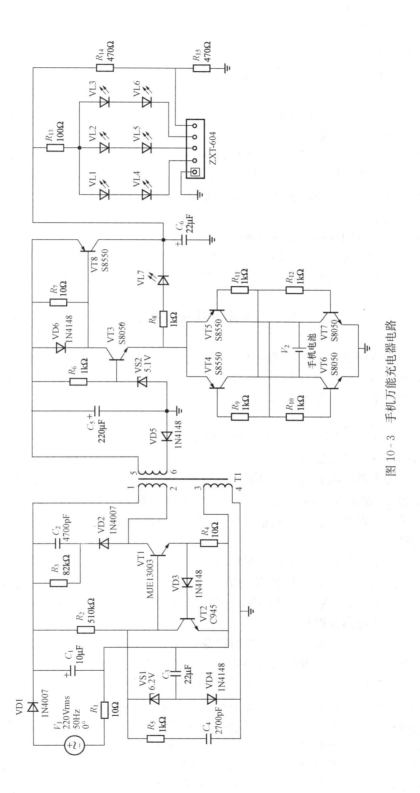

图 10-3 手机万能充电器电路

VL6 轮流发光作为充电指示。

2. 制作与调试

上述手机万能充电器电路简单，且所用元器件数量不多，但在制作调试过程中还是经常会遇到各种各样的问题，主要集中在以下几方面。

（1）二极管选装。本电路共用到 VD1～VD6 六只二极管。其中，VD1、VD2 为同一型号 1N4007；VD3～VD6 为同一型号 1N4148；VS1、VS2 为两只稳压二极管，VS1 的稳压值为 6.2V，VS2 的稳压为 5.1V。

（2）晶体管选装。本电路共用到八只晶体管。其中，VT3～VT8 分别为 S8050 和 S8550 型号各三只，前者为 NPN，后者为 PNP，安装前一定要准确检查测量。

（3）其他注意事项。安装前必须测量开关变压器的三组绕组是否有断线，装配过程中注意发光二极管及电解电容的极性。

（4）装配完成后的检查。在不接充电电池的情况下，接入 220V 交流电源，若电源指示灯 VL7 发光，则表示电路安装基本成功。此后可装上一块充电电池进一步测试，若充电过程中电源指示灯熄灭，流水彩灯旋转发光，则表示整个电路安装成功。

10.3　声控电动玩具控制电路

声控电动玩具深受小朋友们的喜欢。打开电源开关，只要听到声音，这些电动玩具就会做出相应动作，声音消失一会儿就会动作自行停止。声控电动控制功能完全可以由分立元器件来搭建完成，本节予以简单介绍。

1. 电路组成及工作原理

如图 10 - 4 所示，声控电动玩具控制电路由四部分组成：信号放大器，单稳态多谐振荡器，电动机驱动，电源及滤波。

（1）信号放大器。电源通过 R_1 向 MIC 供电。MIC 将采集到的声音信号转换成电信号，通过耦合电容 C_1 加到由 VT1、R_2 与 R_3 组成的基本共射放大电路。由于共射放大电路输入与输出产生了 180°的相移，故声音信号在 VT1 输入端的正向脉冲信号到了输出端变成了负向的脉冲信号。

（2）单稳态多谐振荡器。VT2、VT3、R_4、R_5、R_6、C_3 与 C_4 构成了单稳态多谐振荡器。VT2 的集电极信号直接反馈到 VT3 的基极，而 VT3 的集电极则通过电容 C_4 耦合反馈信号。电阻 R_4、R_6 可视为 VT2 和 VT3 的集电极负载。电容 C_3 可以滤除 VT3 基极上的高频杂波信号，防止振荡器误动作。

当没有外界声音信号时，单稳态多谐振荡器处于稳定状态，VT2 饱和而 VT3 截止，于是其输出（经 R_7 加至 VT4 基极）为高电平（接近＋3V），VT4 不导通，电动机不工作。

当 MIC 采集到声音信号后，通过 VT1 放大形成一个负向脉冲通过耦合电容 C_2 加到 VT2 的基极，于是 VT2 开始从饱和变为截止，其集电极电流减小，从而使集电极电压升高。经过直接耦合，使 VT3 的基极电压也升高，当电压超过 0.7V 时 VT3 开始导通，并使其集电极电压下降。即使此时负向脉冲已经消失，但经电容 C_4 的耦合又使 VT2 的基极电压进一步下降，形成一个正反馈，振荡器很快达到一个新的状态。此时 VT2 截止而 VT3 饱和，电路处于单稳的不稳定状态。单稳输出为低电平（接近于 0V），VT4 导通，电动机开始工作。

　　不稳定状态不能持久。在此期间，电容 C_4 通过电阻 R_5 放电，VT2 的基极电压逐渐升高，当达到 0.7V 时，VT2 又开始导通，正反馈现象再次产生，振荡器很快又回到 VT2 饱和而 VT3 截止的稳定状态。于是单稳输出高电平，VT4 截止，电动机停止工作。

　　（3）电动机驱动。一般玩具中使用的都是直流低速低压电机，本例中用到的是 3V 的直流电动机。给电动机的两管脚施加 3V 电压，转轴就会以一定的速度转动，如果交换供电极性则可使电动机反转。

　　（4）电源及滤波。由于电动机工作时电流较大，会对电源产生一定的干扰，为了保证电路能稳定工作，防止干扰信号对放大器及单稳态多谐振荡器的影响，使用电容 C_5 进行退耦滤波。

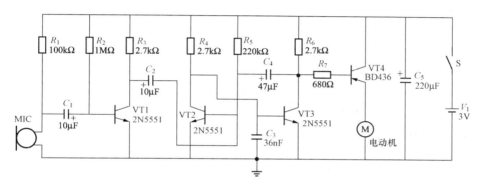

图 10 - 4　声控电动玩具控制电路

2. 制作与调试

　　单稳态多谐振荡器（见图 10 - 4）的不稳定状态持续时间为 $T = 0.7 C_4 R_5 \approx 7 \text{s}$，也就是说，在声音信号响起后，电动机工作 7s 后会自然停止。要想改变不稳定状态的时间，可通过修改 R_5 或 C_4 的参数来完成。

　　实际应用中要根据驱动电动机的电压及功率大小来改变相应的供电电源，相关的元器件也应做相应调整。

附录 A 部分习题答案

1 常用半导体器件

1-1 (1) A；(2) A、C；(3) C；(4) B；(5) B；(6) C；(7) C；(8) B。

1-2 (1) $\checkmark$；(2) $\times$；(3) $\checkmark$；(4) $\checkmark$；(5) $\times$；(6) $\checkmark$；(7) $\times$。

1-3 (a) 4.3V；(b) 0V；(c) -2.3V；(d) 3.7V；(e) -2.3V；(f) -4.3V。

1-4 5V。

1-5 (1) 1V、3V。

(2) 1.7V、2.3V。

1-6 (a) VD 截止，10V。

(b) VD1 截止，VD2 导通，15V。

1-7 (1) $u_{o1}=u_i(u_i\geqslant0\text{V})$，$u_{o1}=0(u_i<0\text{V})$；$u_{o2}=0(u_i\geqslant0\text{V})$，$u_{o2}=u_i(u_i<0\text{V})$。

(2) $u_{o1}=u_i-0.7\text{V}(u_i\geqslant0.7\text{V})$，$u_{o1}=0(u_i<0.7\text{V})$；

$u_{o2}=0.7\text{V}(u_i\geqslant0.7\text{V})$，$u_{o2}=u_i(u_i<0.7\text{V})$。

1-8 (1) 3.3V、5V、6V。

(2) 可能烧坏稳压二极管，稳压二极管流过的反向电流超过最大稳定电流。

1-9 (1) 四种，15V、6.7V、9.7V、1.4V。

(2) 两种，6V、0.7V。

1-10 (a) 饱和、NPN。(b) 截止、NPN。(c) 放大、NPN。(d) 截止、PNP。(e) 饱和、PNP。(f) 放大、PNP。

1-11 A 晶体管：NPN，硅管，1 为集电极，2 为发射极，3 为基极。

B 晶体管：PNP，锗管，1 为集电极，2 为发射极，3 为基极。

1-12 10V、6V、2V。

2 基本放大电路

2-1 (1) $\checkmark$；(2) $\times$；(3) $\times$；(4) $\times$；(5) $\times$；(6) $\times$。

2-2 (1) $R_{iA}<R_{iB}$。(2) 4kΩ。(3) 饱和、增大、282.5kΩ、0.3V。(4) 负载，信号源内阻。

2-3 略。

2-4 (a) 不能，缺少集电极电阻。(b) 不能，V_{BB} 极性接反。(c) 能。(d) 不能，耦合电容接入的位置不合适使得晶体管基极不能得到直流电压。

2-5 (1) $I_{BQ}=40\mu\text{A}$。

(2) $U_{CEQ}=6\text{V}$，$I_{CQ}=2\text{mA}$，交流负载线略。

(3) 略。

(4) 2.12V。

2-6 (1) $I_{BQ}=22\mu\text{A}$，$I_{CQ}=1.76\text{mA}$，$U_{CEQ}=3.2\text{V}$。

(2) 略。

(3) $\dot{A}_u = -200$, $R_i = 1\text{k}\Omega$, $R_o = 5\text{k}\Omega$, $\dot{A}_{us} = -66.7$。

2-7 $R_L = \infty$, $I_{BQ} = 22\mu\text{A}$, $I_{CQ} = 1.76\text{mA}$, $U_{CEQ} = 6.2\text{V}$;

$\dot{A}_u = -312$, $R_i = 1.25\text{k}\Omega$, $R_o = 5\text{k}\Omega$。

$R_L = 5\text{k}\Omega$, $I_{BQ} = 22\mu\text{A}$, $I_{CQ} = 1.76\text{mA}$, $U_{CEQ} = 3.1\text{V}$;

$\dot{A}_u = -156$, $R_i = 1.25\text{k}\Omega$, $R_o = 5\text{k}\Omega$。

2-8 (1) $I_{BQ} = 33\mu\text{A}$, $I_{CQ} = 1.65\text{mA}$, $U_{CEQ} = 5.4\text{V}$。

(2) 略。

(3) $\dot{A}_u = -50$, $R_i = 0.87\text{k}\Omega$, $R_o = 2\text{k}\Omega$。

(4) $\dot{A}_u = -0.49$, $R_i = 6.26\text{k}\Omega$, $R_o = 2\text{k}\Omega$;$|\dot{A}_u|$ 减小，R_i 增大，R_o 不变。

2-9 (1) $I_{BQ} = 27\mu\text{A}$, $I_{CQ} = 1.35\text{mA}$, $U_{CEQ} = 3.9\text{V}$。

(2) 略。

(3) $\dot{A}_u = -10.4$, $R_i = 4.5\text{k}\Omega$, $R_o = 4.3\text{k}\Omega$。

2-10 (1) $I_{BQ} = 37\mu\text{A}$, $I_{CQ} = 1.85\text{mA}$, $U_{CEQ} = 8.3\text{V}$。

(2) 略。

(3) $\dot{A}_u = 0.98$, $R_i = 41.4\text{k}\Omega$, $R_o = 42\Omega$。

2-11 (1) $I_{BQ} = 22\mu\text{A}$, $I_{CQ} = 1.1\text{mA}$, $U_{CEQ} = 5.07\text{V}$。

(2) $\dot{A}_{u1} = 0.99$, $\dot{A}_{u1} = -1.07$。

(3) $R_i = 9.39\text{k}\Omega$。

(4) $R_{o1} = 20\Omega$, $R_{o2} = 3.3\text{k}\Omega$。

2-12 (1) 第一级为共集放大电路，第二级为共射放大电路。

(2) $I_{BQ1} = \dfrac{V_{CC} - U_{BEQ1}}{R_1 + (1+\beta_1)R_2}$, $I_{CQ1} = \beta_1 I_{BQ1}$, $U_{CEQ1} \approx V_{CC} - I_{CQ1}R_2$;

$I_{BQ2} = \dfrac{V_{CC} - U_{BEQ2}}{R_3}$, $I_{CQ2} = \beta_2 I_{BQ2}$, $U_{CEQ2} = V_{CC} - I_{CQ2}R_4$。

(3) 略。

(4) $\dot{A}_u = -\dfrac{(1+\beta_1)(R_2 /\!/ R_3 /\!/ r_{be2})}{r_{be1} + (1+\beta_1)(R_2 /\!/ R_3 /\!/ r_{be2})} \cdot \dfrac{\beta_2 R_4}{r_{be2}}$,$R_i = R_1 /\!/ [r_{be1} + (1+\beta_1)(R_2 /\!/ R_3 /\!/ r_{be2})]$,

$R_o = R_4$。

2-13 (1) 第一级为共射放大电路，第二级为共射放大电路。

(2) 略。

(3) $\dot{A}_u = \dfrac{\beta_1 \{R_2 /\!/ [r_{be2} + (1+\beta_2 r_d)]\}}{R_1 + r_{be1}} \cdot \dfrac{\beta_2 R_3}{r_{be2} + (1+\beta_2 r_d)}$,$R_i = R_1 + r_{be1}$,$R_o = R_3$。

3 放大电路的频率响应

3-1

$|\dot{A}_u|$	0.01	0.1	0.707	10	100	1000
$20\lg|\dot{A}_u|$（dB）	-20	-40	-3	20	40	60

3 - 2 （1）3，0.707。（2）π参数等效。（3）耦合和旁路，极间。（4）高通，低通。

（5）$-180°$，$-135°$，$-225°$；$0°$，$-45°$，$+45°$。

3 - 3 $\dot{A}_{um}=-100$，$f_L=100\text{Hz}$，$f_H=10^6\text{Hz}$。波特图略。

3 - 4 $\dot{A}_u \approx \dfrac{-100}{\left(1+\dfrac{10}{\text{j}f}\right)\left(1+\text{j}\dfrac{f}{10^4}\right)}$ 或 $\dot{A}_u \approx \dfrac{-10f}{\left(1+\text{j}\dfrac{f}{10}\right)\left(1+\text{j}\dfrac{f}{10^4}\right)}$

3 - 5 三级放大电路的总的电压增益为各级电压增益之和 60dB，$\dot{A}_{um}=\pm1000$。

3 - 6 （1）电路为两级放大电路。

（2）$\dot{A}_{um}=1000$，$f_L=10\text{Hz}$，$f_H=10^4\text{Hz}$。

（3）波特图略。

4　集成运算放大电路及其应用

4 - 1 （1）差分放大。（2）对称，差模，共模。（3）0，30，40。（4）线性、非线性；线性。

（5）反相，小。（6）积分，微分。

4 - 2 （1）$I_{C1}=I_{C2}=\dfrac{V_{EE}-U_{BE}}{2R_e}$；$U_{C1}=U_{C2}=V_{CC}-I_C\left(R_c+\dfrac{R_P}{2}\right)$。

（2）$A_d=-\dfrac{\beta\left(R_c+\dfrac{R_P}{2}\right)}{r_{be}}$，$R_i=2r_{be}$，$R_o=2R_c+R_p$。

4 - 3 （1）$I_{C1}=I_{C2}=0.265\text{mA}$，$U_{C1}=3.23\text{V}$，$U_{C1}=15\text{V}$。

（2）$A_d=-32.7$，$R_i=10.2\text{k}\Omega$，$R_o=20\text{k}\Omega$。

（3）$U_O=2.9\text{V}$。

4 - 4 （1）$I_{C1}=I_{C2}\approx0.15\text{mA}$。

（2）$R_{c2}\approx7.14\text{k}\Omega$。

（3）$\dot{A}_u=\dot{A}_{u1}\dot{A}_{u2}\approx-297$，$R_i=21.4\text{k}\Omega$，$R_0=10\text{k}\Omega$。

4 - 5 略。

4 - 6 $u_O=8u_I$。

4 - 7 （a）$u_O=-5u_{I1}+u_{I2}+5u_{I3}$。

（b）$u_O=-5u_{I1}-5u_{I2}+10u_{I3}+u_{I4}$。

（c）$u_O=25u_{I1}+25u_{I2}-2u_{I3}-2u_{I4}$。

4 - 8、4 - 9　略。

4 - 10　100

4 - 11　略。

5　负反馈放大电路

5 - 2 （1）B；B；（2）D；（3）C；（4）C；（5）A、B、B、A、B；（6）A、B、C、D、B、A。

5 - 3 （1）×；（2）×；（3）√；（4）×。

5 - 4 （a）电压串联负反馈，$A_{uf} \approx 1 + \dfrac{R_6}{R_3}$。

（b）电压串联负反馈，$A_{uf} \approx 1 + \dfrac{R_4}{R_1}$。

（c）电压并联负反馈，$A_{uf} \approx -\dfrac{R_4}{R_1}$。

（d）电流并联负反馈，$A_{uf} \approx \left(\dfrac{R_1 + R_2}{R_2}\right)\dfrac{R_4 // R_L}{R_S}$。

（e）电流串联负反馈，$A_{uf} \approx \dfrac{R_1 + R_2 + R_3}{R_1 R_3} R_A$。

（f）电压串联负反馈，$A_{uf} \approx 1$。

（g）电压串联负反馈，$A_{uf} \approx 1 + \dfrac{R_7}{R_3}$。

（h）电流串联负反馈，$A_{uf} \approx -\dfrac{R_2 + R_4 + R_9}{R_9} \cdot \dfrac{R_7 // R_8 // R_L}{R_2}$。

5 - 5 （a）电压并联负反馈，$A_{uf} \approx -\dfrac{R_2}{R_1}$。

（b）正反馈。

（c）电流并联负反馈，$A_{uf} \approx \dfrac{R_L}{R_1}$。

（d）直流负反馈。

（e）电压串联负反馈，$A_{uf} \approx 1 + \dfrac{R_3}{R_1}$。

（f）直流负反馈。

（g）电压串联负反馈，$A_{uf} \approx 1$。

（h）电压串联负反馈，$A_{uf} \approx 1 + \dfrac{R_2}{R_1}$。

5 - 6 （1）电压串联负反馈，⑧与⑩、⑨与③、④与⑥连接，$A_{uf} = 1 + \dfrac{R_f}{R_{b2}}$。

（2）电流并联负反馈，⑦与⑩、⑨与②、④与⑥连接，$A_{uf} = \dfrac{(R_f + R_{e3})R_{c3}}{R_{e3} R_{b1}}$。

（3）电压并联负反馈，⑧与⑩、⑨与②、⑤与⑥连接，$A_{uf} \approx -\dfrac{R_f}{R_{b1}}$。

（4）电流串联负反馈，⑦与⑩、⑨与③、⑤与⑥连接，$A_{uf} = -\dfrac{(R_{e3} + R_f + R_{b2})R_{c3}}{R_{e3} R_{b2}}$。

6　信号发生电路

6 - 1 （1）$\checkmark$；（2）$\times$；（3）$\times$；（4）$\checkmark$；（5）$\checkmark$；（6）$\checkmark$；（7）$\times$。

6 - 2 （1）上"＋"下"－"。

（2）$\geqslant 10.2\text{k}\Omega$。

（3）1592Hz（1.59kHz）。

6-3 (1) A-D，B-C。(2) 1.59kHz。(3) ≥20kΩ。

6-4 (1) 上"-"下"+"，电路是 RC 正弦波振荡电路。

(2) 放大倍数为无穷大，输出近似为方波。

(3) 放大倍数为 1，电路不能振荡。

(4) 放大倍数为 1，电路不能振荡。

(5) 放大倍数为无穷大，输出近似为方波。

6-10 电路 1 为正弦波振荡电路；电路 2 为同相输入的单限过零电压比较器；电路 3 为积分运算电路；电路 4 为同相输入的滞回电压比较器。

7　功率放大电路

7-1 0，0，78.5%，交越。

7-2 C。

7-3 C。

7-4 (1) C；(2) B；(3) C；(4) C；(5) A。

7-5 (1) R_3、R_4 和 VT3 的作用是 U_{BE} 倍增电路，消除交越失真。

(2) 16W，69.8%。

(3) 10.3kΩ。

7-6 (1) 静态时 $U_E = V_{CC}/2$，调整电阻 R_1 或 R_3 能满足这一要求，此时 $u_O = 0$。

(2) 动态时，若输出电压 u_O 出现交越失真，应调整电阻 R_2 消除交越失真；增大。

(3) VT1 和 VT2 将因功耗过大而烧坏。

7-7 (1) 8.65V。(2) 1.53A。(3) 9.35W，64%。

7-8 (1) 电路引入电压串联负反馈。

(2) $R_f = 190$kΩ。

8　直流稳压电源

8-1 (1) ×；(2) √；(3) ×；(4) √；(5) ×。

8-2 (1) 全波整流电路，波形略。

(2) $U_{O(AV)} \approx 0.9U_2$；$I_{L(AV)} \approx \dfrac{0.9U_2}{R_L}$。

(3) $I_D \approx \dfrac{0.45U_2}{R_L}$；$U_R = 2\sqrt{2}U_2$。

8-3 (1) U_{O1} 对地极性为"+"，U_{O2} 对地极性为"-"。

(2) 均为全波整流。

(3) $U_{O1(AV)}$ 和 $U_{O2(AV)}$ 为 18V。

(4) u_{O1}、u_{O2} 的波形如附图 1 所示，平均值为 18V。

8-4 (1) R_2 电阻的取值范围为 $177\Omega \leqslant R_2 \leqslant 600\Omega$，为保证空载时稳压二极管能够安全工作，$R_2$ 取值 600Ω。

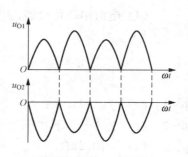

附图 1　题 8-3 解图

(2) 当 R_2 按上面原则选定后，负载电阻允许的变化范围为 $251\Omega \leqslant R_L \leqslant \infty$。

8 - 5 (1) 整流电路：VD1~VD4；滤波电路：C_1；调整管：VT1、VT2；基准电压电路：R'、VS'、R、VS；比较放大电路：A；取样电路：R_1、R_2、R_3。

(2) 集成运放的输入端上"一"下"+"。

(3) $\dfrac{R_1+R_2+R_3}{R_2+R_3}U_S \leqslant U_O \leqslant \dfrac{R_1+R_2+R_3}{R_3}U_S$。

8 - 6 $\dfrac{R_3+R_4+R_5}{R_3+R_4} \cdot \dfrac{R_2}{R_1+R_2}U'_O \leqslant U_O \leqslant \dfrac{R_3+R_4+R_5}{R_3} \cdot \dfrac{R_2}{R_1+R_2}U'_O(U'_O=12V)$

附录 B 常用符号说明

一、基本符号

1. 电流、电压

I、i 电流通用符号

U、u 电压通用符号

$I_{B(AV)}$ 直流量的平均值

I_B（I_{BQ}）   字母大写、下标大写，直流量（或静态电流）

i_B 字母小写、下标大写，交、直流量的瞬时总量（交、直流量的合成）

I_b 字母大写、下标小写，交流有效值

i_b 字母小写、下标小写，交流瞬时值

$\dot{I}_b$ 交流相量值

Δi_B 瞬时值的变化量

（以晶体管基极电流为例，其他电流、电压可以类推）

2. 电阻、电容、电感

R 电阻通用符号

C 电容通用符号

L 电感通用符号

R_b、R_c、R_e 晶体管的基极电阻、集电极电阻、发射极电阻

R_g、R_d、R_s 场效应晶体管的栅极电阻、漏极电阻、源极电阻

R_L 负载电阻

R_i、R_{if} 放大电路的输入电阻及负反馈放大电路的输入电阻

R_o、R_{of} 放大电路的输出电阻及负反馈放大电路的输出电阻

R_s 信号源内阻

3. 放大倍数、增益

A 放大倍数或增益的通用符号

A_c 共模电压放大倍数

A_d 差模电压放大倍数

A_u 电压放大倍数的通用符号

$\dot{A}_{uh}$ 高频电压放大倍数

$\dot{A}_{um}$ 中频电压放大倍数

$\dot{A}_{ul}$ 低频电压放大倍数

二、器件参数符号

1. 二极管

VD　二极管

I_D　二极管电流

$I_{D(AV)}$　二极管的整流平均电流

I_F　二极管的最大整流平均电流

I_R　二极管反向电流

U_{on}　二极管的开启电压

$U_{(BR)}$　二极管的穿透电压

VS　稳压二极管

U_S　稳压二极管的稳定电压

I_S　稳压二极管的最小稳定电流

P_{SM}　额定功耗

2. 晶体管

VT　晶体管

b、c、e　晶体管的基极、集电极、发射极

I_{CBO}　发射极开路时 b-c 间的反向电流

I_{CEO}　基极开路时 c-e 间的反向电流，又为穿透电流

U_{CES}　晶体管的饱和压降

I_{CM}　集电极最大允许电流

P_{CM}　集电极最大允许耗散功率

β、$\bar{\beta}$　晶体管交流电流放大系数、直流电流放大系数

r_{be}　晶体管 b-e 之间的动态电阻

$U_{(BR)CBO}$　晶体管发射极开路时 b-c 间的击穿电压

$U_{(BR)CEO}$　晶体管基极开路时 c-e 间的击穿电压

U_T　温度的电压当量

3. 场效应晶体管

VT　场效应晶体管

d、g、s　场效应晶体管的漏极、栅极、源极

g_m　场效应晶体管的低频跨导

$U_{GS(off)}$　耗尽型场效应晶体管的夹断电压

$U_{GS(th)}$ 或 U_T　增强型场效应晶体管的开启电压

4. 集成运算放大器

A_{od}　开环差模增益

K_{CMR}　共模抑制比

R_{id}　差模输入电阻

三、其他符号

Q　静态工作点

S　整流电路的脉动系数

S_r　稳压电路的稳压系数

T　温度或周期

η　转换效率，功率放大电路输出功率与电源提供的功率之比

τ　时间常数

φ　相位角

参 考 文 献

［1］ 童诗白，华成英 . 模拟电子技术基础 . 4 版 . 北京：高等教育出版社，2006.

［2］ 杨素行 . 模拟电子技术基础简明教程 . 2 版 . 北京：高等教育出版社，1998.

［3］ 王远 . 模拟电子技术 . 北京：机械工业出版社，1994.

［4］ 孙肖子，张企民 . 模拟电子技术基础 . 西安：西安电子科技大学出版社，2001.

［5］ 王丽 . 模拟电子电路 . 北京：人民邮电出版社，2010.

［6］ 黄锦安，付文红，蔡小玲 . 电路与模拟电子技术 . 北京：机械工业出版社，2008.

［7］ 康华光 . 电子技术（模拟部分）. 4 版 . 北京：高等教育出版社，1999.

［8］ 黄丽亚，杨恒新 . 模拟电子技术 . 北京：机械工业出版社，2009.

［9］ 郭宗光，刘宇 . 模拟电子技术 . 北京：北京航空航天大学出版社，2011.

［10］ 宁帆，张玉艳 . 模拟与数字电路 . 北京：人民邮电出版社，2009.

［11］ 傅丰林 . 模拟电子技术基础 . 北京：人民邮电出版社，2008.

［12］ 王连英 . 基于 Multisim 10 的电子仿真实验与设计 . 北京：北京邮电大学出版社，2009.

［13］ 聂典，李北雁，聂梦晨，等 . Multisim 12 仿真设计 . 北京：电子工业出版社，2014.

［14］ 杨欣，莱·诺克斯，王玉凤，等 . 电子设计从零开始 . 2 版 . 北京：清华大学出版社，2010.